用于国家职业技能鉴定
国家职业资格培训教程

U0891668

计算机网络管理员

（高级）

中国就业培训技术指导中心组织编写

中国劳动社会保障出版社

图书在版编目（CIP）数据

计算机网络管理员：高级/中国就业培训技术指导中心组织编写．—北京：中国劳动社会保障出版社，2010

国家职业资格培训教程

ISBN 978－7－5045－8326－0

Ⅰ．①计…　Ⅱ．①中…　Ⅲ．①计算机网络－技术培训－教材　Ⅳ．①TP393

中国版本图书馆 CIP 数据核字（2010）第 117163 号

中国劳动社会保障出版社出版发行

（北京市惠新东街 1 号　邮政编码：100029）

出 版 人：张梦欣

*

北京市艺辉印刷有限公司印刷装订　新华书店经销

787 毫米×1092 毫米　16 开本　21.5 印张　374 千字

2010 年 6 月第 1 版　2021 年 1 月第 13 次印刷

定价：39.00 元

读者服务部电话：（010）64929211/84209101/64921644

营销中心电话：（010）64962347

出版社网址：http://www.class.com.cn

前 言

电子信息产业是现代产业中发展最快的一个分支，它具有高成长性、高变动性、高竞争性、高技术性、高服务性、高就业性的特点。

目前，我国已经成为世界级信息产业大国。随着社会信息化程度的不断提高，信息技术在通信、教育、医疗、游戏等各行业的应用将日渐深入，软件、硬件及网络技术人才的需求都保持了上升走势。尤其是电子信息类企业内部分工渐趋细化和专业化，更需要大量的信息化人才。另外，电子信息产业又是一个不断更新的产业，对于人才的需求还远远得不到满足。

大量的人才需求，催生了电子信息产业职业培训的迅速发展，培养实用的电子信息产业人才的呼声日益高涨，大量电子信息类的职业培训机构应运而生。为推动电子信息类职业培训和职业技能鉴定工作开展，在其从业人员中推行国家职业资格证书制度，中国就业培训技术指导中心在完成《国家职业标准·计算机操作员》(2008 年修订)、《国家职业标准·计算机（微机）维修工》(2008 年修订)、《国家职业标准·计算机网络管理员》(2008 年修订)、《国家职业标准·计算机程序设计员》(2008 年修订)（以下简称《标准》）制定工作的基础上，组织参加《标准》编写和审定的专家及其他有关专家，编写了计算机操作员、计算机（微机）维修工、计算机网络管理员、计算机程序设计员国家职业资格培训系列教程。

以上 4 个职业的国家职业资格培训系列教程紧贴《标准》要求，内容上体现“以职业活动为导向、以职业能力为核心”的指导思想，突出职业资格培训特色；结构上针对各职业活动领域，按照职业功能模块分级别编写。

其中，计算机网络管理员国家职业资格培训系列教程共包括《计算机网络管理员（基础知识)》《计算机网络管理员（中级)》《计算机网络管理员（高级)》《计算机网络管理员（技师)》《计算机网络管理员（高级技师)》5 本。《计算机网络管理员（基础知识)》内容涵盖《标准》的“基本要求”，是各级别计算机网络管理员均需掌握的基础知识；其他各级别教程的章对应于《标准》的“职业功能”，节对应于《标准》的“工作内容”，节中阐述的内容对应于《标准》的“技能要求”和“相关知识”。

本书是计算机网络管理员国家职业资格培训系列教程中的一本，适用于对高级计算机网络管理员的职业资格培训，是国家职业技能鉴定推荐辅导用书。

本书由国家职业技能鉴定专家委员会计算机专业委员会集体承担编写任务，作者队伍由有关信息产业技术、行业企业代表及中高职院校电子信息类专业教师共同组成，由职业培训、课程开发专家进行技术把关，最后由中国就业培训技术指导中心审查定稿。

中国就业培训技术指导中心

目 录

CONTENTS 国家职业资格培训教程

第1章

操作系统安装、调试与调用

1.1 用户管理

1.1.1 用户账号的基本操作

学习目标

- 掌握用户账号的概念
- 能区分用户账号的类型
- 能添加网络操作系统中的用户账号
- 掌握在窗口中和使用命令修改用户账号的方法
- 能删除网络操作系统中的用户账号

一、用户账号的概念和类型

1. 用户账号的概念

在网络中，每一个用户可能具有不同的职能，为了保证网上用户的相互识别和独立性，每一个用户都应有一个唯一的用户账号，用户账号是由定义操作系统的用户的所有信息组成的记录，包括用户登录所需的用户名和密码、用户具有成员关系的组，以及用户使用计算机和网络及访问它们的资源的权力和权限。

对于网络中的客户端和成员服务器，用户账号由“本地用户和组”管理；对于网络中的 Windows 2000 Server 域控制器，用户账号由“Active Directory 用户和计算机”管理。

2. **用户账号的类型**

用户账号可分为三种类型，每种类型都有特定的功能。

（1）本地用户账号

本地用户账号能够使一个用户登录到特定的计算机，并访问该计算机上的资源。

（2）域用户账号

域用户账号能够使用户登录到域来访问网络资源，即登录到域中的一台计算机来访问另一台计算机。

（3）内置的用户账号

内置的用户账号能够使用户执行管理任务，或得到网络资源的临时访问。

二、添加网络操作系统的用户账号

添加网络操作系统的用户账号方法有两种，第一种方法是在服务器端，在“域管理器”中，选择“域用户”后，进行“添加”的操作；第二种方法是在网络中的一台计算机上进行添加用户的账号。操作的步骤基本一致，现以在网络中的计算机上添加用户账号为例，操作步骤如下：

步骤 1：选择“开始”单击“程序”，在“管理工具”中选择“计算机管理”（见图 1—1），打开“计算机管理”窗口（见图 1—2）。

图 1—1　进入“计算机管理”

步骤 2：在图 1—2 中选择“本地用户和组”，然后选择“用户”，窗口中就会显示出现有的用户（见图 1—3）。

“用户”菜单下的“新用户”项，将出现图 1—4 所示的对话框。在该对话框中，可以按照提示输入新用户的有关信息（见图 1—5），包括用户名、全名（用户全名）、描述（用户的说明信息）以及密码等内容。

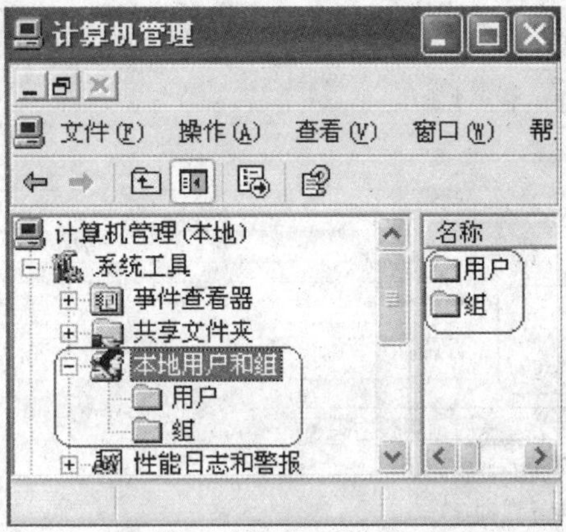

图 1—2　“计算机管理”窗口

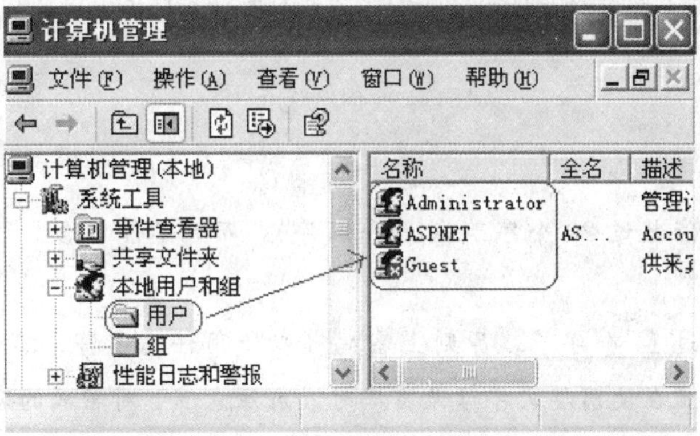

图 1—3　现有的用户

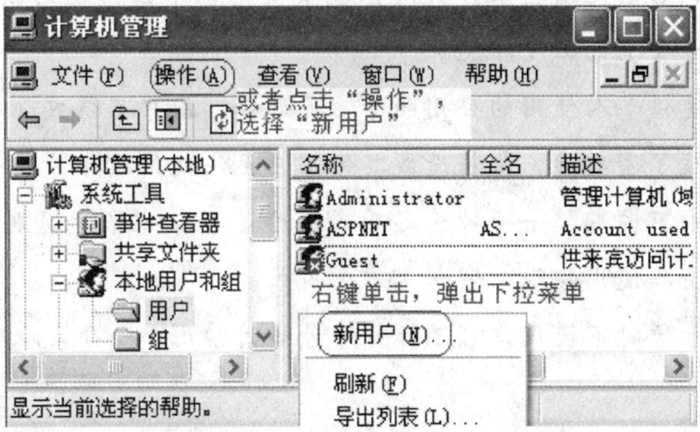

图 1—4　选择“新用户”

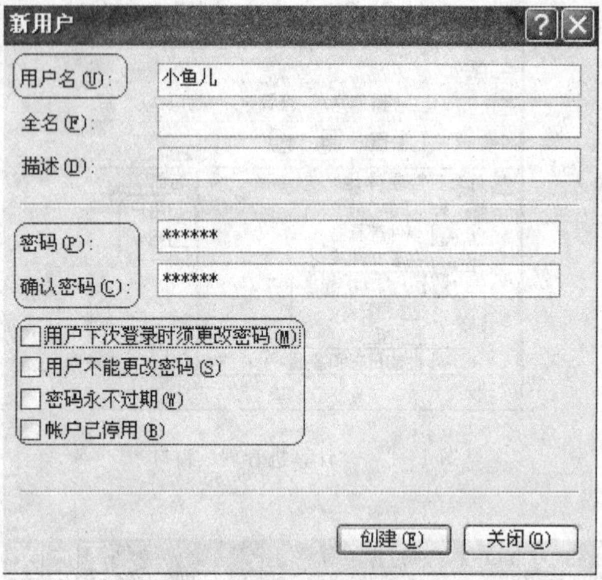

图 1—5　创建新用户

提示：

◆用户名不能超过 20 个字节（10 个汉字），而且不能包含" /\ []:; | =, ＋＜＞ () 等字符。

◆密码不超过 14 个字节，原则上密码可以使用任意字符，不过建议（要求）不使用汉字。而且在使用英文字母做密码时，应注意 NT 对密码的验证处理是大小写敏感的。这一点一定要注意，否则从工作站登录时，会出现密码不正确的提示。

◆如果选择了“用户下次登录时须更改密码”项，系统将会强迫用户在第一次登录时更改密码，否则无法登录。针对很多安全意识不强而使用缺省密码的用户，这是保证用户账号安全的必要措施。

◆如果是创建供多人使用的公用账号，应选择“用户不得更改密码”项，否则任何一个用户更改了密码后，都将造成其他用户无法使用该账号登录。

◆当“密码永不过期”一项被选定后，不论是否在“账号规则”（后面马上讲到）中已设置了密码使用期限，密码都永久有效。

◆如用户账号暂时不使用，可选择“账号暂时禁用”一项，以防止其他用户利用此账号登录。

步骤 3：单击“创建”按钮，一个用户建立成功。重复上述步骤，可以继续建立其他的用户，当完成所有新用户的建立后，单击“关闭”按钮，新用户就已经创建好了（见图 1—6）。

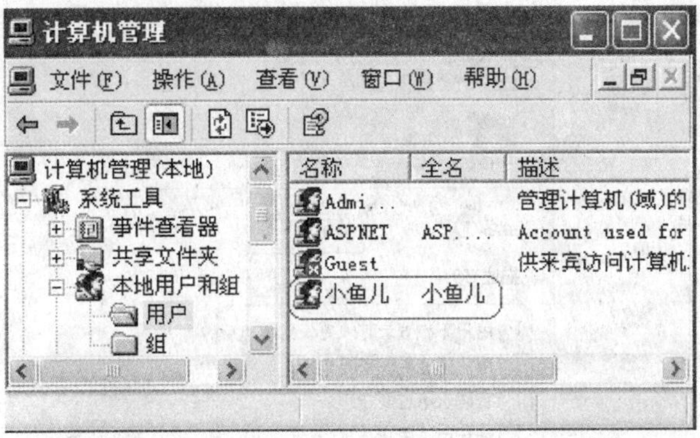

图 1—6　显示出新用户

三、修改网络操作系统用户账号

添加用户账号后，管理员有时可能需要更改账号内容，此时可以使用窗口的方式，也可以使用命令的方式。

1. 在窗口中修改用户账号

步骤 1：打开“计算机管理”窗口，单击“用户”，选择要修改的用户。

步骤 2：如果只是更改用户的名称或更改密码，单击右键，在弹出的菜单中，选择“重命名”和“设置密码”即可（见图 1—7）。

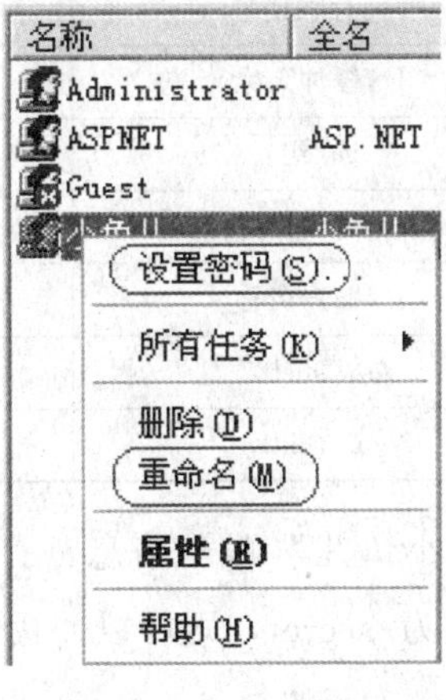

图 1—7　弹出菜单

步骤 3：如果还要更改其他内容，选择要修改的用户，单击右键，单击“属性”（见图 1—8）。在此窗口中，可以更改“全名”“描述”，以及选择选项。

在此窗口中，还可以修改用户的隶属用户账号的类型等。选择“隶属于”和“配置文件”标签。

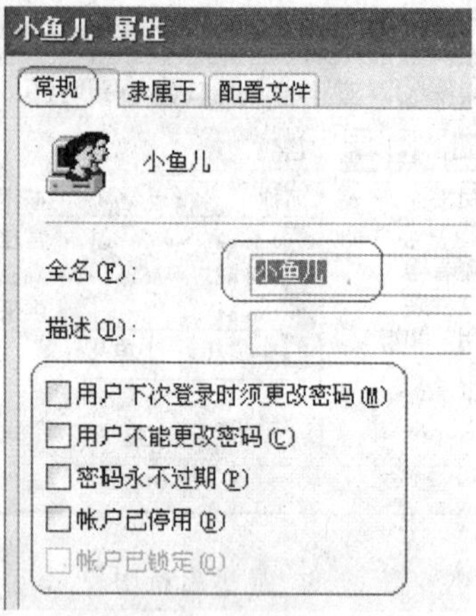

图 1—8 “属性”窗口

2. 使用命令修改用户账号

usermod 命令的使用方法和参数与 useradd 命令很相似。表 1—1 列出了 usermod 常用的参数。

表 1—1 usermod 常用参数

序号	参数	用途
1	c〈“注释”〉	修改用户账户的注释文本
2	d〈登录目录〉	修改用户登录时的起始目录
3	e〈有限期限〉	修改账户的有效期限
4	f〈缓冲天数〉	修改密码过期后多久关闭该账户
5	g〈组〉	修改用户所属的组
6	G〈组〉	修改用户所属的附加组
7	l〈账户名称〉	修改用户账户名称
8	s〈shell〉	修改用户登录后使用的 shell
9	u〈uid〉	修改用户 ID

假设要修改之前建立的“小鱼儿”账号信息，打算将用户的注释文本更改为“Vice President”，而主目录改为/secret，则可以使用下面的命令：

usermod －c“Vice President”－d /secret 小鱼儿

四、删除网络操作系统用户账号

步骤 1：用具有管理员权限的账户登录。

步骤 2：打开“计算机管理”窗口，选择要删除的用户账号。单击右键，在弹出的菜单中，选择“删除”即可（见图 1—9）。

提示：当前登录账户不能删除自己，所以不能登录要删除的那个账户。

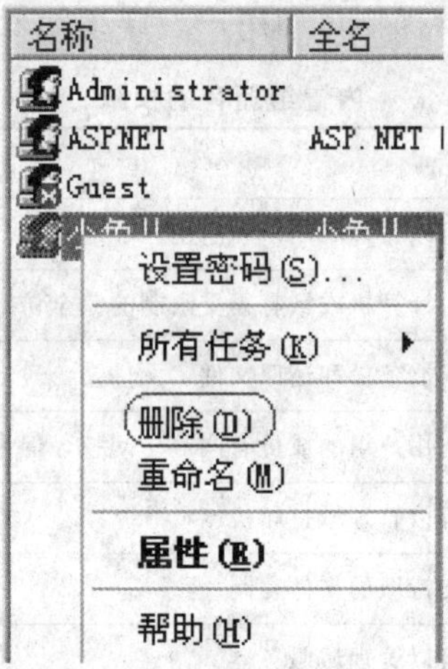

图 1—9　选择“删除”

1.1.2　用户账号的管理

学习目标

- ➢ 了解组的概念
- ➢ 掌握组账号和用户账号的联系
- ➢ 了解用户账号的权限设置原则
- ➢ 掌握用户权限设置的方法
- ➢ 能对文件和文件夹进行权限设置

一、用户账号管理方法

1. 组

具有不同职能的用户，其使用网络资源的权限有些可能相同，所以，要利用“组”（即用户组）来分类管理这些用户账号，将具有相同资源权限的用户纳入同一个组来管理。

组是可以包含用户、联系人、计算机和其他组的对象。使用组可以管理用户和计算机及其属性、网络共享位置、文件、目录、打印机队列等共享资源的访问。

安装操作系统时，有一些组已经安装在 Builtin 和 User 文件夹中，这些组称为内置组，内置组代表一些公用的权力和权限集合，可以将某些角色、权力和权限授予组内的用户和组。这些内置组包括：账户操作员、管理员、备份操作员、来宾、打印操作员、复制器、服务器操作员和用户。详细的权限见表1—2。

表1—2　内置组拥有的权限

内置组名称	权限
账户操作员	可以管理域用户和组用户
管理员	对计算机或域有不受限制的完全访问
备份操作员	只能备份和还原文件、文件夹
来宾	与用户组的成员有同等访问权，但来宾账户限制更多
打印操作员	可以管理域打印机
复印者	支持域的文件复制
服务器操作员	可以管理域服务器
用户	可以保存文档，但不能安装程序和对系统文件及配置进行可能有破坏性的改动

管理员账号拥有最广泛的权力和权限组合，而来宾账号有受限制的权力和权限。

2. **组账号和用户账号**

正像每个用户有唯一的“用户账号”一样，每个组也有唯一的“组账号”。以后，只要给某一个组进行了权限设置，这个组下的所有用户就具有与组相同的属性，即可通过“组账号”间接地给“用户账号”赋予权限，这比对用户账号逐一赋予权限要方便得多，同时避免了管理上的零乱。因此，当组建规模较大（用户数较多）的网络时，很有必要对需要登录服务器的用户账号进行分类管理和规划。建议先制个表格，将用户根据其在网络中享有权限的不同来分类归档，然后运用组的功能，分块管理这些用户账号。

每个用户账号中都包含着大量的用户信息，网络中所有用户账号的信息都放在主域控制器中的SAM（安全访问管理器）文件中。此文件位于Windows 2000 Server安装目录的\SYSTEM32\CONFIG子目录下。

二、用户账号的权限设置管理原则

用户账号的权限受到各方面因素的制约，用户账号属于哪一个组，就拥有这个组的权限，并且不能超越；组又受到所在域的权限的制约；然后，用户账号又有自己的权限设置。于是，用户账号拥有的是多重权限，并且权限有级别的关系。

例如，有9个人，分别来自3个省，相当于组的权限；来自同一个省的人，又来自不同的地区，相当于用户的权限。于是每一个人的用户账号的权限就是某省某地区，是双重权限的叠加。

三、管理网络操作系统用户账号的权限

1. 针对用户进行权限设置

步骤 1：运行组策略编辑器程序（gpedit. msc）。

步骤 2：在编辑器窗口的左侧窗格中逐级展开"计算机配置"→"Windows 设置"→"安全设置"→"本地策略"→"用户权力指派"分支。

步骤 3：双击需要改变的用户权限。单击"增加"，然后双击想指派权限的用户账号，在弹出的对话框中连续两次单击"确定"按钮即可。

2. 针对文件和文件夹对用户设置权限

（1）设置、查看、更改或删除文件和文件夹权限

步骤 1：打开"Windows 资源管理器"，然后定位到用户要设置权限的文件和文件夹。

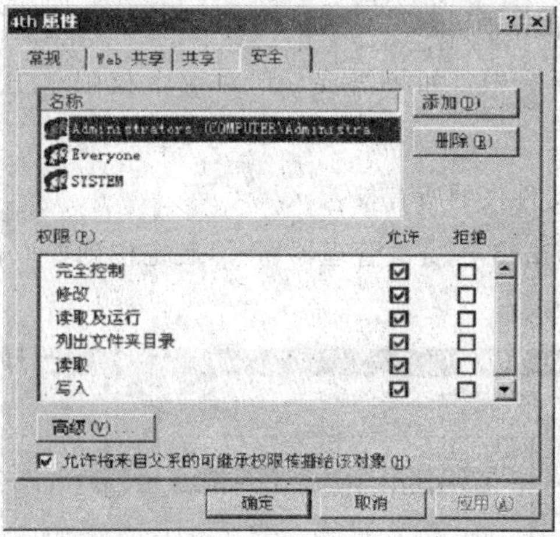

图 1—10　文件或文件夹安全选项

步骤 2：右键单击该文件或文件夹，单击"属性"，然后单击"安全"选项卡（见图 1—10）。

步骤 3：执行以下任一项操作：要设置新组或用户的权限，单击"添加"按钮。按照域名\名称的格式键入要设置权限的组或用户的名称，然后单击"确定"按钮关闭对话框。要更改或删除现有的组或用户的权限，单击该组或用户的名称。

步骤 4：如果有必要，在"权限"中单击每个要允许或拒绝的权限的"允许"或"拒绝"。或者，若要从权限列表中删除组或用户，单击"删除"按钮。

提示：

◆只能在格式化为使用NTFS的驱动器上设置文件和文件夹权限。

◆要更改访问权限，用户必须是所有者或已经由所有者授权执行该操作。

◆无论保护文件和子文件夹的权限如何，被准许对文件夹进行完全控制的组或用户，都可以删除该文件夹内的任何文件和子文件夹。

◆如果“权限”下的复选框为灰色，或者没有“删除”按钮，则文件或文件夹已经继承了父文件夹的权限。

(2) 设置、查看或删除共享文件夹或驱动器的权限

步骤1：打开“Windows资源管理器”，然后定位到要设置权限的共享文件夹或驱动器。

步骤2：右键单击共享文件夹或驱动器，然后单击“共享”。

步骤3：在“共享”选项卡上，单击“权限”。

步骤4：要设置共享文件夹权限，请单击“添加”按钮。键入要设置权限的组或用户的名称，然后单击“确定”按钮关闭对话框。要删除权限，请在“名称”中选择组或用户，然后单击“删除”按钮。

步骤5：在“权限”中，如果需要，请对每个权限单击“允许”或“拒绝”(见图1—11)。

(3) 取得文件或文件夹的所有权

步骤1：打开“Windows资源管理器”，然后定位到要取得其所有权的文件或文件夹。

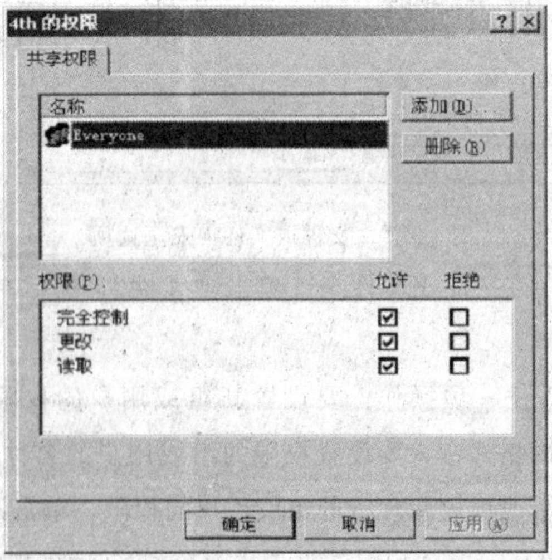

图1—11　权限的设置

步骤 2：右键单击该文件或文件夹，单击“属性”，然后单击“安全”选项卡。

步骤 3：单击“高级”，然后单击“所有者”选项卡（见图 1—12）。

步骤 4：单击新的所有者，然后单击“确定”按钮。

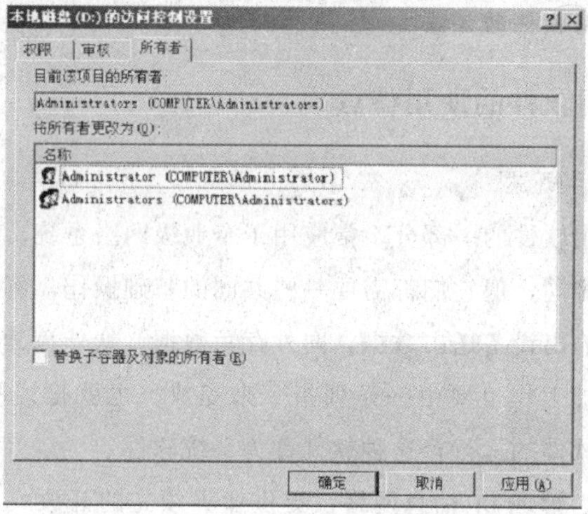

图 1—12　所有者信息

提示：选中“替换子容器和对象的所有者”复选框，可以更改目录树中所有子容器和对象的所有者。

注意：可以用两种方式转让所有权：

◆当前所有者可以授予其他人“取得所有权”权限，允许这些用户在任何时候取得所有权。

◆管理员可以获得计算机中任何文件的所有权。但是，管理员不能将所有权转让给其他人。该限制可以保持管理员的责任。

1.2　应用软件基本操作

1.2.1　应用软件的安装和卸载

学习目标

➢了解网络应用软件的发展、特点

➢ 了解常用网络应用软件

➢ 掌握安装应用软件的方法

➢ 了解“寄生”软件

➢ 掌握卸载应用软件的方法

一、网络应用软件的使用特点

1. 网络应用软件概述

网络软件是应用软件的一部分，常应用于企业级网络系统。各种应用软件，虽然完成的工作各不相同，但它们都需要一些共同的基础操作，例如都要从相关输入设备取得数据，向输出设备送出数据，向外存写数据，从外存读数据，对数据的常规管理等。这些基础工作也要由一系列指令来完成。也就是说所有软件的使用平台，用来支持应用软件的运行，这种软件称为系统软件。

网络应用软件为管理IT信息网络，提供业界领先的开放式、可伸缩、跨平台的解决方案，可对政府部门及教育、金融、证券、能源等行业用户的系统、网络、应用以及业务流程进行全面管理，并为网络或电信设备提供商、服务提供商和管理服务提供商提供高度的可伸缩的、运营级的、用于预配和管理网络基础构架的管理应用软件。

2. 网络应用软件的特点

（1）应用范围广

随着网络的广泛使用，网络应用软件的应用范围也越来越广泛。

（2）使用频率高

网络用户在使用网络的同时，需要有大量的网络应用软件的支持，使得网络应用软件的使用频率越来越高。

（3）种类丰富

根据实际的需要，网络应用软件的种类不断推陈出新，常见的有几十种，种类非常丰富。

（4）使用效果好

网络应用软件根据不同的网络需要制作，使用时非常方便，而且使用的效果非常好。

（5）发展快

随着网络的广泛使用，网络用户的需求不断增多，网络应用软件的发展也随之加快。

二、安装应用软件

1. 安装步骤

步骤 1：执行软件目录中的安装程序。

步骤 2：看到“下一步”或“Next”则单击该按钮。

步骤 3：看到“完成”或“Finish”后，单击该按钮即完成。

2. 安装注意事项

(1) 确定合适的分区

软件一般都默认安装在系统分区（大多为 C 盘）的 Program Files 文件夹中，但是为了保证系统以最佳的性能运行，最好将应用软件安装到其他分区的文件夹中，如 E：\Program Files（见图 1—13）。一般在安装过程中会让用户自主选择安装目录，单击“浏览”按钮即可更改安装目录，如图 1—14 所示。某些软件在安装时，必须进行设置才可以更改安装目录，如中国电信的“星空极速”，在使用快速安装时就会直接安装到默认文件夹。

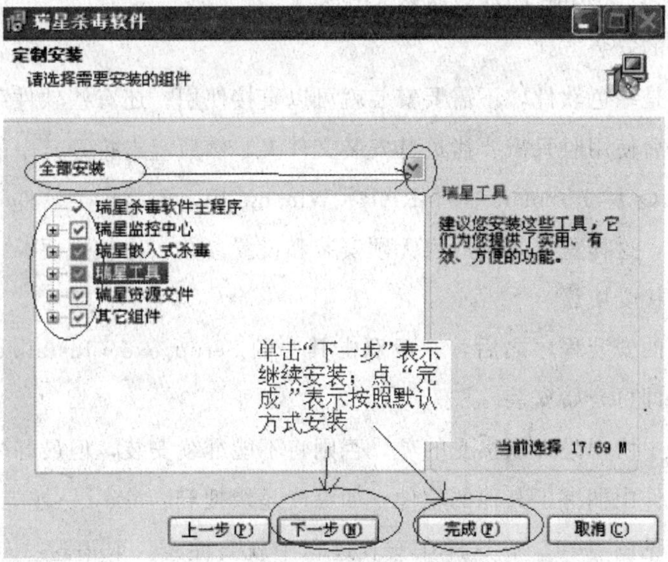

图 1—13　两种选择继续

提示： 每次安装软件时都要修改默认的安装目录，比较麻烦，这里介绍一个小技巧：单击“开始→运行”在对话框中输入“regedit”后按 Enter 键，打开注册表编辑器，切换到 HKEY _ LOCAL _ MACHINE \ SOFTWARE \ Microsoft \ Windows \ CurrentVersionl，然后双击右侧的“ProgramFilesDir”字符串，将数值数

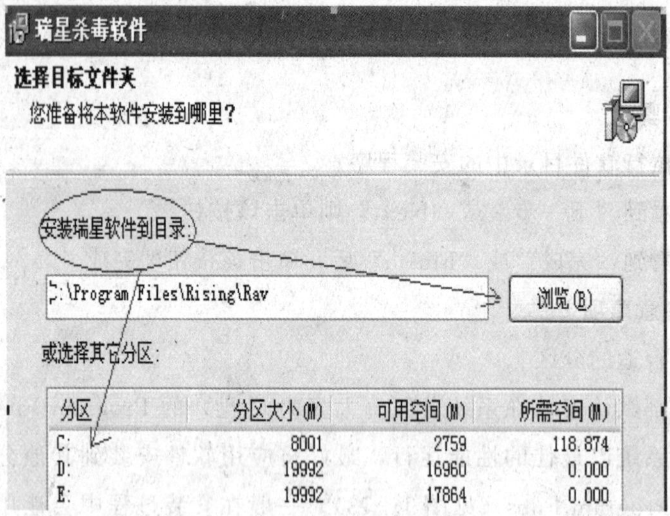

图 1—14　选择安装路径

据改成“E：\ Program Files”（具体文件夹可以随意设定）。这样，再次安装软件时，E：\ Program Files 就成为默认文件夹了。

（2）不同的安装方式

有些软件是绿色软件，不需要安装就可以直接使用；还有些软件第一次使用时需要安装，以后使用时只需要拷贝其安装文件夹，然后双击打开其中的主程序文件即可使用，如 QQ、Foxmail、WinRAR、Winamp 等，安装这类软件时最好安装到非系统分区中，这样重装系统后也无须安装和设置参数，比较方便。

（3）是否接受协议

得到软件的安装程序之后，一般双击其中的 Setup. exe、Install. exe 或带有相关字样的文件即可开始安装。

安装过程中协议是必须接受的项，否则将不能继续安装，但最好先了解软件的协议，有些软件中捆绑了其他的软件（如百度超级搜霸、eBay 易趣等），在协议中有相关说明（见图 1—15），这样在安装过程中就要注意，取消这些软件，避免安装一些不需要的第三方软件。

安装某些软件时还会出现“文件关联”设置选项，可以根据自己的实际情况决定选择还是取消此关联。

（4）输入序列号

很多软件安装时都需要序列号，它一般在软件的资质许可协议书、软件的包装盒上或光盘根目录中，通常文件名为 Sn、Serial Number、序列号等。有些软件如

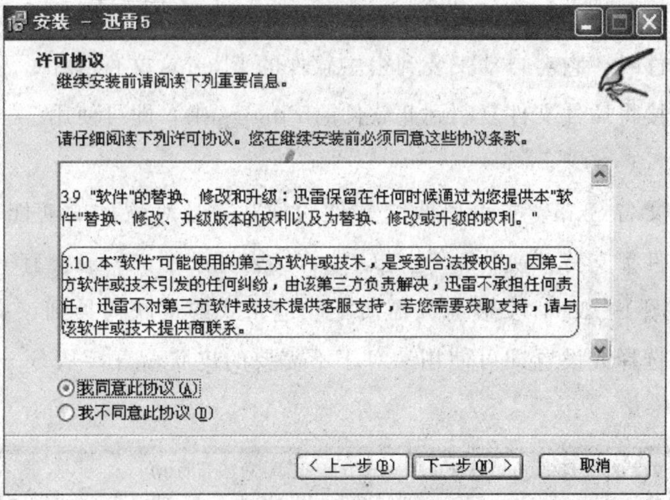

图 1—15　许可证协议

果直接安装新版本时，旧版本的序列号会失效，此时可以尝试先安装旧版本，然后再安装新版本进行升级。

（5）按需选择安装方式

一般情况下，软件的安装方式分为最小安装、典型安装、完全安装、自定义安装。

最小安装就是只安装软件的必要部分，一般是硬盘较小或者只是为了打开某种特殊格式的文件；典型安装是安装软件的最常用部分，实现最基本的处理功能；完全安装是将软件所有的功能都安装，如果硬盘空间足够就使用完全安装，这样能享受软件的全部功能；自定义安装是根据自己的需要安装所需的组件，一般会提供安装列表供用户选择，例如：安装 Office 2003 时，选择“自定义安装”可以根据实际选择需要的组件，如果此时选择“选择应用程序高级自定义”，还可以对安装的组件再次进行选择。

三、安装“寄生”软件

除了常规软件外，还有不少“寄生”软件，如补丁、插件、皮肤等，这类“寄生”软件可以让“宿主”的功能更加强大，操作更加方便，界面更加美观。

1. 插件

插件，英文名 plug-in，它可以增强软件的功能，如：支持打开或输出更多的格式、增加特效（如 Photoshop 的外挂滤镜，Cool Edit 的音效插件）、让设计更加智能化（如 Flash 的外挂组件）等。

一般支持插件的软件，在其安装目录下会有一个名为 Plugins 的文件夹。安装某个软件的插件时，它会自动安装到宿主软件的 Plugins 文件夹中；有些插件则不需要安装，直接将插件文件复制到此软件的 Plugins 中，即可使用。

2. 皮肤

皮肤，英文名 Skin，它可以改变软件的外观，且对软件的功能不会有影响，现在的很多软件都支持“换肤”。这类软件的安装目录中，一般会有一个名为 Skin 的文件夹（见图 1—16），安装时只需要把相应格式的皮肤拷贝到该文件夹，然后打开软件进行选择或设置即可使用。对于不需要的皮肤，直接从 Skin 文件夹中删除即可。

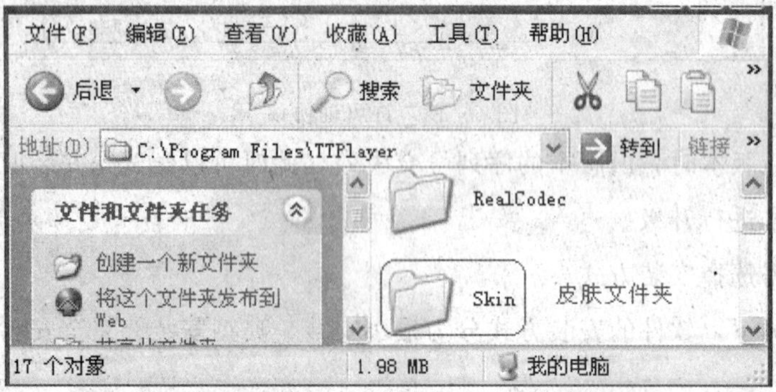

图 1—16　皮肤文件夹

四、卸载应用软件

软件在使用一段时间后，由于各种原因，用户可能要将它清理出硬盘。通常使用以下两种方法卸载软件。

1. 使用软件的卸载功能

安装某软件后，软件的程序菜单中一般会增加“卸载×软件”或者“Uninstall ×软件”的菜单命令，单击该命令即可启动软件自带的卸载程序，然后根据提示进行卸载；有些软件的卸载程序在其安装文件夹中，双击后即可打开。

卸载某些软件时，系统可能会提示是否删除一些共享文件或系统文件，如果不太清楚这些文件的用途，最好选择保留，防止误删后其他软件或系统不能正常运行。

例如，瑞星杀毒软件安装后，会有“添加删除组件”（见图 1—17）。

提示：

◆有些软件由于卸载程序丢失了，不能够卸载，此时可以到其他软件的安装文

图 1—17　自带卸载程序

件夹中拷贝卸载程序，文件名一般是 Untinstall. exe 或 Unwies. exe，然后执行该程序，大多数情况下也可以进行卸载。

◆还可以将软件重新覆盖安装，然后再进行卸载。

◆对于绿色软件，只需要删除其安装文件夹即可卸载。

2. 使用系统的卸载功能

有些软件不带卸载程序，此时就可以借助系统自带的卸载功能实施软件卸载。进入控制面板，双击打开“添加或删除程序”（见图 1—18），然后选择要删除的程序，最后单击“更改/删除”按钮，根据提示一步步删除软件。

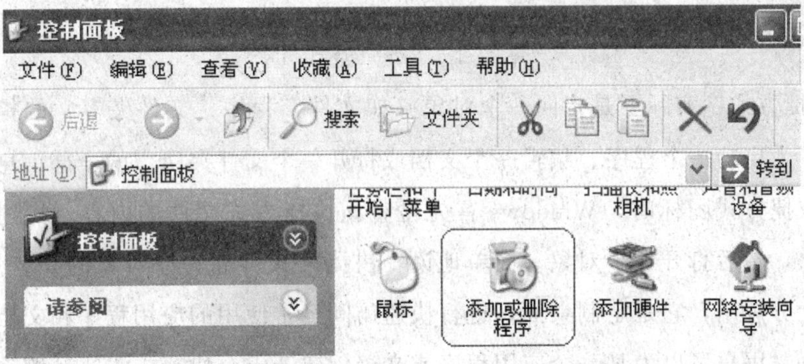

图 1—18　添加或删除程序

有些软件在卸载时，还会提示插入安装程序光盘或重新启动系统，按照提示进行操作即可。

注意：

◆卸载绝对不是简单地删除文件夹，因为软件在安装时会把很多注册信息写入系统，而这信息并不是保存在安装文件夹中的，如果直接删除软件安装目录，就会给系统留下很多的垃圾。

◆如果双击“添加或删除程序”图标无法打开该程序，这可能是 appwizcpl 文件丢失损坏，此时只需要从其他计算机中拷贝一份到该计算机中即可，该文件在X：\WINDOWS\system32文件夹中（X表示系统安装盘符）。

◆如果“添加或删除程序”上的选项丢失了，可以打开“运行”对话框，在其中输入gpedit.msc后按Enter键打开“组策略”窗口，打开“用户配置→管理模板→控制面板→添加或删除程序”，在右侧双击被隐藏的选项，在出现的“设置”对话框中，将“已启用”修改成“已禁用”或“未配置”即可。

1.2.2 快捷方式的设置

学习目标

- 掌握快捷方式的概念
- 了解快捷方式的种类、设置快捷方式注意事项
- 掌握创建快捷方式的方式
- 掌握设置快捷键的方法

一、快捷方式概述

“快捷方式”实际上是指向一个对象（如文件、程序、文件夹等）的指针，它们包含了为启动一个程序、编辑一个文档或打开一个文件夹所需的全部信息。当双击一个快捷方式图标时，Windows首先检查该快捷方式文件的内容，找到它所指向的对象，然后打开那个对象。简单地说，快捷方式可称为原对象的“替身”。快捷方式十分有用，它是定制桌面，进行快速访问经常使用的应用程序和文档的最主要的方法。用户可以为某一个应用程序或文档创建若干个快捷方式，且删除任意一个快捷方式都不会影响到真正的应用程序。

快捷方式是一种特殊类型的文件，它可以和用户界面中的任意对象相连。每一个快捷方式用一个左下角带有弧形箭头的图标表示，此图标称为快捷图标。快捷图标是一个连接对象的图标，它不是这个对象的本身，而是指向这个对象的指针。

快捷方式虽然只占几个字节的磁盘空间，但它包含了为启动一个程序、编辑一个文档或打开一个文件夹所需的全部信息。

由于快捷方式的链接可自动更新，所以无论其链接的原对象位置如何变化，都可以访问到所需信息。

二、设置应用软件快捷方式

1. 创建桌面快捷方式

用户可以为一些经常使用的应用程序、文件、文件夹、打印机或网络中的计算机等创建桌面快捷方式，这样在需要打开这些项目时，就可以通过双击桌面快捷方式快速将其打开。

（1）设置桌面快捷方式

步骤 1：单击“开始”按钮，选择“所有程序”→“附件”→“Windows 资源管理器”命令，打开“Windows 资源管理器”（见图 1—19）。

图 1—19　打开“资源管理器”

步骤 2：选定要创建快捷方式的应用程序、文件、文件夹、打印机或计算机等。例如：选定“我的文档”中的“我的视频”（见图 1—20）。

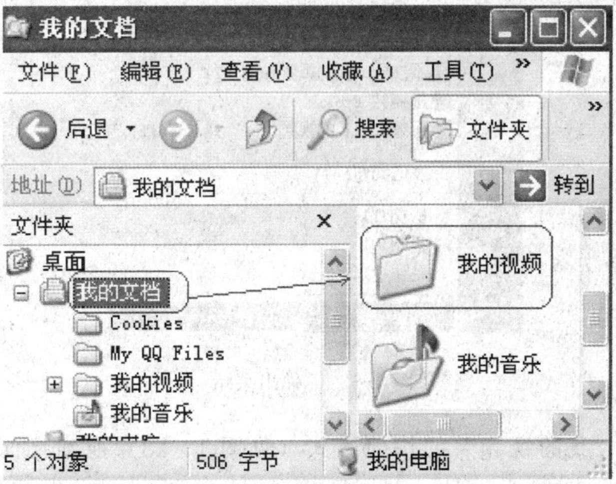

图 1—20　选定“我的视频”

步骤 3：选择“文件”中的“创建快捷方式”命令（见图 1—21），或单击右键，在弹出的快捷菜单中选择“创建快捷方式”命令（见图 1—22），即可创建“我的视频”的快捷方式。

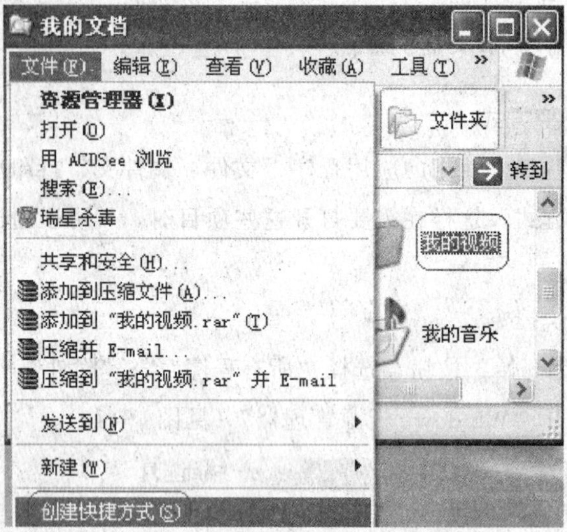

图 1—21　选择“创建快捷方式”

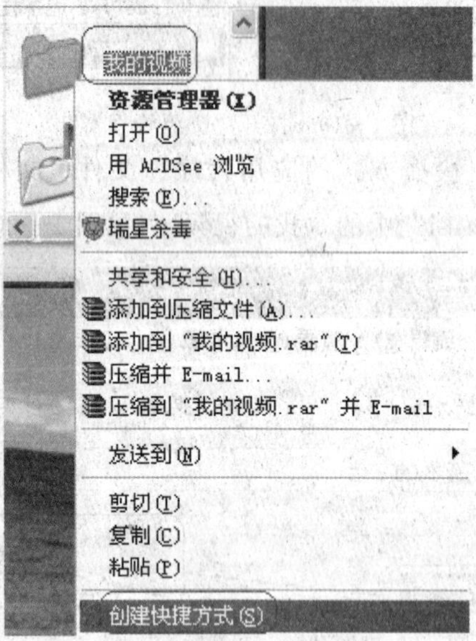

图 1—22　弹出菜单

步骤 4：将“我的视频”的快捷方式（见图 1—23）拖到桌面上即可（见图 1—24）。

（2）设置“开始”菜单中的项目为快捷方式

单击“开始”按钮，若在“所有程序”子菜单中有用户要创建桌面快捷方式的应用程序，则使用如下步骤：

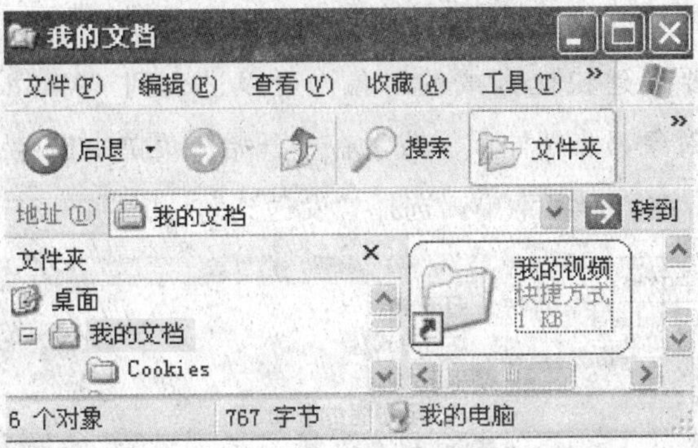

图 1—23　建立快捷方式

图 1—24　桌面的快捷方式

步骤 1：用右键单击该应用程序，在弹出的快捷菜单中选择“创建快捷方式”命令，系统会将创建的快捷方式添加到“所有程序”子菜单中（见图 1—25）。

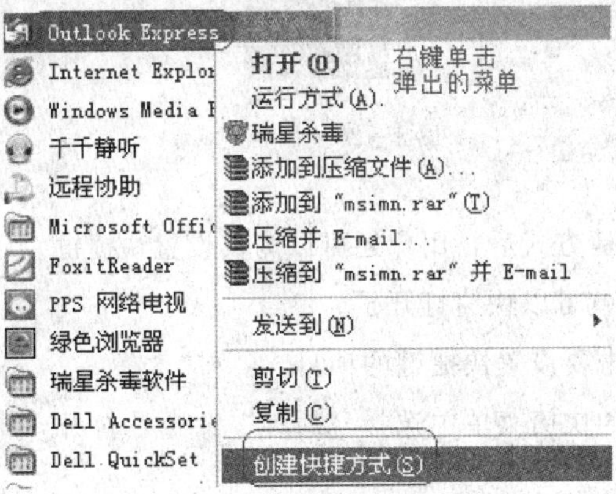

图 1—25　右键弹出菜单

步骤 2：将该快捷方式拖到桌面上，也可创建该应用程序的桌面快捷方式（见图 1—26）。

图 1—26　快捷方式

（3）直接创建快捷方式

步骤 1：确定要创建快捷方式的对象。可以进入到“Windows 资源管理器”中，选定要创建的对象，步骤同前。或者在“开始”菜单中选定。

步骤 2：单击右键，弹出菜单，选择“发送到”，如图 1—27 所示。

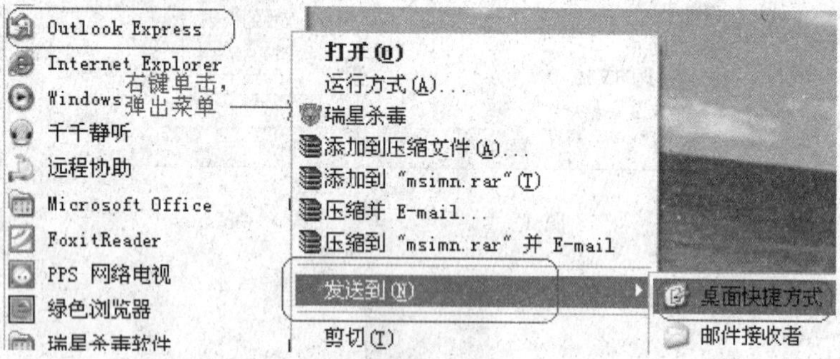

图 1—27　弹出菜单

步骤 3：选择“桌面快捷方式”后，即可创建出想要的快捷方式，如图 1—28 所示。

图 1—28　快捷方式

2. 设置快捷键

在创建了桌面快捷方式后，用户还可以为其设置快捷键。用户在打开这些项目时只需直接按快捷键就可以快速打开了。

步骤 1：右键单击要设置快捷键的项目。

步骤 2：在弹出的快捷菜单中选择“属性”命令，打开“属性”对话框，如图 1—29 所示。

步骤 3：选择“快捷方式”选项卡，如图 1—30 所示。

步骤 4：在该选项卡中的快捷键文本框中直接按所要设定的快捷键。

例如，要设定快捷键为 Ctrl＋Alt＋4，可先单击该文本框，然后直接按 Ctrl 键、Alt 键和数字键 4（见图 1—31）。

步骤 5：设置完毕后，单击“应用”和“确定”按钮即可。

注意：快捷方式和快捷键并不能改变应用程序、文件、文件夹、打印机或网络中计算机的位置，它不是副本，而是一个图标，使用它可以快速地启动程序、打开文件或文件夹。删除、移动或重命名快捷方式均不会影响原有的项目。

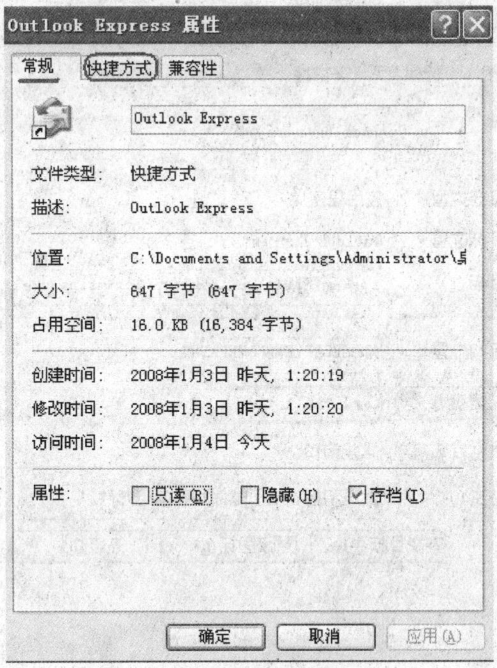

图 1—29　属性窗口

图 1—30　选择“快捷方式”选项卡

图 1—31　设置快捷键

本章思考题

1. 什么是用户账号？
2. 用户账号有几种类型？分别是什么？
3. 如何添加一个用户账号？
4. 用户名最长为多少字节，不能包含什么字符？
5. 怎样修改已经设置好的用户账号的内容？
6. 删除用户账号的步骤是什么？
7. 怎样设置用户账号的权限？
8. 怎样设置文件和文件夹的用户权限？
9. 什么是网络应用软件？
10. 网络应用软件的特点是什么？

11. 怎样安装应用软件？

12. 如何安装插件？

13. 如何卸载应用软件？

14. 简述快捷方式的定义。

15. 如何创建桌面快捷方式？

16. 如何设置快捷键？

第2章

机房环境维护

2.1 门禁系统的管理与维护

学习目标

- 了解门禁系统的定义和作用
- 了解门禁系统的种类
- 了解门禁监控系统的构成
- 掌握门禁系统的使用方法
- 掌握门禁系统的几种基本应用
- 能配置基本的门禁系统
- 能进行门禁系统的软件设置与使用
- 掌握升级软件的方法

一、门禁系统的定义和作用

1. 门禁系统的定义

门禁系统又称进出口管理系统，是对人员出入进行有效管理的系统。它取代了传统繁琐的人工门卫工作，可以实现高效率、高科技的现代管理。此系统对持卡人的进出权限、允许进出的时间都可方便地进行统一管理，所有人员的进出详情、报警信息等资料实时反映到管理中心，并可对所有历史信息进行条件查询，在门禁系统基础上还可实现考勤管理功能。

通俗地讲，门禁就是出入口控制，在人员进出重要通道的时候，进行适当级别的权限鉴别，以区分是否能通过的一种管理手段。一般可以通过卡片、指纹、虹膜（眼睛）来识别来人的身份及其权限。

门禁系统替代了钥匙的功能。在一个公共出入口，给每个人发放钥匙是很不方便的，要处理人离职入职、钥匙丢失、身份登记、记录跟踪等都有很大的难度；如果派遣专人守卫，则存在成本高、管理难，且有徇私舞弊的可能。门禁系统很好地解决了这些问题，满足了现代社会办公场所的基本要求，也是未来的发展方向。

门禁系统在我国经过十几年的发展，技术已经很成熟，安装、服务、价格都比较适合大规模采用。在大中城市，安装门禁系统已经是很普遍的做法。

2. 门禁系统的作用

随着计算机技术日益广泛的应用以及计算技术的迅猛发展，计算机已成为许多单位的重要组成部分，在技术开发、资料管理等方面起着重要的作用。机房的环境设施（供配系统、UPS、空调、保安、消防、安全防护等）直接影响计算机系统的正常运行。一旦机房内环境设施出现故障，轻者影响计算机的运行，造成数据传输或存储故障；重者造成计算机设备报废，现场计算机长时间瘫痪，后果不堪设想。如果发生入侵机房事件，则导致计算机设备、数据、文件被盗或丢失，后果更加严重。为了保证计算机系统的工作安全可靠，在科技发达的今天，有必要采用机房门禁及监控系统对机房环境设备及系统进行自动监视，进行现代化管理。

二、门禁系统的种类

门禁系统一般有以下几种类型：

1. 不联网门禁

不联网门禁是一个机子管理一个门，无须用计算机软件进行控制，也不设记录系统，直接通过控制器进行控制。优点是价格便宜，安装维护简单；缺点是不能查看记录，不适合数量多于 50 人或者人员流动性强（指经常有人入职和离职）的地方，也不适合数量多于 5 门的工程。

2. 485 联网门禁

485 联网门禁是可以和计算机进行通信的门禁类型，直接使用软件进行管理，包括卡和事件控制。有管理方便、控制集中、可以查看记录、对记录进行分析处理的优点。

485 联网门禁价格比较高、安装维护难度大，但培训简单，可以进行考勤等增值服务。适合人多、流动性大、门数多的工程。

3. TCP/IP 门禁

TCP/IP 门禁也称作以太网联网门禁，也是可以联网的门禁系统，但是需通过网络线将计算机和控制器进行联网。

TCP/IP 门禁除具有 485 门禁联网的全部优点以外，还具有速度更快，安装更简单，联网数量更大，可以跨地域或者跨城联网等特点。但存在设备价格高，需要使用计算机网络技术。适合安装在大项目、人员数量多、对速度有要求、跨地域的工程。

4. 指纹门禁系统

指纹门禁系统就是通过指纹代替卡进行管理的门禁设备，具有和 485 门禁相同的特性，但具有更好的安全性，缺点是登记的人员数量较少，通过速度慢。

简单地说，门禁系统包括感应式门禁系统和接触式门禁系统两大类。接触式门禁系统又包括磁卡接触式门禁系统和 IC 卡接触式门禁系统两种。

对于使用人员来说，分为刷卡进入、指纹扫描进入和密码输入进入三种，同时还可以用监控摄像头控制人员进入（由机房控制室来进行操作），有的是用的刷卡加密码进入、指纹加密码进入或者只使用头像识别进入等。目前，常使用的情况都是几种不同方式结合到一起的门禁及监控系统。

三、门禁监控系统的构成

门禁监控系统是一种包括许多单元的综合系统，其中有：液晶显示单元、指纹识别单元、语音综合单元、看门狗单元、云台控制单元（摄像头）、电动机驱动单元、温度传感器单元、报警单元、通信单元、A/D 和 D/A 转换单元等。这些单元的工作都需要由单片机来控制，通过汇编语言写程序来实现其预定功能。当然，也可以通过计算机的软件编写程序来实现其预定功能。

四、门禁系统的使用方法

以某小区的门禁系统为例叙述其使用方法：

方法一：从外面向单元内进入时，先在门边的密码处输入密码（或将门禁卡在上面刷一下），听到轻微的响声后推门即开。

方法二：从里面向单元外出走时，先在门边的按钮处按一下，听到轻微的响声后拉门即开。

五、门禁系统的结构及应用方式

1. 最基本的结构及应用方式

最基本的应用方式包括 485 控制器、读卡器、转换器、锁、电源等，其结构如图 2—1 所示。此应用方式适合以下几种情况：

（1）需要有基本的卡片管理功能，记录刷卡事件的项目，安装数量只有一台的情况。

（2）管理的卡片比较少。

（3）对门禁性能要求不高。

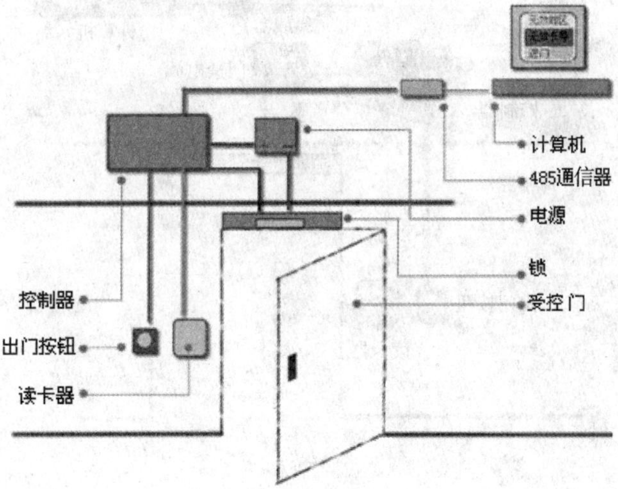

图 2—1　最基本的结构及应用

2. 典型应用

典型应用如图 2—2 所示，此应用方式适合以下几种情况：

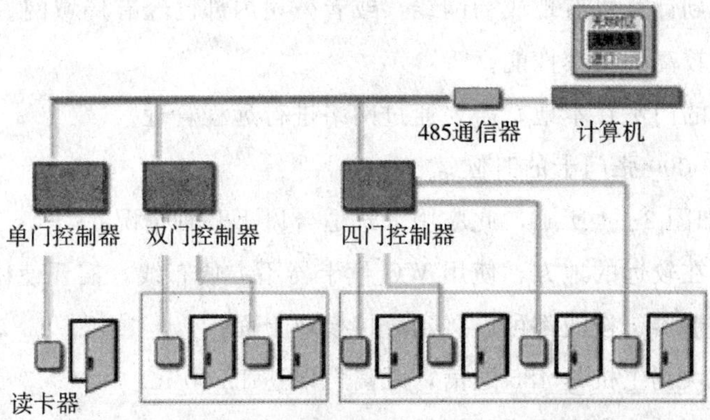

图 2—2　典型应用

（1）需要有基本的门禁管理功能，记录刷卡文件的项目，安装数量多台的情况。

（2）所有的门在一个比较近的范围内。

（3）比较近的门使用多门控制器，比较远的门使用单门控制器。

（4）对门禁性能要求不高，管理卡片少。

3. 其他

（1）其他应用如图 2—3 所示，适合以下几种情况：

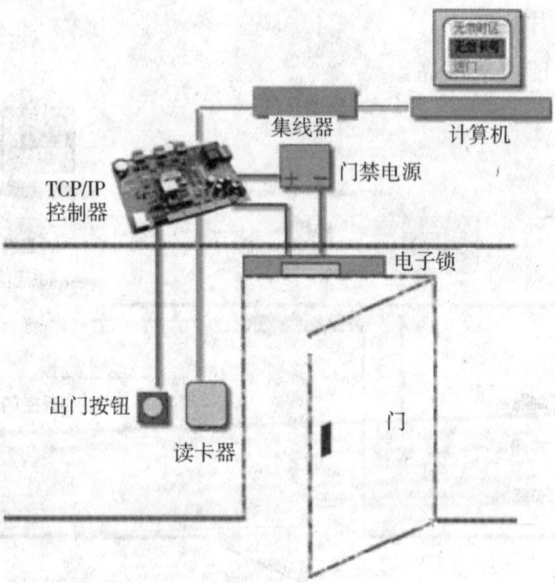

图 2—3　其他应用举例

1）管理的门数少于 4 个。

2）所有的门在一个比较近的范围内。

3）控制器到计算机有现成的网线，或者公司内部已经有局域网。

4）需要比较高的门禁性能。

5）所控制的门不在本地，需要通过网络进行远程管理。

6）达到 20 000 张门卡的时候。

（2）应用如图 2—4 所示，此应用方式适合以下几种情况：

1）有的门在较远的地方，使用 WG 读卡器不方便布线，需要使用分控机。

2）锁、读卡器、按钮都可以接到分控模块上面。

3）分控模块到主机是 485 通信，距离可以达 1 200 m。

4）控制器到计算机有现成的网线，或者公司内部已经有局域网。

5）需要比较高的门禁性能。

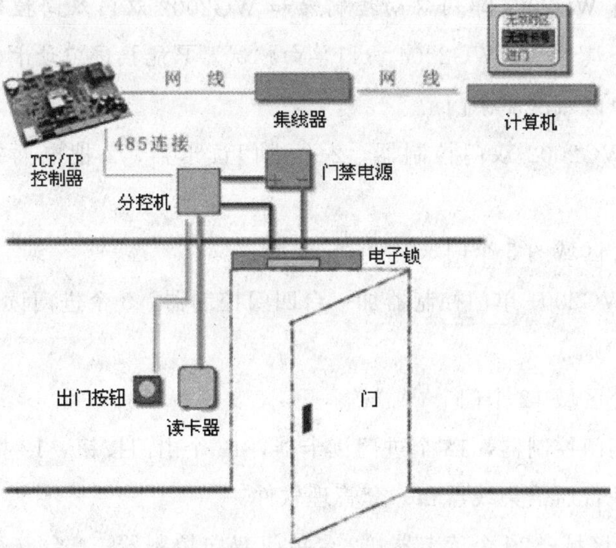

图 2—4　第四种应用举例

6）所控制的门不在本地，需要通过网络进行远程管理。

7）达到 20 000 张门卡。

门禁系统的应用有很多种类型，上面介绍的只是普遍采用的几种，并不能包括门禁的全部使用方法。这些类型可以独立使用，也可以组合使用，根据项目要求的不同而变化，必要时多种方案灵活运用。这些系统根据需要也能组成更加复杂的应用，如防潜返、互锁、多机多区域管理等。

六、门禁系统配置

门禁系统的配置主要依据两个距离，一是读卡器到控制器的距离，二是控制器到主控计算机的布线距离。

下面举例说明门禁系统配置的内容：现有 20 门的门禁系统，大门是双开玻璃门，和其他门距离比较远。某个区域有 2 个木门，比较集中；某个区域有 5 个单开玻璃门，比较集中；某个区域有 12 个木门，比较集中。这样一个现场情况，应如何配置门禁系统。

1. 配置内容

（1）大门采用 1 个读卡器（如果进出都要刷卡，就配置两个读卡器）

由于是双开玻璃门，建议接 2 把电插锁，一台 WG2001 单门控制器，一个出门按钮。

提示：只有 WG2001 单门双向控制器和 WG2002 双门双向控制器，每个门可以接进、出两个读卡器，WG2004 四门单向控制器只能接进门读卡器。

（2）第一个区域的 2 个门

采用一台 WG2002 双门控制器，2 个进门读卡器，2 把电插锁，2 个出门按钮。

（3）第二个区域的 5 个门

采用一台 WG2001 单门控制器加一台四门控制器，5 个进门读卡器，5 个出门按钮，5 把电插锁。

（4）第三个区域 12 个门

采用 3 台四门控制器，12 个进门读卡器，12 个出门按钮，12 把磁力锁。

（5）需要一台通信集线器和一套管理软件

清单：1 个区域；20 个读卡器；2 台单门双向控制器；1 台（个）双门双向控制器；4 台（个）四门单向控制器；20 个出门按钮；21 把电插锁；12 把磁力锁。

2. 注意事项

（1）读卡器到控制器的距离应小于 100 m，建议在 60 m 以内。

（2）计算机和其他控制器串联的总线长度小于 1 200 m，建议在 800 m 以内，如果距离更远需要增加中继器，通信距离可达 3 000 m。也可以用 ICP/IP－485 转换器并接入局域网或者与 Internet 进行联网。

（3）玻璃门宜接电插锁，木门、防火门等宜接磁力锁（电磁锁）。

（4）通信集线器可挂接 128 台门禁控制器。

七、门禁系统的软件设置与升级

1. 门禁系统的软件设置

某门禁管理系统软件的界面如图 2—5 所示。

软件中的菜单有："系统""编辑""管理""事件""数据导出""帮助"。单击"系统"菜单后，显示如图 2—6 所示界面。

菜单的下面有一些功能项："门禁设备""地图""出入权限定义""人员管理""实时事件""刷卡记录查询""报警记录查询""帮助主题"。

步骤 1：单击"门禁设备"后，显示如图 2—7 所示界面。

步骤 2：在"门禁设备"界面中，选择右面的某一扇门，单击右键（见图 2—8）。

在此菜单中，可选择报警，编辑门参数等选项（见图 2—9 和图 2—10）。

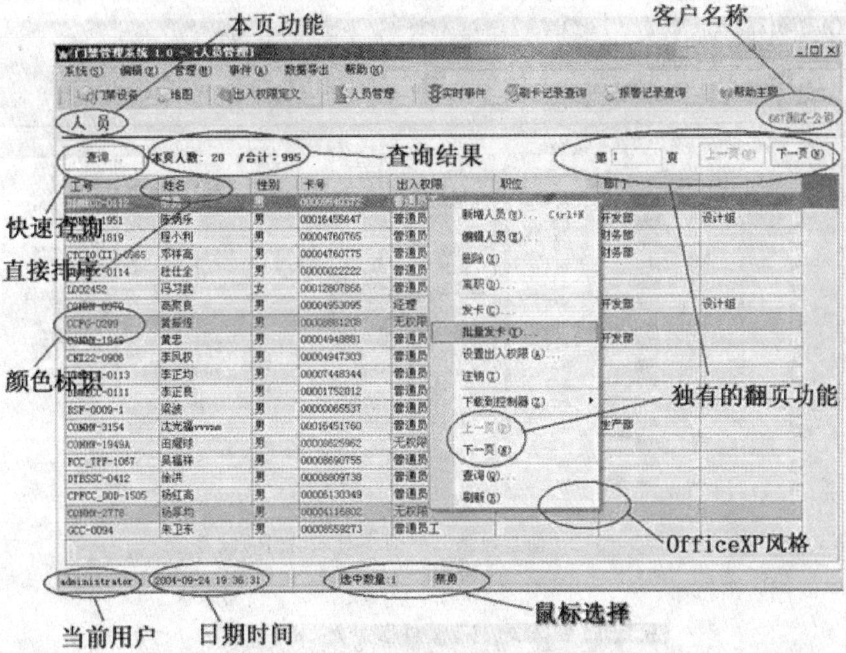

图 2—5　门禁系统的界面

图 2—6　“系统”菜单

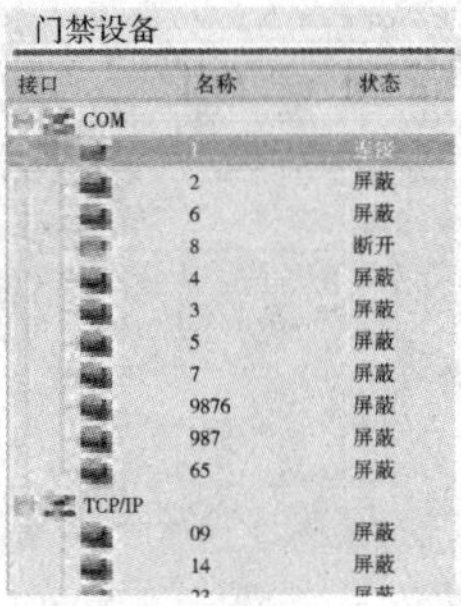

图 2—7　“门禁设备”界面

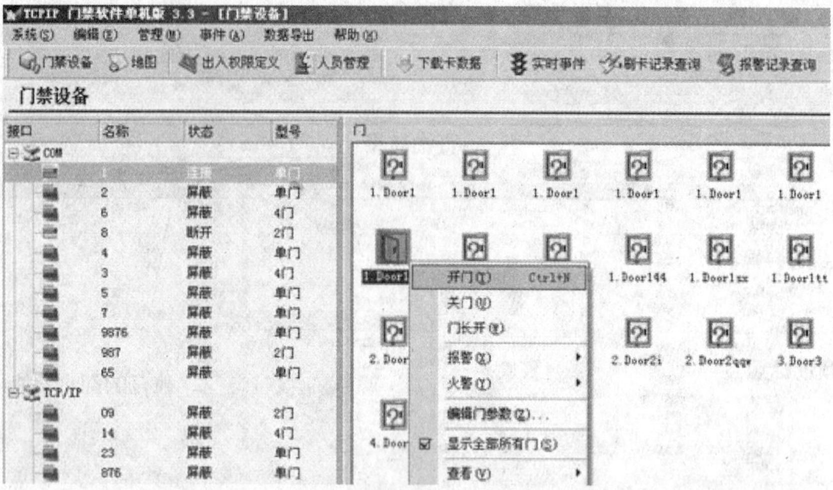

图 2—8 “门禁设备”界面中对某扇门的设置

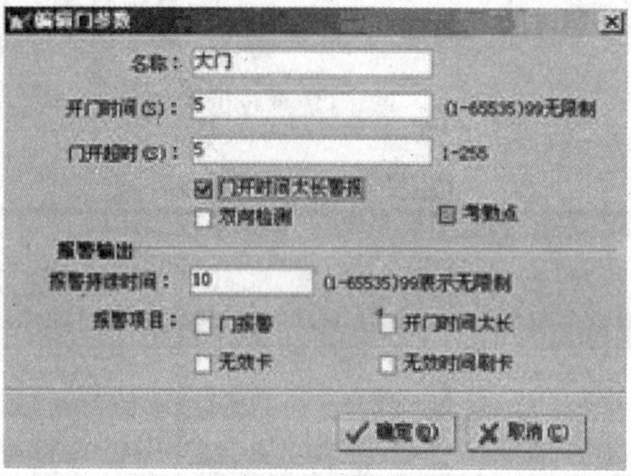

图 2—9 编辑门参数

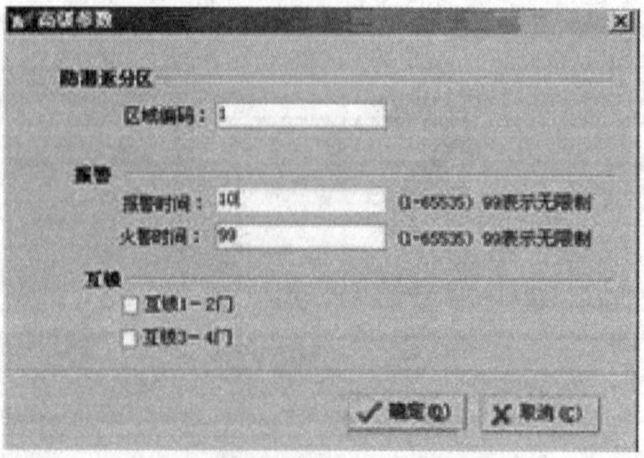

图 2—10 设置报警

还可以在左面的窗口中选择某扇门，单击右键设置（见图 2—11 和图 2—12）。

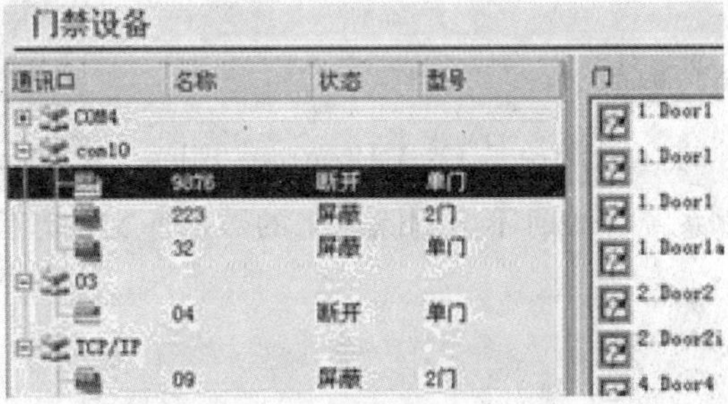

图 2—11　多通道工作

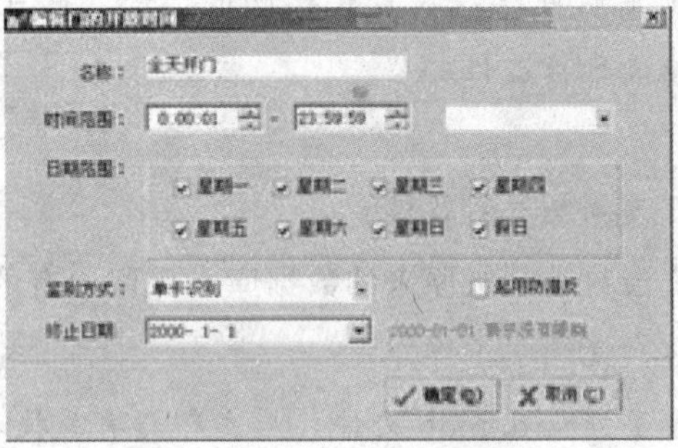

图 2—12　编辑门的开放时间

步骤 3：选择“人员管理”，可以对用户进行设置（见图 2—13）。

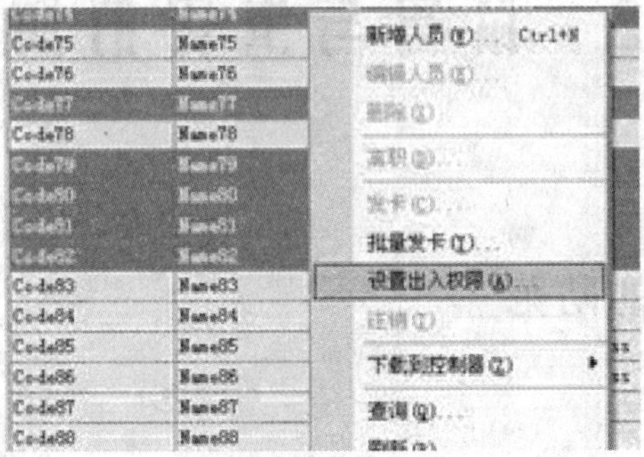

图 2—13　“人员管理”的设置

步骤 4：其他设置。例如“数据导出”的设置如图 2—14 所示。

图 2—14　“数据导出”的设置

2. 门禁系统的软件升级

（1）备份

首先备份原来的数据库文件。

安装路径（缺省的安装路径是 C：\ Program Files \ iCCard \ ）的 iccard. mdb 数据库文件。虽然，系统升级时不会删除原来的数据库文件，但是还是建议先做好备份。

（2）卸载

卸载原来版本的应用软件。

注意：. net 等无须重新卸载，只需卸载应用软件。也可以不卸载原版本，在原来的安装路径下直接进行覆盖性安装。

（3）安装

在原来的路径上安装新版本的软件。

安装完毕后，系统会自动升级原来的数据库，保留原有的设置参数。自动增添新的字段和数据库内容，无须手工操作。

注意：若不慎删除了 iccard. mdb 文件，应立即与有关技术支持人员联系。

2. 2　鼠害与虫害的防范

2. 2. 1　鼠害的防范

学习目标

- 了解机房中常见的鼠害
- 了解机房鼠害的防范要求
- 掌握机房防鼠的主要措施
- 掌握机房灭鼠的主要方法

一、机房鼠害常见种类

机房的老鼠是造成设备故障的因素之一，在日本，计算机事故中有 10%是属于鼠害，仅次于水灾、火灾。常见的机房鼠害主要有以下几种：

1. 因老鼠啃食电缆，造成漏电或电源短路。

2. 由于老鼠在机器上筑窝、排尿、排粪便等，造成断线、短路接触不良，部件腐蚀及污损。

3. 寄生在老鼠身上的虱子危害工作人员的身体健康。

二、机房鼠害防范要求

鼠害在计算机房设计时应充分考虑，因为一方面老鼠可能咬断电线电缆，损坏设备；另一方面，老鼠的残留物会导致机房不清洁，严重的还可能导致断路、断电。

鼠害的防治应从两方面进行：一方面计算机房铺设线路时应采用防鼠性能好的材料；另一方面机房内应禁止放食品、饮料等，一旦发现鼠踪，应及时采用一些方法将其消灭。

三、机房防鼠措施

1. 常用防鼠措施

（1）生态防治

1）门窗及边框要严密，最好用铁皮包镶门的下缘。

2）水管、电线、通风孔道等的缝隙要填塞。

3）通气窗的孔径要小于 3 cm，因为孔径超过了 3 cm，小家鼠可自由出入。

4）褐家鼠对水的需要量很大，断绝水源可以限制褐家鼠的生存。

（2）化学防治

目前常用的杀鼠剂有很多种。饵料以生玉米适口性最佳，在缺水的环境下使用白菜、胡萝卜、红薯等诱鼠效果也很好。

1）配制毒饵时加入 5%白糖，可以提高饵料的适口性；加 0.1%糖精也具有同样的作用，同时糖精不易发酵、长霉和招引蚂蚁。

2）投放磷化铝，对灭鼠也同样有效，一般每个鼠洞投入 0.5～1 片（每片 3g）磷化铝，送入洞中需要立刻将洞口封严。

（3）器械防治

在鼠密度较低的情况下，使用器械灭鼠也可控制鼠患，保持低密度。捕鼠器械种类繁多，各地应因地制宜，就地取材。

通常把捕鼠器放在鼠洞口或鼠道上，迫使老鼠接触以增加效果。捕鼠器械要保持灵敏、润滑。

捕鼠后捕鼠器械一般不必用火烧、水烫，但在疫区使用时则需进行消毒。

2. 机房防鼠具体措施

（1）修复被鼠破坏的管道，对机房门重新调整，缝隙小于 6mm，门下边镶铁皮踢板。

（2）电缆扣槽口处放置鼠夹及粘鼠板，用水泥沙浆抹平机房内所有孔、洞、缝隙，以防止老鼠的进入和利用。

（3）老鼠有啃咬橡皮、塑料、电线、水泥砂浆墙面条砖等嗜好，磨牙是天性，据观察服毒后的老鼠性情更加烦躁，乱啃乱咬，反而会加大对机器线路的危害，故仪器设备机房内使用投放毒饵的方法是不可取的。

（4）在进入机房的大门内加装可移动的高 30cm 的铁皮防鼠墙（长度视门框而定），并向外倾斜 5°左右，以防老鼠顺门而入。

（5）封锁老鼠的出入口。

（6）在 PVC 电缆上涂 L 环己基类的避鼠剂。

（7）设置捕鼠器。

（8）请专门的灭鼠公司。机房是许多企业的重要部位，有一些专门的灭鼠公司会提供全套的灭鼠防鼠措施，并为企业的机房制定检测和服务方案，为企业彻底解除鼠害的困扰。这些公司研制的灭鼠药物在灭治老鼠方面一般比较有效，研制和筛选的老鼠毒饵，其有效成分含抗凝血杀鼠剂和老鼠引诱剂，老鼠取食后会慢性中毒，3～5 天后发生内出血而死亡，该药对人的毒性低，使用安全，且杀鼠彻底。

2.2.2 虫害的防范

学习目标

- 了解常见虫害的种类、特征
- 掌握机房环境中发生虫害的原因
- 了解防范虫害对仪器设备的影响
- 掌握清除各种机房虫害的方法

一、机房常见虫害

1. 蟑螂

蟑螂会爬会飞，携带有各种病菌，对机房的环境有很大的污染性。

（1）蟑螂喜欢潮湿的环境，一天都不能不喝水。有的机房内设有水池；还有的机房外没有放置墩布的地方，墩布使用后未拧干就被放在机房的角落里，是蟑螂聚集的地方。

（2）蟑螂怕冷，因为机器设备在使用时会发热，所以蟑螂喜欢聚集在机器设备的周围。

2. 蚂蚁

蚂蚁有很多种类，一般在室内形成危害，在墙下或室内筑巢，对机房中的线缆和设备仪器等有很大的破坏隐患。

（1）蚂蚁也喜欢潮湿的环境，在潮湿的墩布周围常见蚂蚁的踪迹。

（2）蚂蚁的繁殖力很强，机房角落中堆放的旧报纸，是蚂蚁不错的产卵场所。

（3）蚂蚁喜欢甜味，有时机房里有吃剩的糖果丢在角落中，常会引来蚂蚁。

（4）白蚁被称为“无牙老虎”，可筑巢在土里、墙内或木材中，甚至可生存于混凝土中。危害率极高，破坏力极强。

3. 蛀木害虫

蛀木害虫有白蚁、蠹虫、天牛等。对于机房中的一些木质的桌椅等具有极强的破坏作用。因为竹、木中含有丰富的纤维素、半纤维素及糖、脂肪、蛋白质等，这些成分是蛀虫、白蚁等的营养品。

二、机房虫害清除方法

1. 清除蟑螂

（1）蟑螂害怕鲜黄瓜、洋葱和鲜桃叶的味道。不妨在蟑螂经常出没的地方放上几片黄瓜、洋葱或鲜桃叶，蟑螂闻到气味就会避而远之。

（2）下水道是蟑螂进入室内的主要通道，可以在下水道内灌入开水，把寄生在里面的蟑螂烫死。

（3）药品灭蟑螂。目前许多药店都卖有灭蟑螂药，可购买后，按说明书放置。

（4）用空玻璃瓶做陷阱。方法是将洋葱、面粉、硼酸和在一起，再用手将其揉成直径约 1 cm 的小球，在牛奶中浸泡两三个小时后，放入空瓶内。然后，将瓶口用软硬适度的纸片盖好，用皮筋扎牢，中间扎个小孔。蟑螂闻到气味会来，且很容易落入瓶底，即可将其杀灭。

2. 清除蚂蚁

（1）蚂蚁特别喜欢甜东西，可以拿一些白糖水放在碗中。置于蚂蚁经常出没的地方，当蚂蚁爬到碗边来喝水时。只要一晃碗它们就会掉到水里淹死。

（2）蚂蚁爱吃生鱼片。可在碗中放些生鱼片，引它们到碗中，再进行集中消灭（比如用开水烫）。

3. 清除蛀虫

（1）染了蛀虫的机桌要用消毒液反复擦拭几遍，擦净后彻底通风干燥。

（2）可将微量杀虫药液（敌敌畏）滴入虫蛀孔；也可用尖辣椒或花椒捣成末，塞入虫蛀孔，然后在被虫蛀处涂抹石蜡油，连续涂抹10天即可。

（3）对于书中的虫子，最简单的方法就是放一些芳香球，并经常用微型的吸尘器除去书上的灰尘。

三、机房虫害防治措施

防治工作主要包括做好环境卫生和药物防治两个方面。具体防范措施如下：

1. 保持机房内干燥、不留积水，不长期放置湿的墩布。
2. 蟑螂怕冷，多藏匿在各种设备的周围，要把这些地方作为清洁重点。
3. 随时清扫机房角落。
4. 定期拉开机桌，检查缝隙内的卫生。
5. 木制材料可涂刷一层灭蚁药剂防白蚁。

2.3 照明系统的管理与维护

学习目标

➢ 了解照明系统基本知识

➢ 掌握机房照明系统的验收与管理

一、照明基本物理概念

1. 发光强度

发光强度的单位是国际标准烛光，简称烛光，它等于直径为25.4 mm（即1英寸）的鲸油烛光每小时燃烧7.77 g所发出光的强度。

2. 光通量

光通量又称光束或光流，是光源在空间各方面发出人眼所能感觉的光能。光通量是单位时间内通过某一面积的光量，其单位为流明（lm）。

3. 照度

光投射到物体表面时，即可把物体表面照亮，照度 E 就是光通量的表面密度，即射到物体表面的光通量 ϕ 与该物体表面面积 S 的比值：

$$E=\frac{\phi}{S}$$

其中，照度的单位为勒克斯（lx）。

4. 亮度

亮度是一方向的表面发光强度与发光面投影面积的比值，单位为朗伯。

二、照明类型

计算机机房的照明可分为普通照明、混合照明、事故照明、特殊照明、值班照明和警卫照明。下面分别对这些种类的照明的要求及日常管理作简单的介绍。

1. 普通照明

普通照明又称一般照明，是指整个场所或场所的某部分基本上照度均匀的照明。

按照《计算站场地技术条件》中的标准：机房内离地面 0.8 m 处的照度不应低于 200 lx。在日常管理工作中，主要应保证电源的稳定性及照度，因为计算机机房内的照明不稳定会影响工作人员的精力和视力（特别是光源的晃动），同时也需要照明灯具保持良好的状况，一般情况下灯具的不亮率，要控制在全部灯具的 5%以下。巡检时，主要检查灯具的损坏情况，做到灯具有损坏随时更换。

2. 混合照明

混合照明是指在一般照明不满足局部需求时，增加局部照明，即组成所谓混合照明。

混合照明主要用于维修间使用，除了要保证一般性质的照明外，还要根据工作需要另外增加照明设备，在平时，必须检查照明情况及灯具是否正常，以免在应急维修时出现照度不够的情况。

3. 事故照明

事故照明又称应急照明，是指在正常照明因故障或停电熄灭后，供处理计算机的遗留工作或供人员、设备转移用的照明，通常采用 UPS 电源供电。因此，对这类灯具的管理主要是在平时的维护工作中检查其转换是否正常，以及事故照明的灯具是否完好，从而保证在正常的照明发生故障后能够及时使用。

按照国家《计算站场地技术条件》中的标准：在距地面 0.8 m 处主要通道的照度不低于 1 lx，其他房间不低于 5 lx。一般计算机机房的事故照明直接用 UPS 电源，UPS 的备用电源工作时，电感性的灯具对某些计算机有影响，因此平时在应急灯具的维护和使用上，一般建议使用灯泡，以免对有些要求很高的计算机造成影响。

4. 特殊照明

特殊照明指移动照明，或正常照明无法使用的紧急状态下使用的照明设备。

大型计算机房的特殊照明，主要是指不能移动的大型设备维修时有特殊要求的照明。因此在平时的日常管理中，要经常检查这些特殊照明的灯具和供电是否正常，以保证在设备发生故障时能够正常使用，而不影响计算机机房的正常运行。

5. 值班和警卫照明

值班和警卫照明除正常照明外，还应有应急照明系统，其维护工作与上述基本一致。

6. 特殊光源

除了主光源与灯具外，还有以下特殊光源：

（1）防爆灯具

防爆灯具用于易燃易爆气体场所。

（2）应急灯具

应急照明灯具用于主要工作间和通道；应急指示灯用于危险时刻指示人员紧急撤离的出口和方向。

（3）装饰灯具

装饰灯具有壁灯、吸顶灯，常用于更衣室、值班室等。

三、机房照明要求

1. 机房照明的总要求

光线柔和，适合人体的生理需要，不能因光源产生干扰而影响计算机的正常工作。

2. 机房照明质量

包括合理的照度、眩光、光的颜色、光效阴影以及照明灯具产生的电磁波对计算机的干扰。现在计算机机房大都采用人工照明，因此，对人工照明所产生的各种效果应该有比较清楚的认识。

（1）照度的影响

由于计算机工业的高速发展，计算机的构造越来越精细，计算机工作人员对机房内照度的要求越来越高。在《计算站场地技术条件》中，要求在距地面 0.8 m 机房内的照度不低于 200 lx。而国外一些计算机生产厂家，却要求机房内的照度不低于 400 lx。

(2) 眩光的影响

眩光的影响，主要是使机房内的工作人员感到不舒服。产生眩光的真正原因：光源的亮度和光线的柔和性。要避免眩光，就要选用合适的灯具，并使灯的悬挂高度合适，特别要注意灯具滤光玻璃的作用。眩光限制等级见表 2—1。

表 2—1　　眩光限制等级

眩光限制等级	眩光程度	适用场所
Ⅰ	无眩光	主机房、基本工作间
Ⅱ	有轻微眩光	第一类辅助房间
Ⅲ	有眩光感觉	第二、三类辅助房间

(3) 照明均匀度的影响

在计算机机房内照度的变化必须是缓慢的。有的资料建议照度均匀不少于 0.7。要解决好这方面问题，主要是灯具的选型和机房内灯具的合理布局。

(4) 照明稳定性的影响

机房内照明不稳定，会影响工作人员的精力和视力，特别是光源的晃动。要提高光源的稳定性，常用方法有：对于气体放电灯，为了减少周期性交变采用多管移相接法。如机房内的灯多采用三管荧光灯，并应分别接在三相电源上；如果用二管荧光灯，则两管分别接在不同的线路上，忌接在同一线路上，这样可以避免所谓的频闪效应。

(5) 光源显色性的影响

计算机广泛采用彩色显示设备。现在计算机机房一般都采用显色指数较高的光源，如日光色荧光灯。

(6) 灯具产生电磁波的影响

灯具产生电磁波的原因主要有两种。一种是在开关灯具时产生的电磁波；另一种是灯具光发射的电磁波。

防止第一种干扰的方法有两种：一是在供电电站中，将照明的线路与计算机的线路分开，而且在计算机供电电路中采用隔离变压器等措施；二是采用屏蔽开关。防止第二种干扰的方法，主要是选用灯具的放电干扰强度不大于 120 dB。

(7) 光效要求

尽量选择光效率高的灯具，光效率反映了光通量与电功率的关系，光效率高的灯具，不仅耗电量小，而且对空调的热负荷也是一种减轻。

四、机房照明设计

机房照明的好坏，不仅会影响计算机操作人员和软、硬件维修人员的工作效率和身心健康，而且还会影响计算机的可靠运行。因此合理地选择照明方式、灯具类型、布局以及相关器材等是装修电气工程中不可忽视的问题。

机房照明，通常分为自然采光和人工采光两种形式。为了防尘和节能，较多采用了无窗结构形式。这样，室内照明就以人工采光（人工照明）为主。

优良光质能减少疲劳，保证操作的准确性和提高工作效率。机房照明要求不闪烁、不眩光、照明度大，光线分布均匀，不直接照射光面，特别是显示设备和控制板离地面 0.8 m 处照度不低于 400 lx，可按不低于 30 W/m^2 日光灯计算，无吊顶的机房，可选用吸顶式或吊链式荧光灯；有吊顶的机房，可选用嵌入荧光灯，形成荧光灯光带，照明效果较好，但必须注意，荧光灯启动电流比工作电流大得多，灯带开关电流容量应取正常照明电流的 5～10 倍，以免启动电流烧坏开关触点。每条光带及光带中每排荧光灯应分别有开关控制，这样既满足了机房对照明度的要求，减少浪费，又防止了同时开灯对电源的冲击。

提示：荧光灯的镇流器必须是低温感应式或电子镇流器。以符合机房的消防设计施工规范。

1. 照明的布局

照明的布局可参照表 2—2。

表 2—2　　照明的布局

布局分类	内容
分散布局	小面积机房，灯具均匀分散布置。是将灯具按一定合理的分配方式，均匀的分散布设在机房里，基本是 5～6 m^2 的范围内设一双管或三管灯具，这是最基本的一种照明布局方式。这种布局方式比较简单，往往会给人以单调感觉，特别在面积大的机房里就更加显得简单，不会给人以新鲜感。但是，这种布局方式比较适用于小面积的机房
光带布局	大面积机房，灯具按一定方式组成几条由多个灯具连成的光带。光带布局方式是将灯具按照一定的方式，在机房内合理设计成几条由多个灯具串成的光带。这是一种比较新式的布局方式，特别适于大面积的机房。光带布局的方式，能给在机房工作的人员产生一种无限伸远的感觉。在这种灯照条件下工作的人员，会感到舒适，新鲜，并能调解人的疲劳。但是，这种布局的方式对小面积的机房不适应

续表

布局分类	内容
环形布局	大面积机房，根据机房结构特点，灯具围绕机房内某一中心组成一条或多条环。用于弥补结构上的不足。环形灯带是根据机房本身的建筑结构特点，因地制宜采取一种照明布局方式。这种布局方式要围绕机房内某一中心，由许多灯具组成一道环光，两道环光，甚至三道环光。这种布局的方式可以弥补机房在建筑结构上的某些不足，使得不足之处变成一种新颖的照明方式，给人以清新的感觉。环形灯带的布局方式只适于大面积的机房，对于面积小的机房不宜用
其他形式布局	其他形式布局根据机房使用性质和灯具的安装需求，按实际需要合理布置

2. 安装电气配备要求离地面的高度

安装电气配备要求离地面的高度见表 2—3。

表 2—3　　电气配备及离地面高度

电气配备	离地面高度（cm）
照明分配盘	150
壁开关	120
插座	30
信息出线盒	30

五、机房照明系统的验收

计算机机房照明系统与配电系统的验收同步进行，在验收时应注意以下几个问题：

（1）机房照明系统验收的标准按照《计算站场地技术条件》（GB 2887—2000）中有关计算机机房照明的规定和《电气装置安装工程施工及验收规范》（GB J232—1982）中关于照明系统验收的要求执行。

（2）照明灯具应该完整无损，各灯具亮度应协调一致，不产生眩光。

（3）灯具在各工作间的配制应符合设计要求，一些特殊的灯具应合理并安装到位。

（4）灯具的接线方式、控制线路应符合设计要求，可以做到全部打开和部分打开。应急供电的灯具接线应控制合理。

（5）照明系统的隐蔽工程，经施工现场管理人员认定应合格。

（6）机房照明系统全部打开工作两小时以上，该系统的开关、设备装置、照明导线、电缆温升在允许范围内。

（7）照明灯具打开、关闭，不影响计算机设备或其他设备的正常工作。

(8) 荧光灯镇流器工作时不能有明显的嗡叫声。

(9) 验收时所有灯具都应该点亮。

(10) 各回路的绝缘电阻值不小于 0.5 MΩ。

(11) 灯具在维修时，更换附件要方便。

(12) 应有对机房照明系统的设计，安装施工和使用效果的评价。

六、照明系统的使用和管理

1. 照明灯要保持良好的状况。一般情况下，灯具不亮率要控制在全部灯具的5%以下，应急用的灯具应全部处于良好状态。

2. 照明灯具要保持整洁，完整无损，经常做好清洁工作。

3. 全封闭机房内的灯具，不要经常打开、关闭，要保持合理的亮度。

4. 定期对照明系统进行维修，及时排除故障。

5. 机房应急灯具要定期做停电时的转换供电试验，使转换供电装置处于良好的工作状态。

6. 特殊灯具，要做定期检查，不符合特殊环境工作的灯具，应及时修理或者更换。

本章思考题

1. 什么是门禁系统？
2. 门禁监控系统是由哪些单元构成的？
3. 一般的小区门禁系统如何使用？
4. 门禁系统主要有哪几种？门禁系统的基本应用方式有哪些？
5. 常见的鼠害有哪些？对于机房中的鼠害应采用什么措施？
6. 机房中有哪些虫害？如何清除机房中的虫害？
7. 照明的类型有哪些种类？如何设计机房中的照明系统？

第3章 网络线路运行维护

3.1 计算机网线及线缆接头制作

在网络中，传输介质是信息传输的物理通道，用于连接计算机网络中的网络设备，是网络中的生命线。没有传输介质就没有网络，组建网络的实施阶段，首先遇到的就是传输介质和连接设备的选择、性能评价等问题。

传输介质可分为有线传输介质和无线传输介质两种，无线传输介质包括无线电波、微波和红外线等；有线介质包括双绞线、同轴电缆、光纤等。

3.1.1 双绞线及线缆接头的制作

学习目标

- 了解双绞线的构成、分类及应用特点
- 熟练掌握双绞线的线序标准
- 熟练掌握双绞线的制作方法
- 熟练掌握不同接口（设备）的双绞线互连

一、双绞线的组成和分类

双绞线是局域网布线中最常用到的一种传输介质，尤其在星形网络拓扑中，双绞线是必不可少的布线材料。双绞线外观如图 3—1 所示。

图 3—1 带水晶头的双绞线

1. 双绞线的组成

双绞线电缆（简称双绞线）一般由两根绝缘铜导线相互缠绕而成，每根铜导线的绝缘层上分别涂有不同的颜色，以示区别。把两根具有绝缘保护层的铜导线按一定密度互相缠在一起，可降低信号干扰的程度，每一根导线在传输中辐射的电波会被另一根线上发出的电波抵消。

如果把一对或多对双绞线放在一个绝缘套管中便形成了双绞线电缆。与其他传输介质相比，双绞线在传输距离、信道宽度和数据传输速度等方面均受到一定限制，但价格较为低廉。

2. 双绞线的分类

双绞线可分为屏蔽双绞线（STP，Shielded Twisted Pair）和非屏蔽双绞线（UTP，Unshielded Twisted Pair）两大类，如图 3—2 所示。

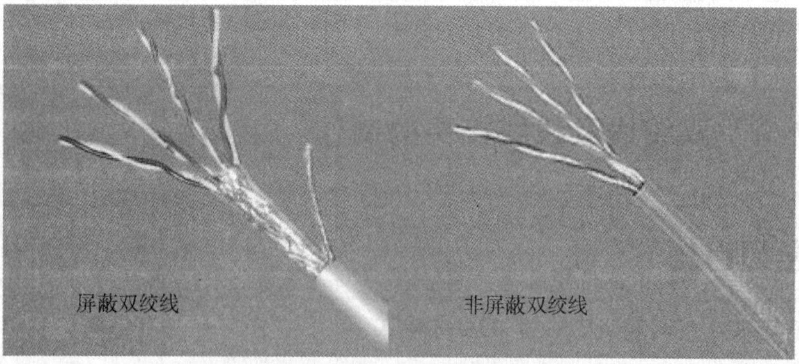

图 3—2 屏蔽双绞线和非屏蔽双绞线

屏蔽双绞线电缆的外面由一层金属材料包裹，以减小辐射，并防止信息被窃听，如图 3—3 所示，同时具有较高的数据传输速率（5 类 STP 在 100 m 内可达到 155 Mb/s，而 UTP 只能达到 100 Mb/s）。但屏蔽双绞线电缆的价格相对较高，安装时要比非屏蔽双绞线困难，必须使用特殊的连接器，技术要求也比非屏蔽双绞线

图 3—3　屏蔽双绞线电缆的屏蔽层

电缆高。

与屏蔽双绞线相比，非屏蔽双绞线电缆外面只需一层绝缘胶皮，如图 3—4 所示，因而质量轻、易弯曲、易安装，组网灵活，非常适用于结构化布线，所以在无特殊要求的计算机网络布线中，常使用非屏蔽双绞线电缆。

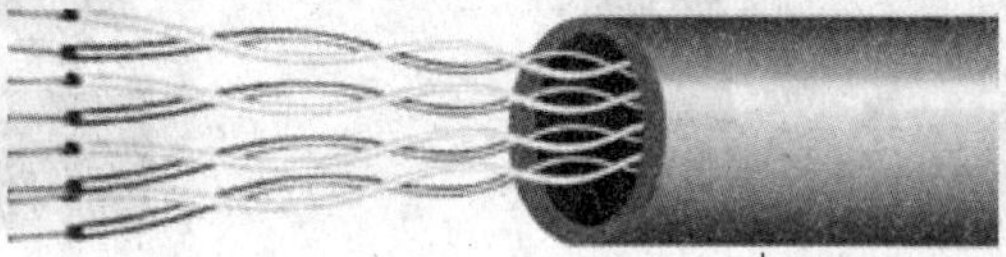

图 3—4　非屏蔽双绞线电缆无屏蔽层

因为在双绞线中，非屏蔽双绞（UTP）的使用率最高，所以如果没有特殊说明，在应用中所指的双绞线一般是指 UTP。UTP 双绞线的主要类型见表 3—1。

表 3—1　　UTP 双绞线分类

双绞线类型	描述
3 类（cat 3）	一种包括四个电线对的 UTP 形式。传输频率为 16 MHz，用于语音传输，最高传输速率为 10 Mb/s。主要用于 10Base－T。虽然 3 类比 5 类便宜，但为了获得更高的吞吐量，3 类双绞线正逐渐从市场上消失，取而代之的是 5 类和超 5 类双绞线
4 类（cat 4）	一种包括四个电线对的 UTP 形式。传输频率为 20 MHz，用于语音传输及最高传输速率为 16 Mb/s。主要用于基于令牌的局域网和 10Base－T/100Base－T，与 cat3 相比，它能提供更多的保护以防止串扰和衰减。在以太网布线中应用很少，以往多用于令牌网的布线，目前市面上基本看不到
5 类（cat 5）	包括四个电线对，增加了绕线密度，外套一种高质量的绝缘材料，传输频率为 100 MHz。用于语音传输和最高传输速率为 100 Mb/s，主要用于 100Base－T 和 10Base－T 网络。这是最常用的以太网电缆。5 类双绞线是目前网络布线的主流
超 5 类	满足大多数应用的需求（尤其支持千兆位以太网 1000Base－T 的布线），主要用于千兆位以太网环境

3. 双绞线的连接器

连接 UTP 与 STP，采用的是 RJ－45 连接器（俗称水晶头），如图 3—5 所示。

水晶头虽然小，但每条双绞线两端都要通过安装水晶头才能实现与网卡和集线器的连接。它类似于电话机所用的连接器。连接器的一端可以连接在计算机的网络接口卡（网卡）上（见图 3—6），另一端可以连接集线器、交换机、路由器等网络设备。

图 3—5　RJ－45 连接器（水晶头）

图 3—6　网卡的 RJ－45 接口

水晶头虽然是布线产品中很普通的部件，可是却很容易导致网络故障的发生，所以在选购时应注意以下几方面：

（1）质量好的水晶头在弹片上都有厂商的标注，且都晶莹透亮。

（2）质量好的水晶头用手指拨动弹片会听到“铮铮”的声音，将弹片向前拨动至 90°也不会折断，而且会恢复原状并且弹性不会改变；另外，将做好的水晶头插入网卡中时，能听到清脆的响声。

（3）用压线钳压制时可塑性差的水晶头会发生碎裂。

二、双绞线的使用

1. 双绞线的适用场合

双绞线主要用于小型局域网中，连接网卡与交换机或交换机与交换机，有时也可直接用于两个网卡之间的连接。注意，每条双绞线的长度不得超过 100 m，也不可形成循环。

提示：因为交换机与集线器的连接方式相同，所以，如无特殊说明，交换机的连接方式同样适用于集线器的连接。

2. MDI 和 MDI－X 接口

设备 RJ－45 接口可分为 MDI 和 MDI－X 两类。

（1）MDI（media dependent interface）接口

平行模式介质相关接口，IEEE（电气与电子工程师协会）为以太网络 RJ－45 UTP 缆线所制定的标准，表示此口是级连口，一般作为专门用于与其他交换机连接的 Uplink 口（级联口、上联口），通常用于一般计算机等终端设备连接到交换机。MDI 缆线定义引脚 1～8 到平行地接到另外一端的 1～8。

（2）MDI－X（Media Dependent Interface－X）

交叉模式介质相关接口（非级连口、普通口），与 MDI 一样，都是 IEEE 为了以太网络 RJ－45 UTP 缆线所制定的标准，表示此口是普通口。X 代表交错配置（crossover），也就是一端的传输引脚连接到另外一端的接收引脚。因为引脚 1、2 被定义为传送，引脚 3、6 被定义为接收。所以连接时，缆线一端引脚 1 连接到另外一端引脚 3，缆线一端引脚 2 连接到另外一端的引脚 6。形成 1—3、2—6、3—1、6—2 的连接，其余引脚则是一一相连。

提示： 早期的集线器、交换机都有独立的连接埠来表示提供集线器（交换机）之间的互联，一个设备上总会有 1 个或 2 个 MDI 或 MDI－X 接口。现在新一代的交换机大多提供自动侦测 MDI 或是 MDI－X 的线缆自适应功能，供连接不同的设备使用，避免了对交叉线缆或上行端口的特别要求。

3. 不同接口的双绞线互连

当同种类型的接口通过双绞线互联时，即两个接口都是 MDI 口（级连口）或 MDI－X（普通口）时，使用交叉网线；当不同类型的接口通过双绞线互联时，即一个接口是 MDI（级连口），一个接口是 MDI－X（普通口）时，使用平行网线。

通常主机和路由器的接口属于 MDI，交换机和集线器的接口属于 MDI－X，图 3—7 示意了如何选择双绞线连接设备。

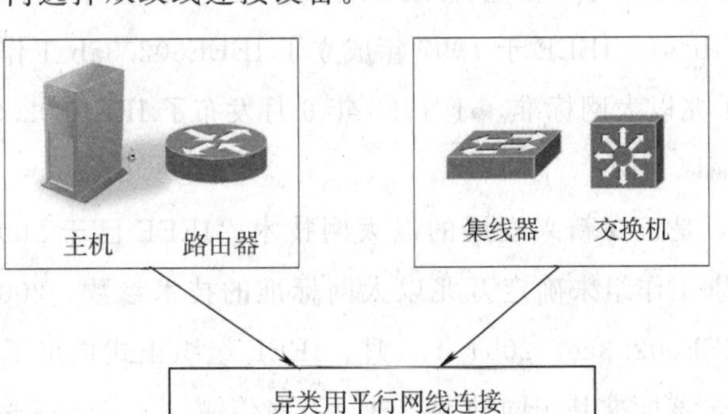

图 3—7　平行网线和交叉网线

例如，路由器与主机相连，采用交叉网线；交换机与主机相连则是用平行网线。

不同设备之间的连线可参考表 3—2（N/A 表示不可连接）。

表 3—2　　不同设备之间的连线

设备	主机	路由器	交换机 MDI－X	交换机 MDI	集线器
主机	交叉	交叉	平行	N/A	平行
路由器	交叉	交叉	平行	N/A	平行
交换机 MDI－X	平行	平行	交叉	平行	交叉
交换机 MDI	N/A	N/A	平行	交叉	平行
集线器	平行	平行	交叉	平行	交叉

三、10Base－T 双绞线以太网组网方式

1. 以太网发展简介

以太网（Ethernet）是采用 CSMA/CD 技术（后面介绍 CSMA/CD 技术）的 LAN。以太网主要经历了 4 个不同的技术时代。

（1）以太网 IEEE 802.3

即标准以太网（又称传统以太网），采用同轴电缆（或 3 类 UTP）作为传输介质，传输速率达到 10 Mb/s。

（2）100 Mb/s 以太网

又称快速以太网，采用双绞线或光纤作为传输介质，传输速率达到 100 Mb/s，IEEE 于 1995 年 5 月正式通过快速以太网标志，即 IEEE802.3 μ 标准。

（3）1000 Mb/s 以太网

又称千兆以太网，采用光缆或双绞线作为传输介质，传输速率达到 1 000 Mb/s（1 Gb/s）。IEEE 于 1997 年成立了 IEEE802.3ab 工作组，专门制定基于 5 类 UTP 的千兆以太网标准，于 1998 年 6 月发布了 IEEE802.3z 标准。

（4）10 Gb/s 以太网

又称万兆网，是正在新兴发展的以太网技术。IEEE 已于 2000 年 3 月成立了 IEEE802.3ae 特别工作组来确定万兆以太网标准的技术参数，2002 年 6 月通过万兆以太网标准 IEEE802.3ae，2004 年 2 月，IEEE 组织正式推出了铜缆万兆以太标准 IEEE802.3ak，该标准基于同轴铜缆进行万兆传输。

2. CSMA/CD 访问控制（IEEE802.3 标准）

CSMA/CD 介质访问控制是以太网的关键技术。介质访问控制，是指控制网上各工作站在适当的情况下发送数据，并在发送数据的过程中，及时发现问题以及出现问题后妥善处理问题的一整套管理方法。

由于在网络中，各工作站是共享网络的公共信道，这样就导致了如何对信道进行分配及如何解决和避免信道争用的问题。要求有某种控制方法，用以确定在任一给定时间内，由哪个工作站来使用公共的传输介质，这就是介质访问控制方法，如图 3—8 所示。

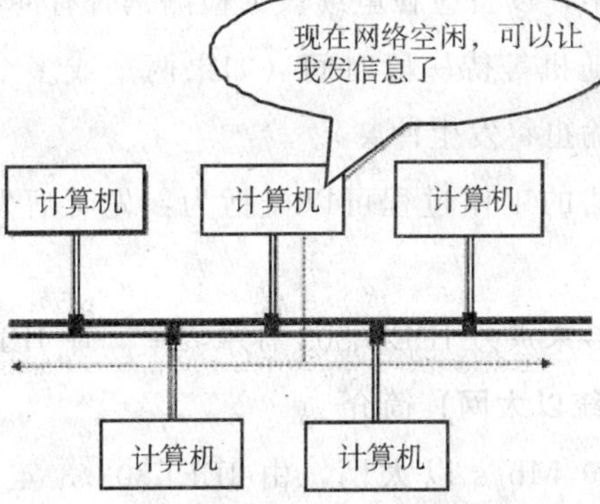

图 3—8　介质访问控制

采取某种方法实现对资源共享是很关键的，这也是为什么要把数据分解成以独立的数据包形式，而不是以连续的流形式在网络上传输的原因。但是，将数据分解成组，并没有解决工作站如何知道什么时候传送数据包才安全的问题。CSMA/CD 介质访问控制，是建立在"争用"传输介质范围内，允许先来先服务的原则基础上的。也就是说，每个网络设备都竞争传输介质的控制权。争用系统设计使网络设备上的所有设备，在它们想要发送信号时就能发送，这样，信号碰撞（冲突）的机会将呈几何级数增长。

为了减少碰撞（冲突）次数，采用了载波侦听多路存取/冲突检测（CSMA/CD，Carrier Sense Multiple Access/Collision Detect）协议。

CSMA/CD 协议与电话会议类似：许多人可以同时在线路上进行对话，但每次只允许在线路上有一个人说话，否则，如果每个人都在同时对话，将只能听到一片噪声。如果每个人等别人讲完后再讲，那就可以理解各人所说的话。下面对 CSMA/CD 控制过程具体说明。

（1）传输前侦听

各设备不断地侦听电缆上的载波（"载波"是指电缆上的信号，通常用电缆正在使用的电压来识别）。如果设备没有听到载波，则假定电缆空闲，并开始传输（类似于在讲话前，先听电话是否有忙音）；如果设备传输时，电缆忙（载波升起），则该设备与已在电缆上的信号冲突。

（2）如果电缆忙，则等待

为了避免冲突，如果设备侦听到电缆忙，则等待。

（3）传输且检测冲突

当电缆空闲便开始传输。

如果同一段的其他设备也在这一时刻同时传输，则数据包在电缆上将产生冲突，因此，在传输过程中，设备应在电缆段上检测是否有冲突，如果有冲突，则重新发信息包，重传前要随机等待一段时间（如果两个或多个站点在冲突后立即重传，则它们的第二次传输也将发生冲突）。

CSMA/CD 这种方法的工作过程可以概括为：先听后发，边听边发，冲突停止，随机延迟后重发。

提示：CSMA/CD 后来成为 IEEE 802 标准之一，即 IEEE 802.3 标准。

3. 标准以太网（传统以太网）简介

标准以太网又称 10 Mb/s 以太网，由 IEEE802.3 定义，包括 10Base－5、10Base－2、10Base－T、10Base－F 等多种网络结构，简称 10Base 结构。

在总线型拓扑结构中，所有用户共享 10 Mb/s 的带宽；在交换式 LAN 中，每个交换机端口都可以看成是一个以太网总线，这种连接方式可以提供全双工的连接，此时，带宽可以达到 20 Mb/s。表 3—3 列出了 10 Mb/s 以太网的标准。

表 3—3　　**10 Mb/s 以太网**

标准	电缆	最大区间长度（m）	带宽（Mb/s）
10Base－5	粗同轴电缆	500	10
10Base－2	细同轴电缆	20	0
10Base－F	光纤	2 000	10
10Base－T	双绞线	100	10

在 10Base 网络结构中，10Base－T 是使用最为广泛的一种以太网线缆标准，它的显著优势就是易于扩展、维护简单、价格低廉，一个集线器（或交换机）再加几根双绞线，就能构成一个实用的小型局域网。但 10Base－T 的缺点是，电缆的最大有效传输距离是距集线器 100 m，即使是高质量的 5 类双绞线也只能达到 150 m。

提示：在 10Base 结构中，10 是指传输速率；BASE 是指基带传输方式；而－2 是指单个网段细缆最长不能超过 185 M，而－5 是指单个网段粗缆最长不能超过 500 M；－T 表示双绞线，－F 表示光纤。

4. “5—4—3”原则

为了减少冲突，保证网络性能，IEEE802.3 规定了“5—4—3”原则。10M 集线器作为一种特殊的多端口中继器，它在联网中继扩展中要遵循“5—4—3”规则，即：一个网段最多只能分 5 个子网段；一个网段最多只能有 4 个中继器；一个网段最多只能有 3 个子网段含有 PC。如图 3—9 所示。

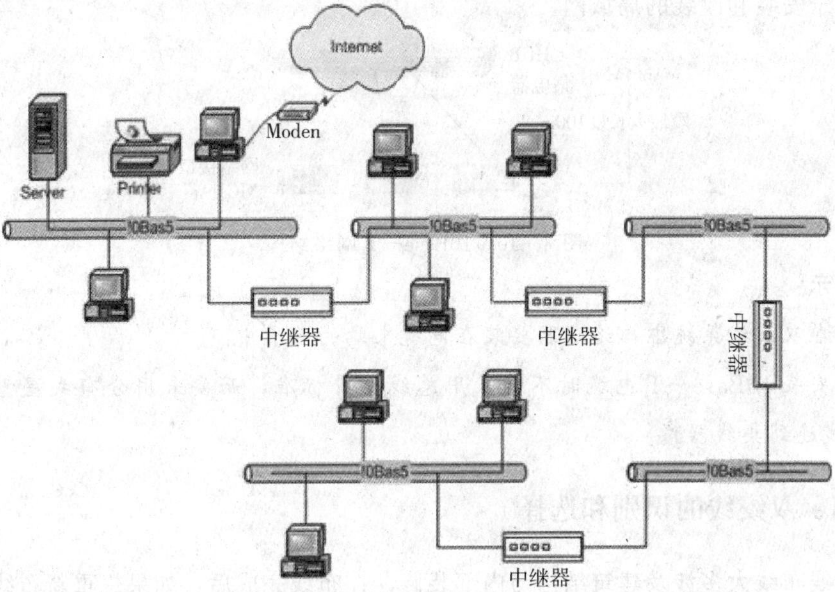

图 3—9　5—4—3 原则

也就是说，不能用中继器将电缆段无限制地连接起来。这是因为中继器会引入时延，增加信号传输时间，而网络上由于 MAC 定时特性对信号时延有上限要求，当时延达到一定限度，数据包发送端就会收不到确认信号，则认为数据丢失，因此，发送端就会再次发送信息，而先前的数据仍在网上传输，因而这两个数据或两个以上数据就会发生冲突。因此，使用过多的中继器，可能导致数据遭到破坏。

5. 10Base－T 双绞线以太网

10Base－T 又称双绞线以太网，是一种传输介质采用非屏蔽双绞线（UTP）的星型局域网，10BaseT 的传输速率为 10 Mb/s。

双绞线以太网基本硬件配置有集线器（Hub）和非屏蔽双绞线 UTP（Unshielded Twisted Pair）。10Base－T 网络的布线原则如下：

原则 1：每条双绞线的长度不得超过 100 m，也不可形成循环。

原则 2：使用 cat 3 以上的双绞线。

原则 3：最多只能串接四台集线器，且集线器间的线长也不得超过 100 m，如图 3—10 所示。

如图 3—10 所示，10Base－T 将所有的网络操作都集中到 Hub 中，以取代单一的收发器。每个节点都装有一块带 RJ－45 接口的网卡，通过一根 8 芯的 UTP 连接到 Hub，连接插头为 RJ－45 插头。

双绞线的灵活性以及 RJ－45 插头的易用性，使得 10Base－T 成为 IEEE802.3 中最易于安装和改装的局域网。

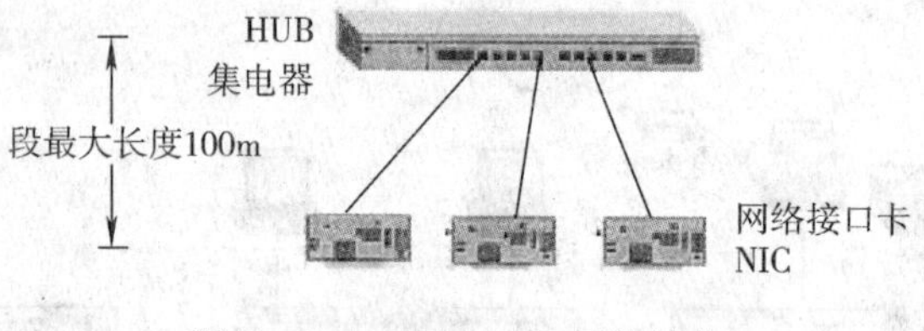

图 3—10　10Base－T 网络结构

提示：

◆在双绞线系统中，终端器要装在电缆末端的网卡中。

◆安装 10Base－T 电缆时不能采用总线拓扑标准，而要采用分布式星型结构（每根线连到集线器）。

四、双绞线的识别和选择

网线布线大多涉及建筑结构与内部装修，在布线完成后，如果想重新布线是非常困难的，所以，选择品质良好的双绞线对网络的组建十分关键。在选择双绞线时，可以从以下几个方面来考虑。

1. 传输速率

双绞线质量的优劣是决定局域网带宽的关键因素之一。一个简单的鉴别办法是用一条双绞线连接两台 100Mb/s 的设备（网卡到网卡或网卡到 Hub），通信时用 Windows 95/98/Me 自带的“系统监视器”检测工具或 Windows NT/2000 中的“网络监视器”对其数据传输率进行监测，符合要求的 5 类双绞线的数据传输速率一般应接近 100 Mb/s，如果数据传输率太小可怀疑有假。

2. 电缆中双绞线对的扭绕

为了降低信号的干扰，双绞线电缆中的每一线对都是由两根绝缘的铜导线相互扭绕而成的，而且同一电缆中的不同线对具有不同的扭绕度。同时，标准双绞线电缆中的线对是按逆时针方向进行扭绕。但某些非正规厂商生产的电缆线却存在如下问题：为了简化制造工艺，电缆中所有线对的扭绕密度相同；线对中两根绝缘导线的扭绕密度不符合技术要求；线对的扭绕方向不符合要求。

如果存在以上问题，将会引起双绞线的近端串扰（指双绞线中两线对之间的信号干扰程度），从而使传输距离达不到要求。双绞线的扭绕度在生产中都有较严格的标准，实际选购时，在有条件的情况下可用一些专业设备进行测量，但普通用户只能凭肉眼来观察。需要说明的是，5 类双绞线中线对的扭绕度要比 3 类密，超 5 类比 5 类密。

除组成双绞线线对的两条绝缘铜导线要按要求进行扭绕外，标准双绞线电缆中的线对之间也要按逆时针方向进行扭绕。否则将会引起电缆电阻的不匹配，限制传输距离。

3. 线的对数

在使用双绞线作为传输介质的快速以太网中存在 3 个标准：100Base－TX、100Base－T2 和 100Base－T4。

以太网在使用双绞线作为传输介质时只需要 2 对（4 芯）线就可以完成信号的发送和接收。其中 100Base－T4 标准要求使用全部的 4 对线进行信号传输，另外两个标准只要求 2 对线。而在快速以太网中最普及的是 100Base－TX 标准，所以在购买 100 M 网络中使用的双绞线时，有些网络厂商或公司会提供只有 2 个线对的双绞线，其理由是快速以太网只需要 2 对线来传输信息。

4. 双绞线的材质

（1）是否易弯曲

双绞线应弯曲自然，以方便布线。

（2）铜芯是否具有较好的韧性

为了使双绞线在移动中不断线，除外皮保护层外，内部的铜芯还要具有一定的韧性。同时为便于接头的制作和保证连接可靠性，铜芯既不能太软，也不能太硬，太软则不易制作接头，太硬则易产生断裂。

（3）是否具有阻燃性

为了避免受高温或起火而引起的线缆损坏，双绞线最外面的一层胶皮除应具有很好的抗拉特性外，还应具有阻燃性。为了降低制造成本，非标准双绞线电缆一般采用不符合要求的材料制作电缆的胶皮，因此不利于通信安全。

5. 双绞线外皮文字

双绞线外皮一般每隔两英尺就有一段文字，它解释了有关此线缆的相关信息。以 AMP 公司生产的线缆为例，其文字为：“AMP SYSTEMS CABLEE138034 0100 24 AWG（UL）CMR/MPR OR C（UL）PCC FT4 VERIFIED ETL CAT5 044766 FT 9907”，其中的具体含义如下所述：

（1）AMP：代表公司名称。

（2）0100：表示 100 Ω。

（3）24：表示线芯是 24 号的（线芯有 22、24、26 三种规格）。

（4）AWG：表示美国线缆规格标准。

（5）UL：表示通过认证的标准。

（6）FT4：表示 4 对线。

（7）CAT5：表示五类线。

（8）044766：表示线缆当前处在的英尺数。

（9）9907：表示生产年月。

五、双绞线的线序

1. 双绞线的线序标准

双绞线连接线序的标准有 T568A 和 T568B，分别见表 3—4 和表 3—5。

表 3—4　　T568A 标准

z	1	2	3	4	5	6	7	8
颜色	绿白	绿	橙白	蓝	蓝白	黄	棕白	棕

表 3—5　　T568B 标准

Pin	1	2	3	4	5	6	7	8
颜色	橙白	黄	绿白	蓝	蓝白	绿	棕白	棕

提示：标准 T568A 与 T568B 没有本质的区别，只是颜色上的区别，本质的问题是要保证：1、2 线对是一个绕对，3、6 线对是一个绕对，4、5 线对是一个绕对，7、8 线对是一个绕对。

2. 双绞线的跳线规则

（1）对应接法

对应接法即双绞线的两端芯线要一一对应，如果一端的第 1 脚为绿色，另一端的第 1 脚也必须为绿色的芯线，即不改变线的排序，两端都使用 T568A 或 T568B 线序。这样做出来的双绞线通常称为平行线、直连线或直通线。

但要注意的是，4 个芯线对通常不分开，即芯线对的两条芯线通常为相邻排列。这种网线一般用于集线器或交换机与计算机之间的连接。

（2）交叉接法

虽然双绞线有 4 对 8 条芯线，但实际上在网络中只用到了其中的 4 条，即水晶头的第 1、第 2 和第 3、第 6 脚，它们分别起着收、发信号的作用。

这种交叉网线的芯线排列采用“1—3，2—6”的交叉规则：网线一端的第 1 脚与另一端的第3脚连接，网线一端的第2脚与另一头的第6脚连接，其他脚一一对应即可，即电缆一端用T568A线序，另一端用T568B线序。这种排列做出来的双绞线通常称为交叉线，水晶头的针脚排编号规则如图3—11所示。

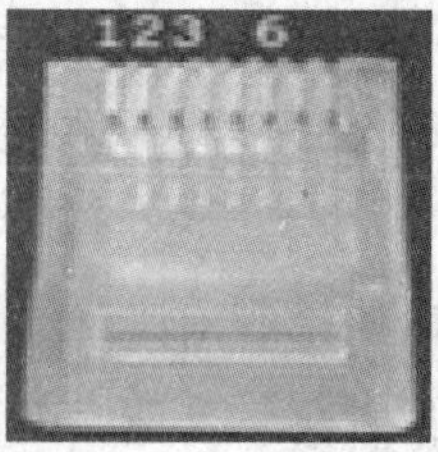

图3—11　水晶头的针脚排编号

例如，当线的一端从左到右的芯线顺序依次为“白绿、绿、白橙、蓝、白蓝、橙、白棕、棕”时，另一端从左到右的芯线顺序则应当依次为“白橙、橙、白绿、蓝、白蓝、绿、白棕、棕”；当线的一端从左到右的芯线顺序依次为“白橙、橙、白绿、蓝、白蓝、绿、白棕、棕”时，另一端从左到右的芯线顺序则应当依次为“白绿、绿、白橙、蓝、白蓝、橙、白棕、棕”。这种网线一般用在集线器（交换机）的级连、服务器与集线器（交换机）的连接、对等网计算机的直接连接等情况下。

（3）100 M接法

这是一种最常用的网线制作规则。所谓100 M接法，是指它能满足100 M带宽的通信速率。它的接法虽然也是一一对应，但每一脚的颜色是固定的，具体是：第1脚——橙白、第2脚——橙色、第3脚——绿白、第4脚——蓝色、第5脚——蓝白、第6脚——绿色、第7脚——棕白、第8脚——棕色。

从中可以看出，网线的4对芯线并不全都是相邻排列，第3脚、第4脚、第5脚和第6脚包括2对芯线，但是顺序已错乱。其实这种跳线规则与下面将要介绍的信息模块端接方式B是完全一样的，当然也可以按信息模块端接方式A来重新排列芯线顺序，那就是：第1脚——绿白、第2脚——绿色、第3脚——橙白、第4脚——蓝色、第5脚——蓝白、第6脚——橙色、第7脚——棕白、第8脚——棕色。只不过所选方式要与下面所介绍的信息模块端接方式一致，否则所做的网线很可能就不通了。

这种接线方法也是应用于集线器（交换机）与工作站计算机之间的连接，也就是直连线所应用的范围。

六、双绞线的制作

双绞线网线的制作其实非常简单，就是把双绞线的 4 对 8 芯网线按一定规则插入水晶头中。因此，这类网线的制作所需材料为双绞线和水晶头，所需工具也较简单，通常仅需一把专用压线钳即可。双绞线网线的制作其实就是网线水晶头的制作。

这类网线制作的难点就是不同用途的网线跳线规则不一样，下面先来看最基本的直通 5 类线（不用跳线）的制作方法，其他类型网线的制作方法类似，不同的只是跳线方法不一样。

步骤 1：剥线

用双绞线专用卡线钳（也可以用其他剪线工具）剪线口，将 5 类双绞线的一端剪齐（最好先剪一段符合布线长度要求的网线），然后把剪齐的双绞线端头插入剥线刀口。

注意：网线不能弯，要直插进去。

当网线顶住卡线钳后面的挡板时，适度握紧卡线钳慢慢旋转双绞线（不用担心会损坏网线里面芯线的胶皮，因为剥线的两刀片之间留有一定距离，这距离通常就是里面 4 对芯线的直径），使刀口划开双绞线的保护胶皮，拔下胶皮（见图 3—12）（也可使用专门的剥线工具来剥线皮）。握钳的力度不能过大，否则会剪断芯线。

图 3—12　剥线

注意：网线钳挡位离剥线刀口长度通常恰好为水晶头长度，这样可以有效避免剥线过长或过短。剥线过长一方面不美观，另一方面因网线不能被水晶头卡住，容易松动；剥线过短，因有胶皮存在，太厚，不能完全插到水晶头底部，造成水晶头插针不能与网线芯线完好接触，当然也不能制作成功了。

步骤 2：理线

双绞线由 8 根有色导线两两绞合而成，剥除外胶皮后即可见到双绞线网线的 4 对 8 条芯线，并且可以看到每对的颜色都不同。每对缠绕的两根芯线是由一种染有相应颜色的芯线加上一条只染有少许相应颜色的白色相间芯线组成。4 条全色芯线的颜色为：棕色、橙色、绿色、蓝色。

先把 4 对芯线一字并排排列，然后再把每对芯线分开（此时注意不跨线排列，也就是说每对芯线都相邻排列），并按统一的排列顺序（如左边统一为主颜色芯线，右边统一为相应颜色的花白芯线）排列。将其整理平行，按橙白、橙、绿白、蓝、蓝白、绿、棕白、棕色平行排列，整理完毕用剪线刀将前端修齐。

注意：每条芯线都要拉直，并且要相互分开并列排列，不能重叠。然后用网线钳垂直于芯线排列方向如图 3—13 所示剪齐（不要剪太长，只需剪齐即可），自左至右编号的顺序可以定为“1—2—3—4—5—6—7—8”。

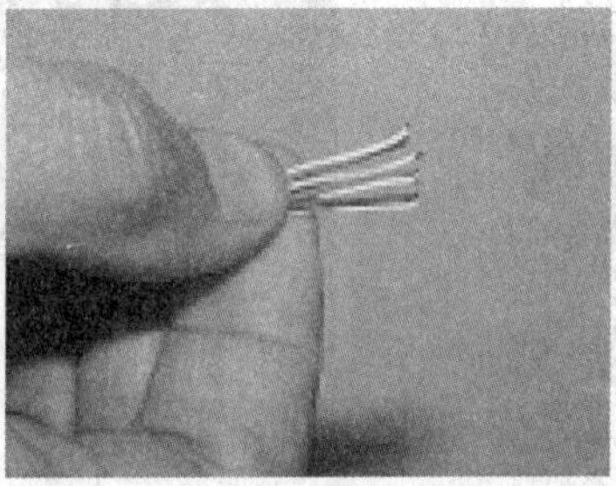

图 3—13　芯线排列方向

步骤 3：插线

一手捏往水晶头，将水晶头有弹片一侧向下，另一手捏平双绞线，稍用力将排好的线平行插入水晶头内的线槽中，8 条导线顶端应插入线槽顶端，如图 3—14 所示。

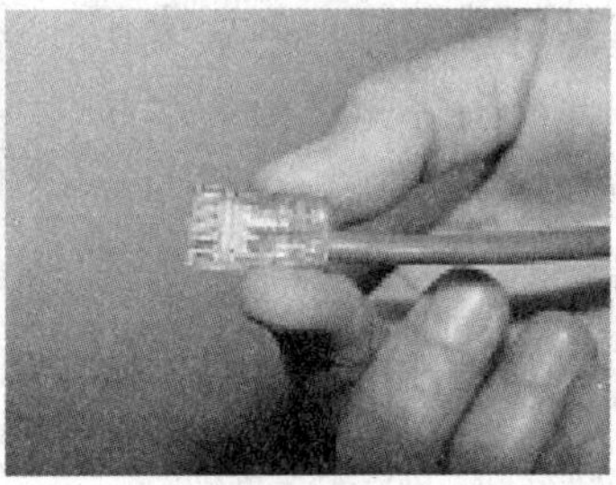

图 3—14　插线

注意：一定要使各条芯线都插到水晶头的底部，不能弯曲（因为水晶头是透明的，所以从水晶头有卡位的一面可以清楚地看到每条芯线所插入的位置）。

步骤 4：压线

确认所有导线都到位后，将水晶头放入卡线钳夹槽中（见图 3—15），用力捏几下卡线钳，压紧线头即可。因缺口结构与水晶头结构一样，一定要正确放入才能使后面压下网线钳手柄时所压位置正确。水晶头放好后即可压下网线钳手柄，一定要用力，使水晶头的插针都能插入到网线芯线中，并接触良好。然后再用手轻轻拉一下网线与水晶头，检查是否压紧，最好多压一次，最重要的是要注意所压位置一定要正确。至此，RJ—45 水晶头压接完成。

按照相同的方法制作双绞线的另一端水晶头，要注意的是芯线排列顺序一定要与另一端的顺序完全一样，这样整条网线的制作就算完成了。

图 3—16 所示为一条两端都制作好水晶头的网线。

图 3—15　网线钳压线缺口

图 3—16　双绞线

步骤 5：测试

两端都制作完成水晶头后即可用网线测试仪进行测试，如果测试仪上 8 个指示灯都依次为绿色闪过，说明网线制作成功，如图 3—17 所示。

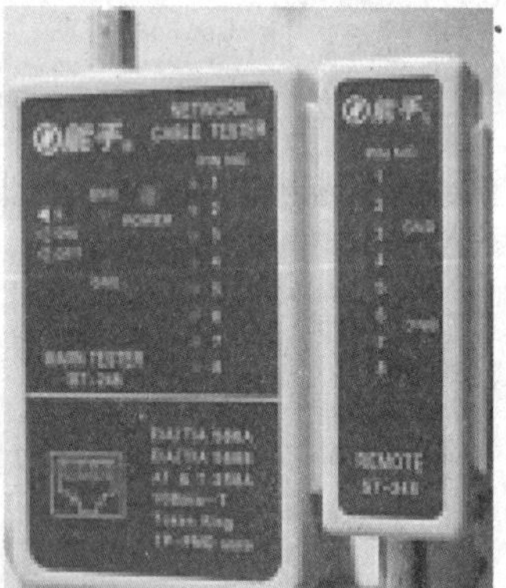

图 3—17　电缆测试仪

如果出现任何一个灯为红灯或黄灯，都证明存在断路或者接触不良现象，此时最好先对两端水晶头再用网线钳压一次后，再测，如果故障依旧，再检查一下两端芯线的排列顺序是否一样，如果不一样，可剪掉一端重新按另一端芯线排列顺序制作水晶头。

如果芯线顺序一样，但测试仪在重做后仍显示红色灯或黄色灯，则表明其中肯定存在对应芯线接触不好。此时，只能先剪掉一端按另一端芯线顺序重做一个水晶头，再进行测试。如果故障消失，则不必重做另一端水晶头，否则还得把原来的另一端水晶头也剪掉重做。直到测试全为绿色指示灯闪过为止。

3.1.2　同轴电缆及线缆接头的制作

学习目标

➤ 了解同轴电缆基础知识

➤ 掌握细缆的制作方法

一、同轴电缆基础知识

同轴电缆在 20 世纪 80 年代初的局域网中使用最为广泛。因为那时集线器的价格很高，在一般中小型网络中几乎看不到。所以，同轴电缆作为一种廉价的解决方案，得到广泛应用。然而，进入 21 世纪后，随着以双绞线和光纤为基础的标准化布线的推广，同轴电缆已逐渐退出布线市场。所以，目前只有一些对数据通信速率要求不高、连接设备不多的家庭和小型办公室用户还在使用同轴电缆。

1. 同轴电缆的组成

同轴电缆主要用于总线型网络拓扑结构的布线，由一根空心的圆柱网状导体和一根位于中心轴线的内导线组成。

如图 3—18 所示，典型的同轴电缆共有四层：一根中央铜导线、包围铜线的绝缘层、一个网状金属屏蔽以及一个塑料保护外皮。它的内部共有两层导体排列在同一轴上，所以称为“同轴”。其中，铜线传输电磁信号，其粗细程度决定着同轴电缆的衰减程度和传输距离。绝缘材料将铜线与金属屏蔽物隔开；网状金属屏蔽层一方面可以屏蔽噪声，另一方面可以作为信号地，能够很好地隔离外来的电信号，因为网状金属屏蔽层在各个方向上围绕着导线，因此屏蔽是十分有效的。由于具有出色的屏蔽性、中心铜线的芯也比较粗，所以同轴电缆的频率特性较好，拥有较好的固有带宽，能进行高速率的传输。事实上，大多数同轴电缆固有的带宽远远超过最好的双绞线。

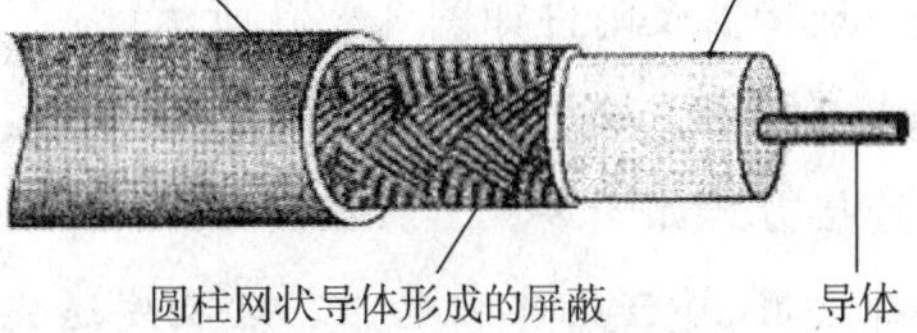

图 3—18　同轴电缆的组成

2. 同轴电缆的类型

同轴电缆有粗缆和细缆两种类型，如图 3—19 所示。粗、细缆是通过同轴电缆中导体的直径大小来区分的。通常，中心导体的芯越粗，信号传输距离越远。

a）　　　　　　　　b）

图 3—19　同轴电缆的粗缆和细缆

a）细同轴电缆　b）粗同轴电缆

粗缆适用于比较大型的 LAN，传输距离为 500 m（以太网 10Base－5 标准）。特点是线缆很硬、不容易弯曲，且标准距离长，可靠性高，由于安装时不需要切断电缆，因此可以根据需要，灵活调整计算机的入网位置。但粗缆网络必须安装收发器和收发器电缆，安装难度大，所以总体造价高。由于有了更好的产品如光纤电缆等的取代，现在粗同轴电缆已经不经常使用。

细缆用于小型 LAN 内的设备互连，传输距离约 200 m（10Base－2）。特点是安装相对容易、造价低。但由于安装过程要切断电缆，两头需装上基本网络连接头（BNC 连接器），再接在 T 型连接器两端，所以当接头多时容易产生接触不良的隐患，这是目前运行中的以太网所发生的最常见故障之一。

3. 同轴电缆的连接器

计算机与粗缆连接采用的是收发器（transceiver）。每台计算机需要一个收发器和网络相连。收发器连接在以太网上，计算机再用一根电缆连接到收发器上，这根电缆被称为连接单元接口（Attachment Unit Interface，AUI）电缆。计算机网络接口卡和收发器上的连接器则被称为 AUI 连接器。

计算机与细缆连接采用的是 BNC（BNC Connector）连接器，也称 T 型接头。BNC 连接在计算机的网络接口卡上不需要粗缆中的中间连接设备。BNC 连接器有 3 个接口。“T”型底部连接到计算机网络的接口卡上，另外两边连接细缆，以便允许信号进出网络接口卡。连接器及附件如图 3—20 所示。

4. 同轴电缆和计算机的连接方式

同轴电缆和计算机连接方式如图 3—21 所示。

提示：粗缆和细缆都采用 50 Ω 的终端电阻，吸收发送完毕的信号，以便于新信号的接收。

图 3—20　BNC 连接器及附件

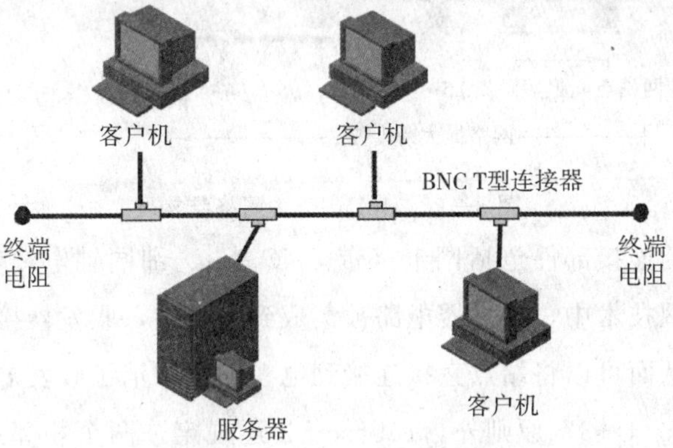

图 3—21　同轴电缆和计算机连接方式

二、10Base－2 细缆以太网组网方式

10Base－2 以太网也称细缆以太网，因其价格比较低廉，故又被称为“廉价网”。10Base－2 与 10Base－5 具有相同的传输速率，同为总线型局域网。

细缆组网的特点：容易安装；造价较低；网络抗干扰性强；网络维护和扩展比较困难；电缆系统的断点较多，会影响网络系统的可靠性。

10Base－2 网络的布线原则如下：

原则 1：网线走法为一线到底，中间不可分叉（branch）。

原则 2：两个终结器之间的网络区域称作网段，每个网段最长不可超过 185 m。

原则 3：一个网段内不可超过 30 台计算机，且相邻两台计算机间的网线长度至少为 0.5 m。

原则 4：采用 RG－58A/U 50 Ω 同轴电缆以及 50 Ω 终结器，电缆直径为 5 mm。

原则 5：任意两台计算机之间的中继器不可超过 4 个。

原则 6：若使用中继器连接多个网段，任意两台计算机间的同轴电缆总长度不可超过 925 m。

10Base－2 网络结构如图 3—22 所示。

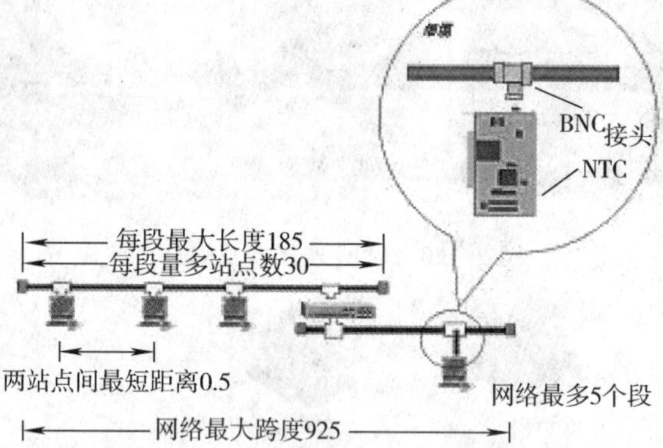

图 3—22　10Base－2 网络结构

细缆以太网的连接部件包括网卡（带 BNC 头）、细同轴电缆和 BNC－T 型连接器。在这种组网技术中，收发器电路被集成到网卡中，收发器接头也被 BNC－T 型连接器取代，从而可以将站点直接连接到电缆上，取消了收发器电缆。

除了遵循“5—4—3”原则外，10Base－2 还规定：两个相邻 BNC－T 型接头之间的最小距离为 0.5 m，每段最多支持 30 个节点。因此，10Base－2 网络的最大长度为 925 m，网络节点最多为 90 个。

三、同轴电缆 BNC 接头制作方法

同轴电缆两端通过 BNC 接头连接 T 型 BNC 头，通过 T 型 BNC 头连接网卡，用同轴电缆组网需在同轴电缆两端制作 BNC 接头。BNC 接头有压接式、组装式和焊接式三种。

制作压接式 BNC 接头需要专用卡线钳和电工刀，必要时还需要使用电烙铁。制作步骤如下：

步骤 1：用小刀将同轴电缆外层保护胶皮剥去 1.5 cm，小心不要割伤金属屏蔽线，再将芯线外的乳白色透明绝缘层剥去 0.6 cm，使芯线裸露。

步骤 2：BNC 接头由 BNC 接头本体、屏蔽金属套筒、芯线插针组成，芯线插针用于连接同轴电缆芯线。剥好线后将芯线插入芯线插针尾部的小孔中，用专用卡线钳前部的小槽用力夹一下，使芯线压紧在小孔中。

步骤 3：可以使用电烙铁焊接芯线与芯线插针，焊接时，在焊接芯线插针尾部的小孔中置入一点松香粉或中性焊剂，注意不要将焊锡流漏在芯线插针外表面，避免芯线插针报废。

步骤 4：连接好芯线后，先将屏蔽金属套筒套入同轴电缆，再将芯线插针从 BNC 接头本体尾部孔中向前插入，使芯线插针从前端向外伸出，最后将金属套筒前推，使套筒将外层金属屏蔽线卡在 BNC 接头本体尾部的圆柱体内。

步骤 5：保持套筒与金属屏蔽线接触良好，用卡线钳上的六边形卡口用力夹，使套筒形变为六边形。

重复上述方法，在同轴电缆另一端制作 BNC 接头。使用前最好用万用表检查一下，因为断路和短路均会导致无法通信，还有可能损坏网卡或集线器。网线制作完毕以后，用户就可以安装网卡、连接网络了。

3.1.3　光纤的熔接

学习目标

- 了解光纤基础知识
- 掌握光纤熔接的工作步骤

一、光纤基础知识

光纤具有数据传输速率高（可达几千 Mb/s）、传输距离远（无中继传输距离达几十至上百千米）等特点，在远距离的网络布线中得到了广泛应用。

目前光缆主要用于交换机到服务器的连接、交换机到交换机的连接，但随着千兆位局域网应用的不断普及，光纤产品及设备价格的不断趋于大众化，光纤已很快被人们接受。尤其是随着多媒体网络的日益成熟，光纤到桌面也成为网络发展的一个趋势。

1. 光纤传输的特点

光纤是传输光波的导体。由于使用光脉冲传输计算机生成的二进制信号，因此避免了使用电缆传输的一些问题，如电磁干扰、信号衰减等。光纤具有铜质电缆无法比拟的优点：传输信号的频带宽，通信容量大；信号衰减小，传输距离长；抗干扰能力强，应用范围广；抗化学腐蚀能力强，适用于一些特殊环境下的布线；且原材料资源丰富。

当然，光纤也存在着一些缺点，如质地脆，机械强度低，切断和连接中技术要求较高等，这些缺点也限制了目前光纤的普及。

2. 光纤的构成及工作原理

光纤和同轴电缆相似，只是没有网状屏蔽层，其外形如图 3—23 所示。

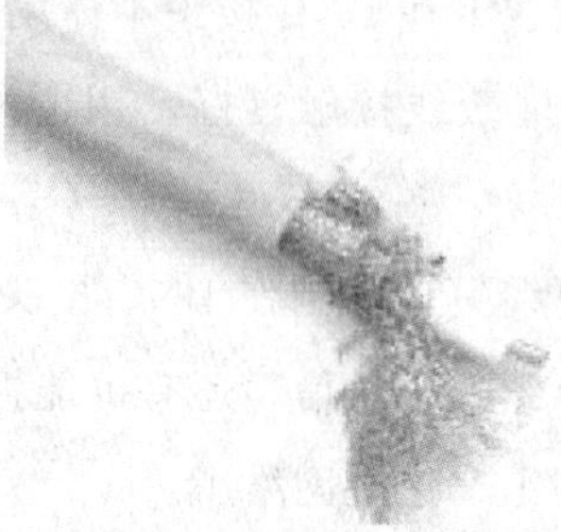

图 3—23　光纤外形

光纤为单根玻璃光芯（用于传播光），芯外面包裹着一层折射率比光芯低的玻璃封套，以使光纤保持在芯内，再外面的是一层薄的塑料外壳，用来保护封套。如图 3—24 所示。

通过光纤传输的每一条光束称为一个模。

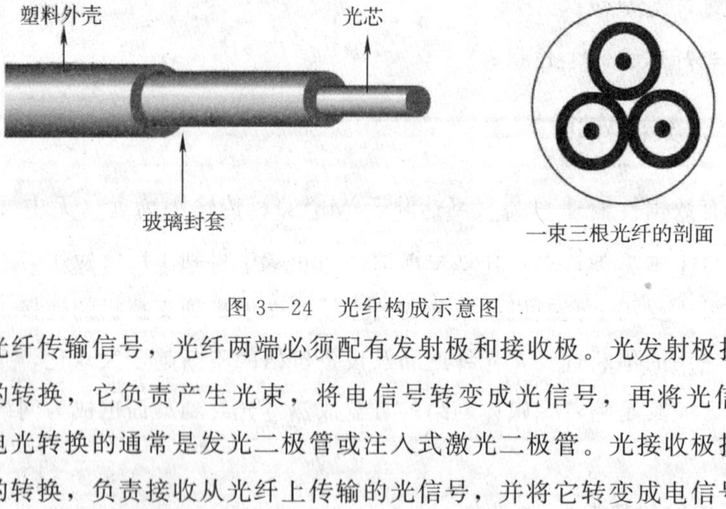

图 3—24　光纤构成示意图

为使光纤传输信号，光纤两端必须配有发射极和接收极。光发射极执行电信号到光信号的转换，它负责产生光束，将电信号转变成光信号，再将光信号导入光纤。实现电光转换的通常是发光二极管或注入式激光二极管。光接收极执行光信号到电信号的转换，负责接收从光纤上传输的光信号，并将它转变成电信号，经解码后再做相应处理。实现光电转换的是光电二极管或光电三极管。

提示： 在实际应用中，多使用光缆而不是光纤，因为光纤只能单向传输信号，所以在局域网中连接两个设备时至少需要 2 根光纤，一根用于发送数据，另一根用于接收数据。布线中直接使用的是光缆，一根光缆由多根光纤组成，外面再加上保护层。

二、光纤的种类

光纤的分类严格地说应该按构成光纤的成分、光纤的制造方法、光纤的传输电模数等进行分类。现在最常用的分类方法是根据传输点模数的不同进行分类。根据传输点模数的不同，光纤可分为单模光纤和多模光纤。

多模光纤（Multi Mode Fiber）的中心玻璃芯较粗，是在多个给定的工作波长上，以多种模式（多路信号）同时传输的光纤。

单模光纤（Single Mode Fiber）的中心玻璃芯很细，在给定的工作波长上只能传输一路信号。传输频带宽、容量大。

单模、多模光纤的特性比较见表 3—6。

表 3—6　　单模光纤与多模光纤的特性比较

单模光纤	多模光纤
用于速度高、长距离	用于速度低、短距离
成本高	成本低
窄芯线、需要激光源	宽芯线、聚光好
耗散极小，高效	耗散大，低效

提示： 光纤的类型由模材料、芯和外形尺寸决定，芯的尺寸决定着传输质量。

三、光纤连接器

在安装任何光纤系统时，都必须考虑以低损耗的方法把光纤或光缆相互连接起来，以实现光链路的接续。

光纤连接器（又称跳线）是指光缆两端都装上连接器插头，用来实现光链路活动连接。一端装有插头则称为尾纤。

光纤链路的连接可以分为永久性连接和活动性连接两种。永久性连接大多采用熔接法、黏接法或固定连接器来实现；活动性连接一般采用活动连接器来实现。许多中小型局域网用户和网络的边缘连接一般都属于活动性连接，而永久性连接一般由专业网络公司完成。

对于普通用户来说，光纤的端接和跳线的制作都非常困难，但光纤网络的连接却较为容易。只要连接设备（集线器、交换机或网卡）具有光纤连接接口，就可使用一段已制作好的光纤跳线进行连接，连接方法和双绞线与网卡及交换机的连接相同。然而，与双绞线不同，光纤的连接器具有多种不同的类型，而不同类型的连接器之间又无法直接进行连接。

光纤连接器按传输媒介的不同，可分为常见的硅基光纤的单模、多模连接器，还有其他如以塑胶等为传输媒介的光纤连接器；按连接头结构形式可分为 FC、

SC、ST、LC、D4、DIN、MU、MT 等各种形式。其中，ST 连接器通常用于布线设备端，如光纤配线架、光纤模块等；而 SC 和 MT 连接器通常用于网络设备端。按光纤端面形状分有 FC、PC（包括 SPC 或 UPC）和 APC；按光纤芯数划分有单芯和多芯（如 MT－RJ）。各种光纤连接器如图 3—25 所示。

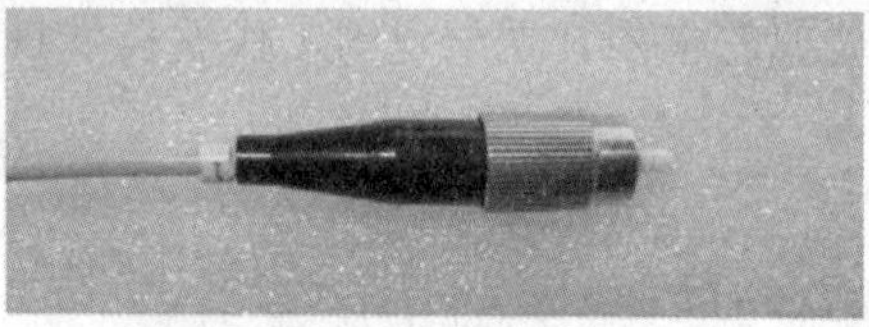

a）

b）

c）

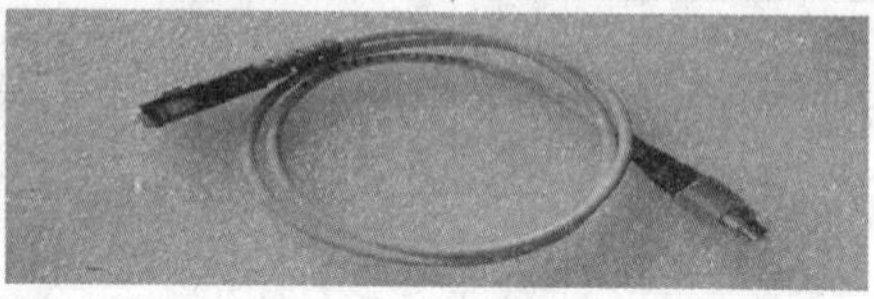

d）

图 3—25　光纤连接器

a）FC/PC 型　b）SC/PC 型　c）ST/PC 型　d）FC/PC－SC/PC 型

四、光纤连接方式

光纤连接一般有以下三种方式：

1. 可以将它们接入连接头并插入光纤插座。连接头要损耗 10%～20%的光，但是容易重新配置系统。

2. 可以用机械方法将其接合。方法是将两根小心切割好的光纤的一端放在一个套管中，然后钳起来。可以让光纤通过结合处来调整，以使信号达到最大。训练过的人员使用机械方法结合大约 5 min 完成，光的损失约为 10%。

3. 两根光纤可以被融合在一起形成结实的连接。融合方法形成的光纤和单根光纤差不多是相同的，但也有一点衰减。

对于这三种连接方法，结合处都有反射，并且反射的能量会和信号交互作用。

现在常用的光纤连接方法为购买厂家生产的成品光纤跳线，如图 3—26 所示。光纤和光纤的接头由专用熔接工具进行连接，衰减比上面的几种连接方式要小得多。

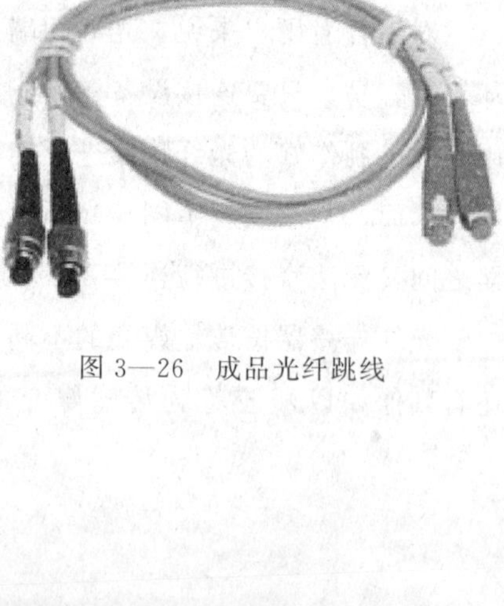

图 3—26　成品光纤跳线

五、光纤熔接基本工作步骤

光纤熔接法用于永久性连接，使用光纤熔接机进行光纤熔接。

步骤 1：开剥光缆，并将光缆固定到接续盒内

注意不要伤到束管，开剥长度取 1 m 左右，用卫生纸将油膏擦拭干净，将光缆穿入接续盒，固定钢丝时一定要压紧，不能有松动。否则，有可能使光缆打滚，从而折断纤芯。

步骤 2：分别将光纤穿过热缩管

将不同束管、不同颜色的光纤分开，穿过热缩管（剥去涂覆层的光纤很脆弱，使用热缩管，可以保护光纤熔接头）。

步骤 3：开启熔接机

安装加热器，打开电源开关，按当前供电方式和是否进行张力测试进行相应选择。

步骤 4：熔接前的检查

检查电极并清洁电极。在使用中和使用后及时去除熔接机中的灰尘，特别是夹具、各镜面和 V 形槽内的粉尘和光纤碎末。

步骤 5：选择熔接程序

根据实际情况选择光纤种类和自动手动工作方式。光纤有常规型单模光纤和色散位移单模光纤，工作波长也有 1 310 nm 和 1 550 nm 两种。所以，熔接前要根据系统使用的光纤和工作波长来选择合适的熔接程序。如没有特殊情况，一般都选用自动熔接程序。

步骤 6：制作光纤端面

光纤端面制作的好坏将直接影响接续质量，所以在熔接前一定要做好合格的端面。用专用的剥线钳剥去涂覆层，再用蘸酒精的清洁棉在裸纤上擦拭几次，用力要适度，然后用精密光纤切割刀切割光纤，对 0.25 mm（外涂层）光纤，切割长度为 8～16 mm，对 0.9 mm（外涂层）光纤，切割长度只能是 16 mm。

步骤 7：安放光纤并接续

将光纤放在熔接机的 V 形槽中，小心压上光纤压板和光纤夹具，要根据光纤切割长度设置光纤在压板中的位置，关上防风罩，即可自动完成熔接，只需 11 s。如有非正常情况按屏幕提示处理。

步骤 8：移出光纤用加热炉加热热缩管

打开防风罩，把光纤从熔接机上取出，再将热缩管放在裸纤中心，放到加热炉

中加热。加热器可使用 20 mm 微型热缩套管和 40 mm 及 60 mm 一般热缩套管，20 mm 热缩管加热需 40 s，60 mm 热缩管加热为 85 s。

步骤 9：盘纤固定

将接续好的光纤盘到光纤收容盘上，在盘纤时，盘圈的半径越大，弧度越大，整个线路的损耗越小。所以要保持一定的半径，使激光在纤芯里传输时，避免产生一些不必要的损耗。

步骤 10：密封和挂起

野外接续盒一定要密封好，以防止进水。熔接盒进水后，由于光纤及光纤熔接点长期浸泡在水中，可能会先出现部分光纤衰减增加。套上不锈钢挂钩并挂在吊线上。至此，光纤熔接完成。

3.1.4 RS－232 串行接口及线缆制作

学习目标

- 了解 RS—232 接口基础知识
- 熟悉 RS—232 接口引脚定义
- 能熟练制作串行线
- 能熟练用串行线进行计算机的互联

一、RS－232 接口基础知识

RS－232 接口又称 RS－232 口、串口、异步口或 COM（通信）口。它是 PC 与通信工业中应用最广泛的一种串行接口。

“RS－232”标准全称为 EIA－RS－232C 标准，由美国 EIA 与 BELL 等公司一起开发的通信协议，是一个公共物理层接口标准。其中，EIA（Electronic Industry Association）代表美国电子工业协会，RS 是 Recommended Standard 的缩写，代表推荐标准，232 是标识符，C 代表 RS－232 的最新一次修改（1969 年，在这之前，有过 RS－232A、RS－232B 标准）。该标准适合于数据传输速率在 0～20 000 b/s 范围内的通信，对串行通信接口的有关问题，如连接电缆和机械、电气特性、信号功能及传送过程都做了明确规定。

由于通信设备厂商都生产与 RS－232C 制式兼容的通信设备，因此，RS－232C 作为一种标准，目前已在计算机通信接口中广泛采用。现在，计算机的串行通信端口（RS－232）是标准配置端口，计算机上一般都有 1～2 个标准 RS－232C 串口，即 COM1 和 COM2 口。

从操作系统的"设备管理器"中可查看计算机的通信端口属性，如图 3—27 所示。图中显示了这台计算机有 1 个打印机并行通信端口（LPT1）、1 个 RS－232 串行通信端口（COM1）。只要显示的端口名称前面没有黄色惊叹号，表示这个端口是可以使用的。

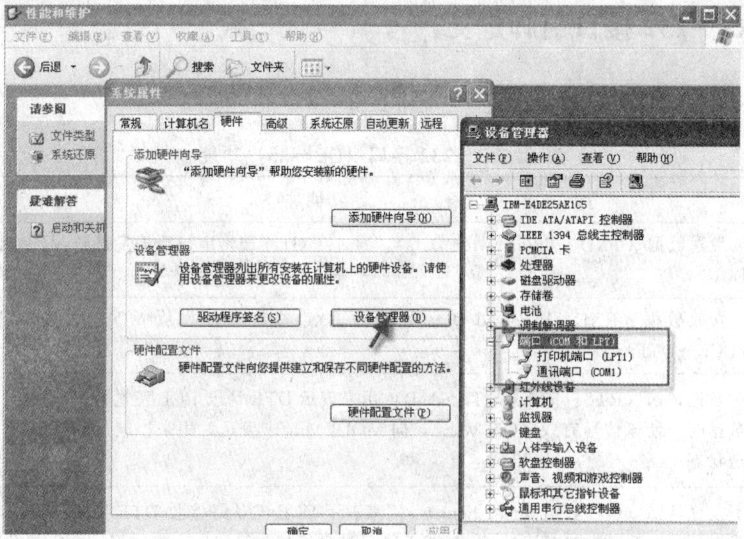

图 3—27　从设备管理器中查看通信端口属性

严格地讲，RS－232 接口是 DTE（Data Terminal Equipment，数据终端设备）和 DCE（Data Communication Equipment，数据通信设备）之间的一个接口。DTE 包括计算机、终端、串口打印机、路由器等设备。DCE 通常只有调制解调器（MODEM）和某些交换机 COM 口是 DCE。RS－232 标准最明显的一点，是 DTE 和 DCE 之间用一条 25 线的电缆（DB25 电缆）连接，如图 3—28 所示。

图 3—28　DTE－DCE 接口

RS－232 接口标准指出，DTE 应该拥有一个插头（针输出），DCE 拥有一个插座（孔输出）。计算机的 RS－232 口为 9 芯针插座，如图 3—29 所示。

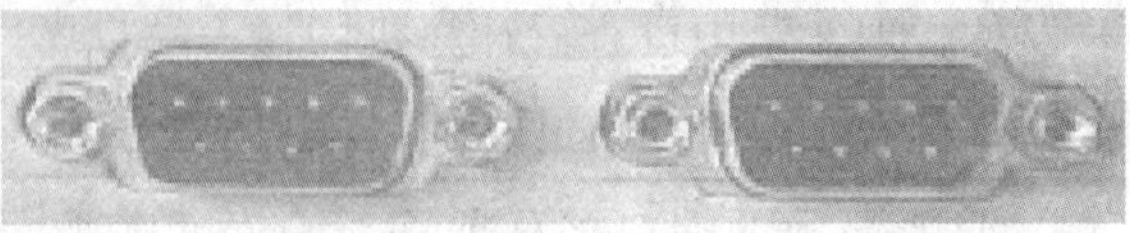

图 3—29　计算机的 RS－232 串行通信接口

二、RS－232 接口引脚定义

RS－232 接口引脚定义见表 3—7 和表 3—8。

表 3—7　25 针 RS－232 接口（DB－25）功能

针脚	功能
2	发送数据（TXD：Transmitted Data）：通过 TXD 终端将串行数据发送到 MODEM（DTE→DCE）
3	接收数据（RXD：Received Data）：通过 RXD 线终端接收从 MODEM 发来的串行数据（DCE→DTE）
4	发送请求（RTS：Request To Send）：用来表示 DTE 请求 DCE 发送数据，即当终端要发送数据时，使该信号有效（ON 状态），向 MODEM 请求发送，用来控制 MODEM 是否要进入发送状态
5	发送清除（CTS：Clear To Send）：用来表示 DCE 准备好接收 DTE 发来的数据，是对请求发送信号 RTS 的响应信号。当 MODEM 已准备好接收终端传来的数据，并向前发送时，使该信号有效，通知终端开始沿发送数据线 TxD 发送数据。表示清除请求
6	数据装备准备好（DSR：Data Set Ready）：表明 MODEM 处于可以使用的状态
7	信号地（GND：Signal Ground）
8	载波检测（DCD：Data Carrier Dectection）
20	数据终端准备好（DTR：Data Terminal Ready）：表明数据终端可以使用
22	振铃指示（RI：Ring Indicator）：当 MODEM 收到交换台送来的振铃呼叫信号时，使该信号有效（ON 状态），通知终端，已被呼叫

表 3—8　9 针 RS－232 接口（DB－9）功能

针脚	功能
1	载波检测（DCD：Data Carrier Dectection）
2	接收数据（RXD：Received Data）：通过 RXD 线终端接收从 MODEM 发来的串行数据（DCE→DTE）
3	发送数据（TXD：Transmitted Data）：通过 TXD 终端将串行数据发送到 MODEM（DTE→DCE）
4	数据终端准备好（DTR：Data Terminal Ready）：表明数据终端可以使用

续表

针脚	功能
5	信号地（GND：Signal Ground）
6	数据装备准备好（DSR：Data Set Ready）：表明 MODEM 处于可以使用的状态
7	发送清除（CTS：Clear To Send）：用来表示 DCE 准备好接收 DTE 发来的数据，是对请求发送信号 RTS 的响应信号。当 MODEM 已准备好接收终端传来的数据，并向前发送时，使该信号有效，通知终端开始沿发送数据线 TxD 发送数据。表示清除请求
8	发送清除（CTS：Clear To Send）：用来表示 DCE 准备好接收 DTE 发来的数据，是对请求发送信号 RTS 的响应信号。当 MODEM 已准备好接收终端传来的数据，并向前发送时，使该信号有效，通知终端开始沿发送数据线 TxD 发送数据。表示清除请求
9	振铃指示（RI：Ring Indicator）：当 MODEM 收到交换台送来的振铃呼叫信号时，使该信号有效（ON 状态），通知终端，已被呼叫

提示：RS－232C 标准中所提到的“发送”和“接收”，都是站在 DTE 立场上，而不是站在 DCE 的立场来定义的。由于在计算机系统中，往往是 CPU 和 I/O 设备之间传送信息，两者都是 DTE，因此双方都能发送和接收。

9 针接口与 25 针接口对应表见表 3—9。

表 3—9　　9 针接口与 25 针接口对应表

9 针 RS－232 接口（DB－9）			25 针 RS－232 接口（DB－25）		
引脚	简写	功能说明	引脚	简写	功能说明
1	CD	载波侦测（Carrier Detect）	8	CD	载波侦测（Carrier Detect）
2	RXD	接收数据（Receive）	3	RXD	接收数据（Receive）
3	TXD	发送数据（Transmit）	2	TXD	发送数据（Transmit）
4	DTR	数据终端准备（Data Terminal Ready）	20	DTR	数据终端准备（Data Terminal Ready）
5	GND	地线（Ground）	7	GND	地线（Ground）
6	DSR	数据准备好（Data Set Ready）	6	DSR	数据准备好（Data Set Ready）
7	RTS	请求发送（Request To Send）	4	RTS	请求发送（Request To Send）
8	CTS	清除发送（Clear To Send）	5	CTS	清除发送（Clear To Send）
9	RI	振铃指示（Ring Indicator）	22	RI	振铃指示（Ring Indicator）

一般情况下，计算机上的串行口（COM 口）为 9 芯接口或 25 芯接口，针对不同的接口，需要选用不同的孔插头，并根据不同的情况进行制作。无论是 9 孔插头，还是 25 孔插头，其串行通信电缆连接时都要遵循下列对接关系：

SG←→SG

TXD←→RXD　　RXD←→TXD

RTS←→CTS　　CTS←→RTS

DTR←→DSR　　DSR←→DTR

根据上述对接关系，就可以非常方便地连接串行通信电缆。

三、PC 机之间互连的串行电缆制作步骤

准备 2 个 9 孔插头（或者 2 个 25 孔插头，或者 1 个 9 孔插头和 1 个 25 孔插头）、线缆。另外，需要 1 把电烙铁以及一些焊锡、松香等来焊接电缆接头。

1. 9 孔插头－9 孔插头电缆制作

9 孔插头－9 孔插头电缆接线如图 3—30 所示，即引脚连线为 2—3、3—2、4—6、5—5、6—4、7—8、8—7。

提示：所有接头的针脚有统一规定，在接头上有印好的序号，连接时要注意查看，接线时没有提及的针脚均悬空不管。

图 3—30　9 针对 9 针的串口线接法

2. 9 孔插头－25 孔插头电缆

9 孔插头－25 孔插头电缆接线如图 3—31 所示，即引脚连线为 2—3、3—2、4—6、5—7、6—20、7—5、8—4。

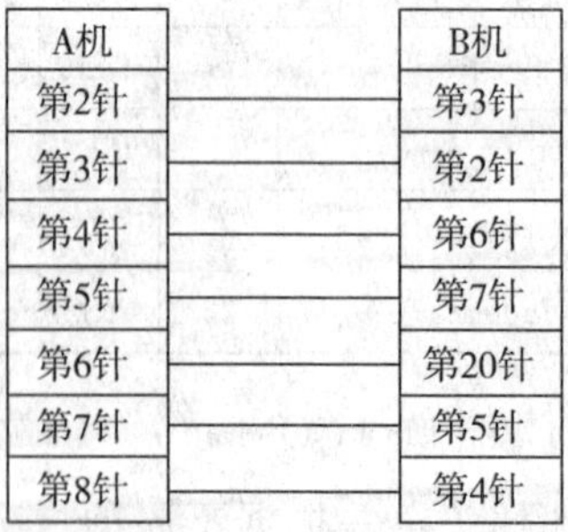

图 3—31　9 针对 25 针的串口线接法

3. 25 孔插头－25 孔插头电缆制作

25 孔插头－25 孔插头电缆接线如图 3—32 所示，即引脚连线为 2—3、3—2、4—5、5—4、6—20、7—7、20—6。

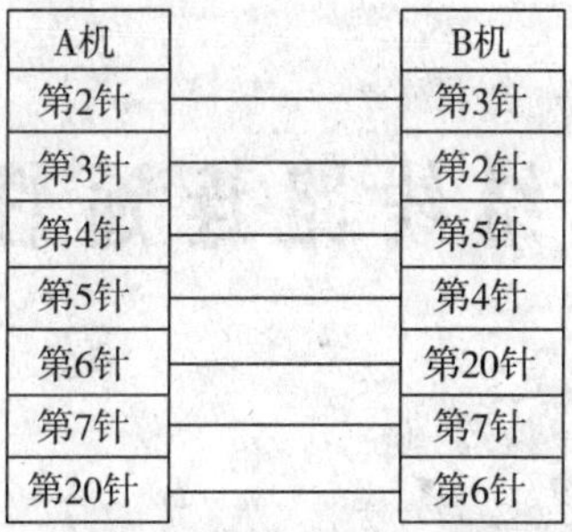

图 3—32　25 针对 25 针的串口线接法

注意：

◆为了保证传输的信号正确、完整，导线的长度最好不要超过 2 m，并且宜选用计算机专用电缆。

◆导线必须焊接到所对应的位置，焊头连接必须牢固，并且注意不要短路。

◆对于串行通信电缆，也可使用 9 针—25 针转换接头来连接其中的一个或两个串口。

◆不用于连接电缆的接头（如 1、9 接头等）宜悬空。对于自己改造从市场买来的所谓“串行电缆”和“并行电缆”，这一点尤其重要。

◆最简单且常用的是三线制接法，即地、接收数据和发送数据三脚相连。同一个串口的接收脚和发送脚直接用线相连，对 9 针串口和 25 针串口，均是 2 与 3 直接相连；两个不同串口（无论是同一台计算机的两个串口或分别是不同计算机的串口）接收数据针脚（或线）与发送数据针脚（或线）相连，彼此交叉，信号地对应相接。

◆做好线后，可将两 PC 机互连。串口连接速度较慢，最高传输速率为 14 kb/s，但电缆制作简单，两机距离可达 10 m。

3.2 网络线路连通性的检测

3.2.1 常用测线工具的使用

学习目标

➢ 能使用常用测线工具

网络连通性是网络故障发生后首先应当考虑的重点。连通性问题通常涉及网卡、跳线、信息插座、网线、Hub、Modem 等设备和通信介质。其中，任何一个设备的损坏，都会导致网络连接的中断。

连通性通常可采用软件和硬件工具进行测试验证。由于网络协议和网络设备的复杂性，许多故障解决起来并不像解决单机故障那么简单。网络故障的定位和排除，既需要长期的知识和经验积累，也需要一系列的软件和硬件工具。这些硬件设备大致可分为两类，一类用于测试网线的连通性，另一类用于测试网络设备、协议的正确性。

一、MicroScanner Pro 双绞线测试仪

除了前面已介绍的最基本双绞线测试仪以外，MicroScanner Pro 双绞线测试仪功能更复杂些，如图 3—33 所示。

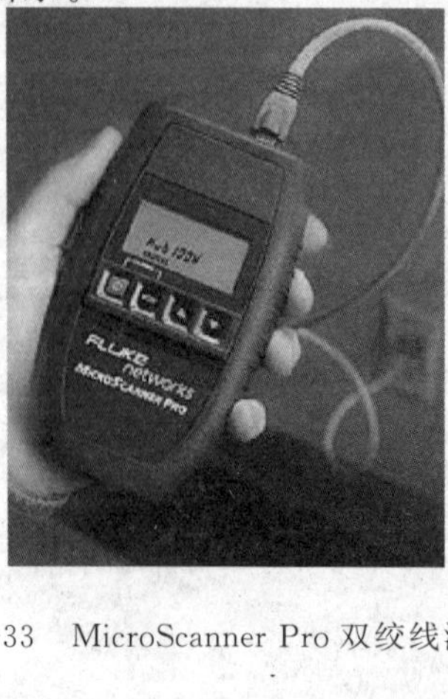

图 3—33　MicroScanner Pro 双绞线测试仪

MicroScanner Pro 适用于 UTP（非屏蔽双绞线）和 STP（屏蔽双绞线）的测试，可分别显示屏蔽连续性、断路、短路、交叉对线、分离对线、倒向对线等各种复杂情况，具体功能如下：

1. 识别工作的网络连接双绞线

MicroScanner Pro 新的主动网络识别模式，可以让集线器指示灯有规律地闪亮，并可显示告知网络端口工作在 10 Mb/s 或 100 Mb/s 速率，还可以区分全双工或半双工方式。它同样可以辨别工作站或 PC 的上述状态。

2. 验证电缆连通性

使用 MicroScanner Pro，做验证测试可以确保基本连通性和正确的端接。使用接线图测试功能，可以检查全部 4 线对的端一端连通性，快速验证被测电缆是否具有正确的接线图（568A 或 568B），并判定任何电缆问题。MicroScanner Pro 可以快速发现开路、短路、反接、串绕或其他任何错误的接线及分岔线对的故障。

MicroScanner Pro 的长度测试功能使用时域反射技术（TDR）就可测试电缆的全长。它还可以在给出故障位置的同时确定电缆是开路还是短路。

3. 在配线间里确定电缆链路

MicroScanner Pro 还有查找办公室/房间的电缆功能，在增加、移动和改变办公室或房间的电缆时可以识别其位置走向，确定在配线架上跳线的连接路径，轻松建立双绞线和同轴网络的管理文档，可以知道电缆另一端的具体位置。

二、NetTool 网络万用表

专业测试仪不仅能测试网络的连通性、接线的正误，还可以测试双绞线的阻抗、近端串扰、衰减、回返损耗、长度等参数。

NetTool 是 Fluke（福禄克）公司生产的一款集电缆、网络及 PC 配置测试功能为一体的手持式网络测试仪，如图 3—34 所示。NetTool 也被称为网络万用表，是网络故障现场测试的利器。如果网络线路出现故障，不必用普通测线器在网线两端来回分析，只需在线路的一端测试即可初步找到故障原因，提高网络故障查找的速度。

图 3—34　NetTool 网络万用表

NetTool 万用表分为标准型和在线型两种。标准型网络万用表只能工作在单端模式下（即只同时测试一个网络端口）。用此模式可快速验证网络接口或网络设备是否处于工作状态中，确定其速率及双工配置，确定传送帧的完好性，并检查网络的连接状况。如果用户在购买标准型网络万用表后再购买一个附件，便可将标准型升级为在线型网络万用表。用户可以将网络万用表串接到一个物理链路中，从而测试出该链路的网络流量。在线型网络万用表同时也具备标准型网络万用表的所有功能。

1. 测试双绞线的连通性

使用 NetTool 测试仪，不仅可以测试双绞线和链路的连通性以及电缆长度，还可以测试配线架至信息插座的连通性。

（1）将双绞线的两端分别插入 NetTool 两侧的接口，启动 NetTool 电源，进入自动检测模式。

（2）按下“SELECT”按钮，NetTool 会自动感应电缆的连接，并显示出电缆长度以及端到端的情况。

2. 测试链路的连通性和电缆长度

与测试双绞线不同，由于网络中整个链路的两端相距较远，不可能同时插入 NetTool 的两个端口进行测试，所以，用户必须借助适配器和 RJ－45 接头才能完成，如图 3—35 所示。

图 3—35　NetTool 适配器

（1）将连接计算机和信息插座的跳线从网卡中拔出，插入 NetTool 的 RJ－45 接口。

（2）将连接配线架和集线设备的接插软线从交换机中拔出，插入 RJ－45 对接口的一端，另一端插入 NetTool 适配器。

（3）打开 NetTool 电源开关，按“SELECT”按钮开始自动测试，NetTool 会自动发现远端的适配器，并测量出整个链路的总长度。

（4）按 NetTool 左侧的按钮，NetTool 显示屏中的适配器图标会开始闪动，然后，再按“SELECT”按钮，将会显示整个链路的连接情况。当用户发现连通性故障时，可根据故障显示的位置测试相应的区段。

3. 测试配线架至信息插座的连通性

用户在测试配线架至信息插座的连通性时，也必须借助适配器才能完成测试。

（1）将连接计算机和信息插座的跳线从信息插座和网卡上拔下，进行连通性的测试，确认连通无误码后，再将这段跳线的两端分别插入 NetTool 的 RJ－45 接口和信息插座。

（2）将连接配线架和集线设备的接插软线从配线架中拔出，插入 NetTool 适配器。

（3）打开 NetTool 开关，按"SELECT"按钮即可开始自动测试配线架至信息插座的连通性。

3.2.2　网络线路故障分析及处理

学习目标

- 了解网络线路的典型故障
- 掌握网络线路故障的排除方法

一、排除网络故障基本工作步骤

1. 准备工作

在开始动手排除故障之前，准备一支笔和一个记事本，将故障现象认真记录下来。

提示：无论是排除大型网络故障，还是小型网络故障，在观察和记录时一定要注意细节，因为有时正是一些最小的细节使整个问题变得明朗。

2. 识别故障现象

首先，在排除故障之前，必须确认到底网络出了什么故障，是不能上网，不能共享资源，还是找不到另一台计算机等。

其次，了解故障原因并能够及时识别，是成功排除故障最重要的步骤。为了与故障现象进行对比，必须知道系统在正常情况下是怎样工作的，反之，对问题和故障进行定位比较困难。

识别故障现象时，应该向操作者询问以下几个问题：

（1）当被记录的故障现象发生时，正在运行什么进程（即操作者正在对计算机进行什么操作）。

（2）这个进程以前是否运行。

（3）以前这个进程的运行是否成功。

（4）这个进程最后一次成功运行是什么时候。

带着这些疑问来了解问题，才能对症下药、排除故障。

3. 对故障现象进行详细描述

当处理网络故障时，对故障现象的详细描述尤为重要。如果仅凭操作员的报告，很难下结论，这时就需要管理员对刚才出错的程序亲自操作，并注意出错信息。

例如，在使用Web浏览器进行浏览时，无论键入哪个网站都显示“该页无法显示”之类的信息。使用ping命令时，无论ping哪个IP地址都显示超时连接信息等。诸如此类的出错消息，会为缩小问题范围提供许多有价值的信息。对此，在排除故障前，可以按以下步骤执行：

（1）收集有关故障现象的信息。

（2）对问题和故障现象进行详细描述。

（3）注意细节。

（4）将所有的问题都记录下来。

（5）不要匆忙下结论。

4. 列举可能导致错误的原因

计算机网络管理员应当考虑导致无法查看信息的原因可能有哪些，如网卡硬件故障、网络连接故障、网络设备（如集线器、交换机）故障、TCP/IP协议设置不当等。

提示：不要忙于下结论，可以根据出错的可能性把这些原因按优先级别进行排序，然后再先后排除。

5. 缩小搜索范围

对所有列出的可能导致错误的原因逐一进行测试，而且不要根据一次测试，就断定某一区域的网络是运行正常或是不正常。另外，也不要在自己认为已经确定了的第一个错误上停下来，应直到测试完为止。

提示：注意检测网卡、Hub、Modem、路由器面板上的LED指示灯。通常情况下，绿灯表示连接正常（Modem需要几个绿灯和红灯都要亮），红灯表示连接故障，不亮表示无连接或线路不通。根据数据流量的大小，指示灯会时快时慢的闪烁。同时，记录所有观察及测试的结果。

6. 隔离错误

经过分析后，这时已基本知道故障的部位，对于计算机的错误，可以开始检查该计算机网卡是否安装好、TCP/IP协议是否安装并设置正确、Web浏览器的连接设置是否得当等，确定一切与已知故障现象有关的内容，最后进行故障排除。

提示：在拆卸机箱时，不要忽略静电对计算机的危害，要正确拆卸计算机部件。

7. 故障分析

处理完问题后，计算机网络管理员还必须了解是什么原因导致了故障的发生，以后如何避免类似故障的发生，拟定相应的对策，采取必要的措施，制定严格的规章制度。

二、网络线路故障原因分析及解决办法

网络线路出现故障时最常见的现象是线路不通，其常见原因有线路连接不正确、线路老化或损坏、设备插头误接、插头松动、电磁干扰等。

1. 线路连接不正确

（1）布线产品不专一

不同厂家的网络产品其内部材料的阻抗是不一样的，阻抗的细微差别可能对高速网络信号衰竭产生很大的影响，从而影响整个网络系统的通信质量，甚至出现通信不畅的现象。

（2）通信电缆一线多用

有时为了节约，用同一条线缆同时连接多个设备。例如，从双绞线中分出一对线来连接电话，或同时把两对线连接到两个网络接口模块中，这样做表面看好像提高了线缆的利用率，其实对网络效率影响很大。

（3）布线前没有详细计划

布线前的合理规划，能大大提高网络的效率。反之会严重影响网络效率。例如常见的“省事”布线方式——串接交换机。在某计算机下放一台集线器，然后布线，直到达到 100 m，再加第二台集线器……一直串接下去，好像是节省了网线，布线也方便。但布线的不断串接却增加了信号的衰减程度，造成大量的数据丢包现象，致使网络通信线路故障频频发生。

（4）布线后没有严格测试

施工完成后，除了常见的“ping”命令测试网络是否畅通外，最好还要用一些瞬时突发的大吞吐量网络信息交换来进行测试。因为“ping”命令检查的只是网络是否连通。网络的流量很低时问题不大，但当网络流量很高时，就可能出现上网困难的情况。

2. 线路老化或损坏

网络线路随着使用时间的增多，其表面绝缘、屏蔽层老化，并逐渐失去原有性能。对于这样的故障，最彻底的办法是更换新的线路。但这样需要很大的开销。一般是更换或修复出现故障的那一段线路。

3. 设备插头误接

网络插头的连接和使用都有规范，只有搞清线缆中的每根线的接法和用途，才能做出符合规范的插头，否则会导致网络连接出错。

例如：两台计算机之间连接应使用交叉线，计算机与交换机之间相连时应使用平行线。

4. 插头松动

插头松动也是常见的故障。解决办法是插紧后，再用“ping”命令检查。

5. 电磁干扰

网络布线时尽量远离强电线路及相关设备，以防止电磁干扰。若以前正常，突然网络信息失真较大，则需要检查是否有新的干扰源，并排除。一般采用的措施是隔离和屏蔽。接地也是容易实现且行之有效的办法。

三、典型网络线路故障分析及排除

1. 双绞线断裂

故障现象：不能登录网络或时断时续。

故障分析：一般布线时都习惯将所有双绞线以及电源线捆在一起埋在地下或墙里，如果断定是双绞线破损，为查找破损点、确定断线，除了要用到常见的双绞线测试仪外，还要用到直通双绞线转接头。该设备可以用做双绞线延长，在查找双绞线破损点问题上也能奏效。

故障排除：找一根与故障计算机相邻的正常双绞线，和故障双绞线一起插入双绞线转接头内，两条双绞线的两端再连入双绞线测试仪。由于两根双绞线中，有一根是正常的，而双绞线转接头又是直通的，因此，在双绞线测试仪上即可反映出断裂的是哪一根双绞线。

2. 双绞线水晶头接触不良

故障现象：上网时总是经常出现“网络电缆未准备好”提示，可是并没有动过双绞线。

故障分析：首先检查网卡是否出现问题，排除网卡问题后，再仔细查看双绞线是否有破损的痕迹，如果还没有解决问题，那么就应该怀疑水晶头跟双绞线的接触不良所导致。

故障排除：重做一根双绞线和水晶头，插入原来的网卡测试，故障排除。

注意：双绞线是通过 8 个触点和水晶头的接口相连的，水晶头又是通过触片的弹性和触点相连。如果长时间频繁对双绞线进行插拔、扯拉，就会导致触片的弹性降低，而发生接触不良的现象。若某些劣质的水晶头触片本身弹力不够，更容易发生此类故障。

3. 网络连接不通

故障现象：不能登录网络或时断时续。

故障分析：电缆终端链路太长。用户每天都移动、弯曲、连接和切断网络终端，所以首先考虑是不是电缆的问题。这需要使用网络测试工具来证明本地网段是否良好，集线器端口功能是否正常，网卡及其驱动程序工作是否良好。最后，检查网络互联设备是否有问题。在铜轴线网络中，搜寻在同轴“T 型头”和网卡之间的断头，在 UTP 网络中，连续运行仪器图测试功能，不断扭动终端以识别接触不良或短路。

故障排除：更换工作站连接电缆，更换损坏的连接器，必要时停止使用水平电缆。再次全面检查处理过的电缆。

4. 光纤故障

故障现象：所有连接到网段上的工作站，网络速度变慢。

故障分析：在正常的网络使用时段，将网络测试仪连接到集线器，在光纤连接的两端产生流量，测试连接状况。在某一时刻断开或接上光纤，每当光纤连入网段时，就会观察到大量的错误帧。劣质的光纤链路连接会在其附属的网段中产生大量垃圾帧，迫使工作站重发帧，使得网络速度变慢。

故障排除：清洁或重新安装好光纤连接器，复位所有的连接器，再次检查网络状况，此时应该只有少量的错误帧。

5. 电缆故障

故障现象：网络中大多数的工作站不能登录网络。

故障分析：断开工作站的连接电缆，接上网络测试仪，从集线器上检测不到连接信号。运行电缆测试，查看从办公室到配线间之间的电缆是否开路。如果不正常，将工具设置在音频发生器位置，从配线间用音频探测器查出与办公室对应的电缆，通常情况下，在配线间有变动时，电缆线索会受到推挤和碰撞，引起连接器脱落或松动。

故障排除：重新插好工作站和工作站与集线器之间的电缆连接器，查看连接信号指示灯是否发亮，确定用户是否能上网。

本章思考题

1. 网络中有线传输介质都有哪些？它们的特点是什么？

2. 双绞线组网的特点是什么？

3. 什么是双绞线的交叉线？平行线？它们各自适用于什么样的连接？

4. 制作双绞线线缆的步骤是什么？

5. 分别制作一条交叉线和一条平行线，进行两台计算机的互联，并测试它们的连通性。

6. 网络连接不通的故障主要有哪些？

7. 排除网络故障基本工作步骤有哪些？

8. 细缆组网的特点是什么？

9. 什么是 RS—232 接口？

第4章 网络设备运行维护

4.1 Web网络设备使用与维护

4.1.1 Web网络相关知识

学习目标

- 了解Web网络的相关知识
- 了解局域网的连接方式
- 了解Web网络的常用设备

一、WWW简介

WWW是World Wide Web的缩写，也可以简称为Web，中文名字为“万维网”。它起源于1989年3月，系欧洲量子物理实验室CERN（the European Laboratory for Particle Physics）所发展出来的主从结构分布式超媒体系统。通过万维网，人们只要使用简单的方法，就可以迅速、方便地取得丰富的信息资料。由于用户在通过Web浏览器访问信息资源的过程中，无须再关心一些技术性的细节，而且界面非常友好，因而Web在Internet上一推出，就受到了热烈的欢迎，并迅速在全球得到了爆炸性的发展。

二、WWW 的发展和特点

长期以来，人们只是通过传统的媒体（如电视、报纸、杂志和广播等）获得信息。由于计算机网络的发展，现在，网络上可以提供各种类别的数据库系统，如文献期刊、产业信息、气象信息、论文检索等，信息的获取变得非常及时、迅速和便捷。

1993 年，WWW 技术有了突破性的进展，它解决了远程信息服务中的文字显示、数据连接以及图像传递的问题，使得 WWW 成为 Internet 上最流行的信息传播方式。现在，Web 服务器成为 Internet 上最大的计算机群，Web 文档之多、链接的网络之广，令人难以想象。可以说，Web 成为 Internet 迅速普及的工具。

WWW 采用的是客户/服务器结构，其作用是整理和储存各种 WWW 资源，并响应客户端软件的请求，把客户所需的资源传送到 Windows、UNIX 或 Linux 等平台上。

目前，使用最多的 Web Server 服务器软件有两个：微软的信息服务器（IIS）和 Apache。

三、局域网连接的主要方式

局域网技术发展几十年，目前最流行、最广泛采用的是以太网技术。以太网技术也在不断的创新、发展，从最开始的传统以太网发展到交换式以太网，传输数据的方法发生了本质的变化。

1. 传统以太网

以太网由美国 Xerox 公司 PARC 研究中心于 1973 年 5 月 22 日首次提出。传统以太网是基于总线型的广播式网络，如图 4—1 所示，使用的物理介质主要有：粗同轴电缆、细同轴电缆、3 类双绞线、5 类双绞线、光纤等。以太网采用的访问技术是 CSMA/CD（Carrier Sense MultIPle Access/Collision Detect 载波监听多路访问/冲突检测），此技术规定：想发送信息的机器将按照以下规则发送数据信息。

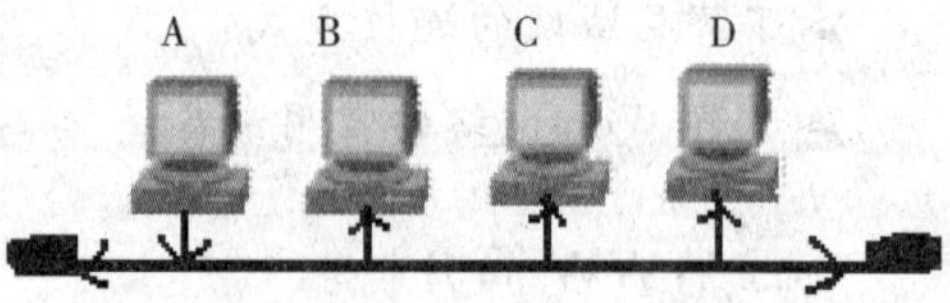

图 4—1　传统以太网

（1）监听信道。

（2）如果信道空闲就发送数据，并监听有无冲突信号。如果信道“忙”，就继续监听信道，直到空闲发送。

（3）发送数据的机器在传输数据时，监听信道无冲突信号，就一直发送，直到发送完毕。如果发送过程中，监听到有冲突，就发送阻塞信号，将数据退回原位等待一段时间，再次监听信道，信道空闲时再发送。

所有其他机器开始都接收信息，但需要查收是否是给自己的，如果是，就进一步接收，如果不是，就丢弃接收的信息。

传统以太网中，采用的网络互联设备是 OSI 参考模型第一层——物理层设备，有中继器和集线器。集线器采用广播式方法传送数据，如图 4—2 所示。网络中所有的机器都共享带宽，一台机器发送数据，其他各台机器接收数据，判断是否是发给自己的，如果是，就接收；否则拒绝接收。但是当机器数量增加时，每台机器分配到的带宽很有限，而且冲突增加很多。

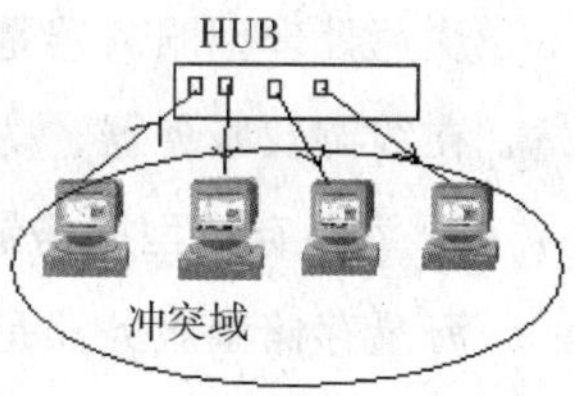

图 4—2　Hub 的冲突域

2. 交换式以太网

传统的基于共享式集线器的局域网中的所有站点都处于同一个“冲突域”中。这里的“冲突域”指的是 CSMA/CD 算法中每个站点所监听的网络范围。处于同一个冲突域中的站点，在任意时刻只能有一个站点占用信道。这就意味着传统以太网的带宽，是被各个站点在统计意义上均分的。为了从根本上解决问题，让正在通信的双方拥有一条不受干扰的独立信道，被称之为“交换式以太网”。交换式以太网的核心设备是交换机。

交换机根据接收信号的目的地址，在交换机自身的 MAC 地址表中核对，然后将此信息转发到目标端口发送出去，其他端口不接收信号。这样每个用户占用的带宽都是 10M，如图 4—3 所示。在这样的交换式以太网中，每一台计算机都不和其他计算机共享信道，而是独享带宽，冲突域中只有自己，所以交换式以太网中冲突域的数目是 N 个，如图 4—4 所示。

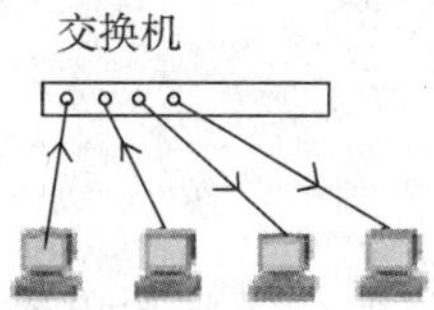

图 4—3　交换机的转发过程

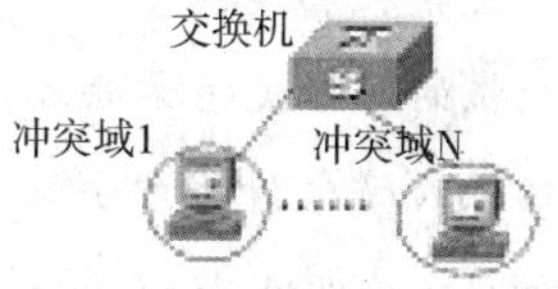

图 4—4　交换机的冲突域

四、Web 网络常用设备

通常在建设一个大型 Web 网站时都需要一些重要的硬件设备，如网络防火墙

（硬件）、各种服务器（硬件）、SSL 加速器（硬件）、Web 加速器等。

目前，互联网已经是由数量巨大的服务器担当各种服务角色，构成丰富多彩、信息巨大的网络世界。从应用角度（结合服务器技术规格），服务器可大致分为三类：

1. 快速处理型服务器

快速处理型服务器是指对服务器的性能要求高，反应速度要求快，如门户型网站、在线游戏服务器、防火墙、数据库服务器等。

2. 海量存储型服务器

海量存储型服务器是指对服务器的存储空间要求大，如视频服务器、在线电影服务器、FTP 服务器、E－mail 服务器等，视用户数的多少、用户定额空间的大小、访问的频繁度而偏向于某一种类型。

3. 低价稳定型服务器

低价稳定型服务器是指对服务器的处理速度，数据存储要求不高，但对稳定性、安全性要求高，如企业网站和普通论坛网站应用、DNS 和代理服务器等。

Web 网站根据其从事具体业务的不同，对服务器的需求也不同。

此外，Web 网络中常用的网络互联设备有中继器、集线器、网桥、交换机、路由器等。中继器、集线器、网桥在《计算机网络管理员（中级）》中已经介绍过，下面详细介绍交换机和路由器。

4.1.2 交换机的使用与维护

学习目标

- 理解交换机的工作原理
- 能够区分交换机和集线器
- 学会交换机的基本使用方法
- 掌握交换机故障分析的方法

交换机（Switch）如图 4—5 所示，其外形和集线器非常相似，在网络中的连接方式也很相近，和网桥一样都是工作在 OSI 参考模型的第二层，但是工作原理却大为不同。它的主要功能是增加传输带宽、降低网络传输的延迟、进行网络管理以及选择网络传输线路等。

由于交换机比网桥的数据吞吐性能更强，端口成本更低，使用更加灵活和方

图 4—5　交换机

便，交换机目前已取代了传统的网桥，成为最主要的网络互联设备之一。目前已经有工作在 OSI 参考模型第三层的交换机。人们习惯将工作在第二层的交换机称为第二层交换机，把工作在第三层的交换机称为第三层交换机。

提示：如果没有特别说明，一般场合通常指第二层交换机。

一、交换机的工作原理

1. “共享”与“交换”数据传输技术

要了解交换机的优点，首先必须明白交换机的基本工作原理，而要理解交换机的工作原理，最根本的是要理解“共享”（Share）和“交换”（Switch）这两个概念。

可以把“共享”和“交换”理解成公路。“共享”方式就是来回车辆共用一个车道的单车道公路，而“交换”方式则是来回车辆各用一个车道的双车道公路。显然，双车道的交换方式具有一定的优越性。因为双车道来往的车辆可以在不同的车道上单独行走，一般来说，不大可能出现塞车现象（车辆太多、速度太慢的情况除外），而单车道就很容易出现塞车现象。

交换机进行数据交换的原理就是在这样的背景下产生，它解决了集线器那种共享单车道容易出现“塞车”现象的问题。交换机技术上把这种“独享”道宽（网络上称之为“带宽”）的情况称之为“交换”，这种网络环境称为“交换式网络”，交换式网络必须采用交换机（Switch）来实现。交换式网络可以是“全双工”（Full Duplex）状态，可以同时接收和发送数据，即数据流是双向的。而集线器的“共享”方式的网络称之为“共享式网络”，共享式网络采用集线器（集线器）作为网络连接设备。显然，共享网络的效率非常低，在任一时刻只能有一个方向的数据流，即处于“半双工”（Half Duplex）模式。

2. 交换机的 MAC 地址表

交换机能够“认识”连接到自己身上的每一台计算机，“认识”的凭据就是每块网卡的物理地址，俗称“MAC 地址”。

将一台主机用网线任意连接在交换机的任一端口，稍等片刻网络就可以通信了。实际上，在这一等待的时间内，交换机已经自动配置好了通信的条件。实现这一功能的方法是：在交换机中建立一张表（称为MAC地址表），在这个地址表中，有两列内容，一列是端口号，与各接口对应；另一列是MAC地址。在图4—6所示的网络连接中，交换机的地址见表4—1。

表4—1　　交换机地址表

端口号	MAC地址
1	A
2	B
3	C
4	D

MAC地址表记录了网络中所有MAC地址与端口的对应信息，某一数据帧需要转发时，交换机根据该数据帧的目的MAC地址查找MAC地址表，得到该地址对应的端口，也即获知该MAC地址的设备是连接在交换机的哪个端口上，然后从该端口转发数据，这两个节点便可以不受干扰地进行通信了。

例如，当交换机加电时，它会广播一个特殊的帧，然后根据接收到的信息将MAC地址与此交换机的端口号相对应起来，当交换机收到一个单播帧时，（如A要发信息给B），过滤/转发逻辑部分会去查找交换机内部的MAC地址表（即表4—1），如果数据帧的目的地址在表内，则将数据按照从表中查到的端口号转发出去（如果B对应的端口号是2，则从2号口发送信息）。如果从MAC地址表中查不到目的地址，则将此数据帧从除了接收端口之外的所有端口发出（如果A发给E，在地址表中查不到，则从2，3，4口发出，见图4—7）。

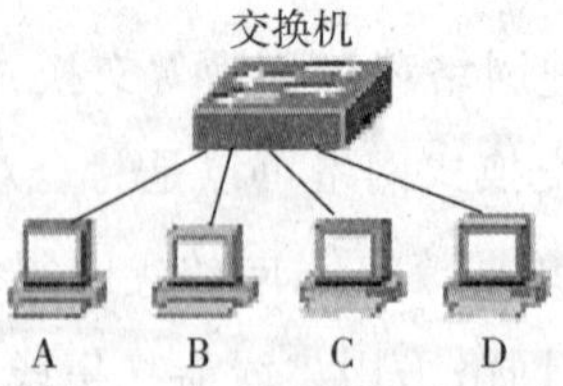

图4—6　交换机连接的网络

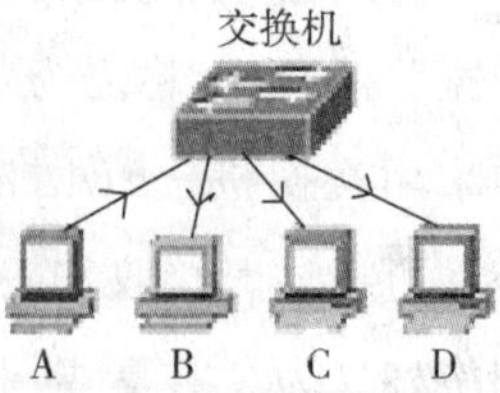

图4—7　查不到的地址就广播

因此，交换机所进行的数据传递是有明确的方向的，而不是乱传递，不是集线器的广播方式。同时，由于交换机可以进行全双工传输，所以交换机可以同时在多对节点之间建立临时专用通道，形成立体交叉的数据传输通道结构。

但是，交换机在刚买回来时不可能知道网络中各节点的地址，也就是说在交换机刚刚打开电源时，其MAC地址表是一片空白。那么，交换机的地址表通过学习建立起来。交换机根据以太网帧中的源 MAC 地址来更新地址表。当一台计算机打开电源后，安装在该系统中的网卡会定期发出空闲包或信号，交换机即可据此得知它的存在以及其 MAC 地址，这就是所谓自动地址学习。由于交换机能够自动根据收到的以太网帧中的源 MAC 地址更新地址表的内容，所以交换机使用的时间越长，学到的 MAC 地址就越多，未知的 MAC 地址就越少，因而广播的包就越少，速度就越快。

交换机能够记忆的 MAC 地址数量也是有限的，所以交换机设定了一个自动老化时间（Auto－aging），若某 MAC 地址在一定时间内（默认为 300 s）不再出现，那么，交换机将自动把该 MAC 地址从地址表中清除。当下一次该 MAC 地址重新出现时，就会被当做新地址处理。

总之，交换机是一种基于 MAC 地址识别，能完成封装转发数据包功能的网络设备。交换机对于因第一次发送到目的地址不成功的数据包会再次对所有节点同时发送，企图找到这个目的 MAC 地址，找到后就会把这个地址重新加入到 MAC 地址列表中，这样下次再发送到这个节点时就不会发错。交换机的这种功能被称为“MAC 地址学习”功能。

提示： 交换机档次越低，交换机的缓存就越小，也就是说为保存 MAC 地址所准备的空间也就越小，对应的就是它能记住的 MAC 地址数也就越少。通常一台交换机都具有 1 024 个 MAC 地址记忆空间，都能满足实际需求。

3. 背板带宽与端口速率

交换机将每一个端口都挂在一条带宽很高的背板总线（CoreBus）上，背板总线即背板带宽，也称背板吞吐量，表示交换机接口处理器或接口卡和数据总线间所能吞吐的最大数据量，单位是每秒通过的数据包个数（pps）。一台交换机的背板带宽越高，所能处理数据的能力就越强。

端口速率即端口每秒吞吐多少数据包。

4. 交换机与集线器的区别

交换机与集线器的区别主要体现在如下几个方面：

（1）在 OSI 中的工作层次不同

交换机和集线器在 OSI 模型中对应的层次不同，集线器是同时工作在第一层（物理层）和第二层（数据链路层），而交换机至少是工作在第二层，更高级的交换机可以工作在第三层（网络层）和第四层（传输层）。

（2）交换机的数据传输方式不同

集线器的数据传输方式是广播（broadcast）方式，而交换机的数据传输是有目的的，数据只对目的节点发送，只是在自己的 MAC 地址表中找不到的情况下，第一次使用广播方式发送，然后因为交换机具有 MAC 地址学习功能，第二次以后就不再是广播发送了，而是有目的的发送。这样的好处是数据传输效率高，不会出现广播风暴，在安全性方面也不会出现其他节点侦听的现象。具体在前面已作分析，在此不再赘述。

（3）带宽占用方式不同

在带宽占用方面，集线器所有端口是共享集线器的总带宽，而交换机的每个端口都具有自己的带宽，这样交换机实际上每个端口的带宽比集线器端口可用带宽要高许多，也就决定了交换机的传输速度比集线器要快许多。

综上所述，集线器的功能只是一个多端口的转发器，无论从哪个端口传出来的信号都会整形、再生、放大后向所有的端口广播出去，并且所有的端口都会用同一个共享信带的带宽，造成数据量大时所有端口的带宽大幅减少；而交换机相当于多端口桥，它为用户提供的是独占的点对点的连接，数据包只发向目的端口，而不会向所有端口发送，这样就减少了信号在网络发生碰撞，而且交换机上的所有端口均有独享的信道带宽，由此可看出用户采用交换机所独具的优点。

二、交换机的分类

1. 按网络覆盖范围划分

（1）广域网交换机

广域网交换机主要是应用于电信城域网互联、互联网接入等领域的广域网中，提供通信用的基础平台。

（2）局域网交换机

局域网交换机应用于局域网，是常见的交换机。用于连接终端设备，提供高速独立通信通道。

2. 按交换的层次进行划分

随着交换技术的发展，交换机由原来工作在 OSI 参考模型的第二层，发展到现在的第二层交换机、第三层交换机和第四层交换机。工作的层次越高，说明其设备的技术性越高，性能也越好，档次也越高。

（1）第二层交换机

第二层交换机对应于 OSI 参考模型的第二协议层—数据链路层。第二层交换机依赖于数据链路层中的信息（如 MAC 地址）完成不同端口数据间的线速交换，主要功能包括物理编址、错误校验、帧序列以及数据流控制。这是最原始的交换技术产品，应用最为普遍（主要是价格便宜，功能符合中、小企业实际应用需求），一般应用于小型企业或中型以上企业网络的桌面层次。

（2）第三层交换机

第三层交换机对应于 OSI 参考模型的第三层——网络层，比第二层交换机更高档，功能更强。因为工作于网络层，所以第三层交换机具有路由功能，它是将 IP 地址信息提供给网络路径选择，并实现不同网段间数据的线速交换。当网络规模较大时，可以根据特殊应用需求划分为小面独立的 VLAN 网段，以减小广播所造成的影响。在大中型网络中，第三层交换机已经成为基本核心配置设备。

（3）第四层交换机

第四层交换机是采用 OSI 参考模型的第四层交换技术而开发出来的交换机产品，即传输层，直接面对具体应用。第四层交换机支持的协议是各种各样的，如 HTTP、FTP、Telnet、SSL 等。第四层交换技术将控制在从源端到宿端的区间中。

3. 按传输介质和传输速度划分

根据交换机使用的网络传输介质及传输速度的不同，一般可以将局域网交换机分为以太网交换机、快速以太网交换机、千兆（G 位）以太网交换机、10 千兆（10G 位）以太网交换机、FDDI 交换机、ATM 交换机和令牌环交换机等。

ATM 交换机是用于 ATM 网络的交换机产品，广泛应用于电信、邮政网的主干网段。

FDDI 技术是在以太网技术还没有开发出来之前开发的，主要是为了解决当时 10 Mb/s 以太网和 16 Mb/s 令牌网速度的局限，其传输速度可达到 100 Mb/s，采用光纤作为传输介质。现在 FDDI 交换机比较少见，主要用于老式中、小型企业的快速数据交换网络中。

4. 按是否能堆叠进行划分

分为可堆叠的交换机和不可堆叠的交换机两种。

一般情况下，可堆叠的交换机比不可堆叠的同等交换机要贵一些。因为有堆叠端口，可以实现交换机之间的高速连接，给网络扩展带来很大方便。设计堆叠技术的主要目的就是为了增加端口密度。

5. 按是否可以进行网络管理进行划分

分为可网管型交换机和不可网管型的交换机两种。

可网管型的交换机功能强大、内容丰富，通常用在网络的核心位置或网络中比较重要的地方。而不可网管型的交换机就是普通的交换机，一般是第二层交换机，通常用在网络的一般连接处，或直接连接计算机等终端设备。

网管型交换机使网络管理人员可以对该交换机的工作状态、网络运行状况进行本地或远程的实时监控，纵观全局地管理所有交换端口的工作状态和工作模式。网管型交换机支持 SNMP 协议，采用嵌入式远程监视（RMON）标准用于跟踪流量和会话，对决定网络中的瓶颈和阻塞点是很有效的。网管型交换机提供基于策略的 QoS（Quality of Service）。计算机网络管理员利用策略为应用流分配带宽、优先级以及控制网络访问，形成了全面、方便的可视管理系统。

目前大多数部门级以下的交换机大都采用非网管型，只有企业级及少数部门级的交换机支持网管功能。

6. 按设计理念进行划分

交换机从设计理念上划分为两种：一种是机箱式交换机（也称模块化交换机），另一种是独立式固定配置交换机。

（1）机箱式交换机

机箱式交换机最大的特色就是具有很强的可扩展性，它能提供一系列扩展模块，诸如千兆以太网模块、FDDI 模块、ATM 模块、快速以太网模块、令牌环模块等，所以能够将具有不同协议、不同拓扑结构的网络连接起来，但最大的缺点就是价格昂贵。机箱式交换机一般作为骨干交换机来使用。

（2）独立式固定配置交换机

独立式固定配置交换机一般具有固定端口的配置，这种交换机的可扩充性不如机箱式交换机灵活，但是生产成本却要低得多，价格也相对便宜很多。

三、交换机的端口

交换机端口主要分为普通的以太网口、级联口、配置口、其他端口四大类。当然，根据交换机型号和品牌的不同，端口的类型还会有差异，有的交换机带有 BNC 端口，有的带有光纤接口等，如图 4—8 所示。

图 4—8　交换机的端口

（1）以太网口

以太网口主要连接计算机、交换机或集线器、路由器等，是最主要的端口，其端口数数量不同，有的交换机是 8 的倍数，有的是 12 的倍数。可根据用户的需要选择。

（2）级联口

级联口速率比普通口的速率高，通常可以连接更多的交换机，以扩展总端口数量，但是有堆叠端口的交换机，也可以通过堆叠口的连接扩充端口数。

（3）配置口

配置口是可网管的交换机才有的。通过配置口，可以将交换机和计算机连接起来，从计算机端对交换机进行配置。

（4）其他端口

根据不同品牌不同型号的交换机，端口的类型还设有光纤口、高速连接口、BNC 端口等。

四、交换机的连接方式

在多交换机的局域网环境中，经常使用交换机的级联（uplink）和堆叠（stack）两种技术。级联技术可以实现多台交换机之间的互联；堆叠技术可以将多台交换机组成一个单元，从而提高更大的端口密度和更高的性能。

1. 级联

当使用交换机连接计算机或其他设备时，遇到端口数量不够的情况，可以采用级联的方式来解决；相同品牌或不同品牌的交换机之间，也可以通过级联的方式来扩展端口；交换机和集线器之间也可以通过级联的方式进行连接。因此，级联通常是解决扩展端口、不同品牌交换机之间连接的有效手段。而且级联使得各个组件可以放在任意位置，非常有利于综合布线。因此，级联模式是组建结构化网络的一种必然选择。

此外，无论是 10Base－T 以太网、100Base－TX 快速以太网，还是 1000Base－T 千兆以太网，级联交换机所使用的电缆长度均可以达到 100 m，这个长度与交换机到计算机之间长度完全相同。因此，级联除了能够扩展端口数量外，另外一个用途就是延伸网络直径。当有 4 台交换机级联时，网络跨度就可以达到 500 m。这样的距离对于位于同一座建筑物内的小型网络而言，已经足够了。

（1）通过级联口连接

交换机之间一般是通过专门的级联端口（Uplink Port），也可以使用普通用户端口进行级联（有的交换机没有级联端口）。这两种端口的区别仅仅在于普通端口符合 MDI 标准，而级联端口（或称上行口）符合 MDIX 标准。级联的典型结构如图 4—9 所示。此种级联使用直连线连接。可以在拓扑结构上清晰地分出层次。

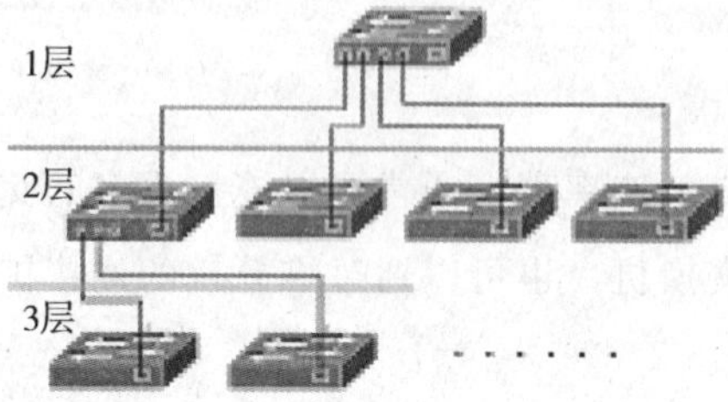

图 4—9　通过级联口连接

（2）通过普通口级联

有的交换机没有设置级联口，或者不用级联口进行级联时，此时可以通过普通端口进行级联，如图 4—10 所示。但是请注意，使用的线缆是交叉线。

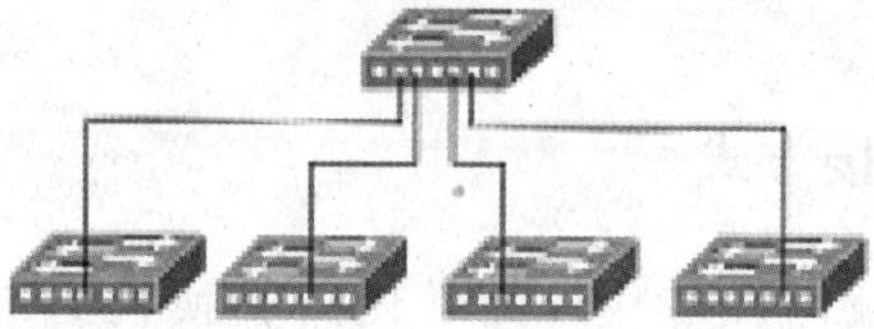

图 4—10　使用普通端口级联

（3）光纤端口的级联

由于光纤端口的价格仍然非常昂贵，所以，光纤主要被用于核心交换机和骨干交换机之间连接，或被用于骨干交换机之间的级联。

1）光纤跳线的交叉连接。所有交换机的光纤端口都是 2 个，分别是一发一收。当然，光纤跳线也必须是 2 根，否则端口之间将无法进行通信。当交换机通过光纤端口级联时，必须将光纤跳线两端的收发对调，当一端接“收”时，另一端接“发”。同理，当一端接“发”时，另一端接“收”，如图 4—11 所示。当光纤端口连接成功后，LED 指示灯为绿色。

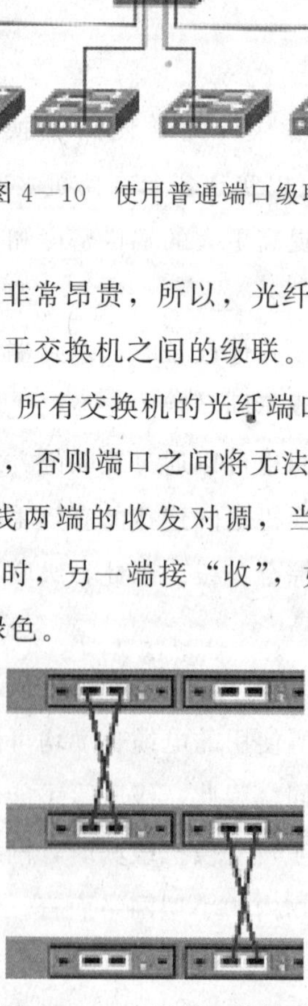

图 4—11　光纤端口的级联

同样，当骨干交换机连接至核心交换机时，光纤的收发端口之间也必须交叉连接。

2）光纤跳线及光纤端口类型。交换机光纤端口、跳线都必须与综合布线时使用的光纤类型相一致，也就是说，如果综合布线时使用的是多模光纤，那么，交换机的光纤接口也必须使用多模光纤跳线；如果综合布线时使用的是单模光纤，那么，交换机的光纤接口也必须使用单模光纤跳线。

3）传输速率与双工模式。不同速率和双工工作模式的端口将无法连接并通信，这点与 1000Base－T 不同。因此，要求相互连接的光纤端口必须拥有完全相同的传输速率和双工工作模式，既不可将 1 000 Mb/s 的光纤端口与 100 Mb/s 的光纤端口连接在一起，也不可将全双工模式的光纤端口与半双工模式的光纤端口连接在一起，否则，将导致连通性故障。

提示：

◆光纤端口均没有堆叠的能力，只能被用于级联。

◆在级联模式下，为了保证网络的效率，一般建议级联层数不要超过四层。

◆多模光纤有两种类型，即 62.5/125 μm 和 50/125 μm。虽然交换机的光纤端口完全相同，而且两者也都执行 1000Base－SX 标准，但光纤跳线的芯径必须与光缆的芯径完全相同，否则，将导致连通性故障。

◆相互连接的光纤端口的类型必须完全相同，或者均为多模光纤端口，或者均为单模光纤端口。若一端是多模光纤端口，而另一端是单模光纤端口，将无法连接在一起。

2. 堆叠

多台交换机的堆叠，是靠一个提供背板总线带宽的多口堆叠母模块与单口的堆叠子模块相连，各模块连到各交换机以实现堆叠。堆叠技术是目前在以太网交换机上扩展端口使用较多的另一类技术，是一种非标准化技术。各个厂商之间不支持混合堆叠，堆叠模式为各厂商制定，不支持拓扑结构。堆叠技术的最大优点就是提供简化的本地管理，将一组交换机作为一个对象来管理。

通常，堆叠的带宽是交换机端口速率的几十倍，例如，一台 100 Mb/s 交换机，堆叠后两台交换机之间的带宽可以达到几百兆甚至上千兆。

提示：是否支持堆叠取决于交换机的品牌和型号。堆叠不仅通常需要使用专门的堆叠电缆，而且甚至需要专门的堆叠模块。另外，同一叠堆中的交换机必须是同一品牌，否则，根本没有办法堆叠。因此，如果准备使用堆叠的方式扩充端口，就必须事先做好购置计划。

（1）堆叠的模式。目前流行的堆叠模式主要有以下两种：

1）菊花链式堆叠连接。菊花链式堆叠是一种基于级联结构的堆叠技术，对交换机硬件上没有特殊的要求，通过相对高速的端口串接和软件的支持，最终实现构建一个多交换机的层叠结构。

菊花链式堆叠的结构如图 4—12 所示。堆叠使用的两个端口，分成收、发两功能，分别有上行和下行，最终形成一个环形结构，任何两台成员交换机之间的数据交换都需绕环一周，经过所有交换机的交换端口，效率较低，尤其是在堆叠层数较多时，堆叠端口会成为严重的系统瓶颈。

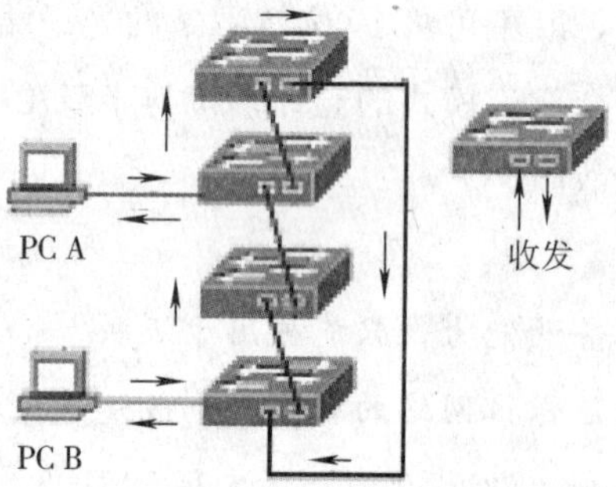

图 4—12　菊花链式堆叠

但是，菊花链式堆叠模式与级连模式相比，不存在拓扑管理，一般不能进行分布式布置，适用于高密度端口需求的单节点机构，可以使用在网络的边缘。

菊花链式堆叠是一类简化的堆叠技术，主要是一种提供集中管理的扩展端口技术，对于多交换机之间的转发效率并没有提升（单端口方式下的效率将远低于级连模式），需要硬件提供更多的高速端口，同时软件实现 Up Link 的冗余。

提示：菊花链式堆叠的层数一般不应超过四层，要求所有的堆叠组成员摆放的位置足够近（一般在同一个机架之上）。

2）星型堆叠。星型堆叠技术是一种高级堆叠技术，需要提供一个独立的或者集成的高速交换中心（堆叠中心 Matrix），所有的堆叠主机通过专用的高速堆叠端口上行到统一的堆叠中心，堆叠中心一般是一个专用的硬件交换单元，根据堆叠中心的交换容量，带宽一般在 10～32 G 之间。堆叠中心的交换容量将限制堆叠的层数。

星型堆叠模式适用于要求高效率、高密度端口的单节点 LAN。

提示：一般的堆叠电缆带宽都在 2～2.5 G 之间（双向），比通用 GE（千兆口）略高。高出的部分通常只用于成员管理，所以，有效数据带宽基本与 GE 类似。但由于涉及专用总线技术，电缆长度一般不能超过 2 m，在星型堆叠模式下，所有的交换机需要局限在一个机架之内。

(2) 堆叠的优点。交换机的堆叠是扩展端口最快捷、最便利的方式。优点主要包括以下几个方面：

1) 高密度端口。不同品牌的交换机支持堆叠的层数有所不同，一般情况下，最少可堆叠 2 层，而最多可堆叠至 8 层，因此，可在一个狭小的空间内为密集的计算机网络提供上百个端口。

2) 便于管理。一个叠堆的若干台交换机可视为一台交换机进行管理，只需赋予其 1 个 IP 地址，即可通过该 IP 地址对所有的交换机进行管理，从而大大减少了管理的强度和难度，极大地节约了管理成本。

3) 价格较机架式交换机更便宜。堆叠单元具有足以匹敌大型机架式交换机的端口密度和性能。机架式交换机一般属于部门以上级别的交换机，它有多个插槽，端口密度大，支持多种网络类型，扩展性较好，处理能力强，但价格昂贵。而堆叠投资却比机架式交换机便宜得多，实现起来也非常灵活。

3. 级联和堆叠的比较

(1) 级联是通过双绞线或光纤，将两台交换机连起来，增加端口数量。级联后两台交换机是上下级的关系。现在的交换机有千兆扩展能力，千兆级联性能也不错，但级联得越多，性能下降的就越多。

提示： 级联是通过端口进行的，一般在交换机的前面板上有专门的级联口，如果没有，也可以用普通端口来级联。

(2) 堆叠通常是为了扩充带宽用的。通常用专门的堆叠卡插在交换机的后面，用专门的堆叠电缆连接几台交换机，堆叠后这几台交换机相当于一台交换机。堆叠是采用交换机背板的叠加，使多个工作组交换机形成一个工作组堆，从而提供高密度的交换机端口。堆叠中的交换机就像一个交换机一样，配制一个 IP 地址即可。

(3) 级联是组建网络的基础，可以灵活利用各种拓扑、冗余技术，在层次太多的时候，需要进行精心的设计。对于级连层次很少的网络，级连方式可以提供最优性能。在需要大量端口的单节点 LAN，星型堆叠可以提供比较优秀的转发性能和方便的管理特性。

(4) 级联连接虽然相对容易，但堆叠技术有级联不可达到的优势。首先，多台交换机堆叠在一起，从逻辑上来说，它们属于同一个设备。这样，如果想对这几台交换机进行设置，只要连接到任何一台设备上，就可看到堆叠中的其他交换机。而级联的设备逻辑上是独立的，如果想要网管这些设备，必须依次连接到每个设备。其次，多个设备级联会产生级联瓶颈。

例如，两个百兆交换机通过一根双绞线级联，则它们的级联带宽是百兆。这样不同交换机之间的计算机要通信，都只能通过百兆带宽。而两个交换机通过堆叠连接在一起，堆叠线缆将能提供高于 1G 的背板带宽，极大地降低了瓶颈。

（5）传统的堆叠技术应用往往受限于地理位置，需要放置在同一个机架，在高密度端口应用时，会给布线带来困难。所以各大厂商纷纷积极支持分布式堆叠技术。目前，华为公司 Quidway S 系列以太网交换机产品、Cisco 系列以太网交换产品均提供集群管理模式。

在当前情况下，普通的级联模式是解决层次化网络的主要应用手段，星型堆叠模式是提供单节点端口扩展的简单管理模式。

五、交换机的连接与配置操作

1. 交换机级联操作步骤

交换机级联有两种形式，一种是一台交换机通过级联端口连接上一台交换机的普通口；另一种是两台交换机都通过普通端口级联。

（1）使用 Uplink 端口级联

步骤 1：找到交换机的 Uplink 端口，如图 4—13 所示。Uplink 端口专门用于与其他交换机连接的端口，此端口使得交换机之间的连接显得很直观。

图 4—13　Uplink 端口

步骤 2：制作直连线（如果有已制作好的直连线，则跳到步骤 3）。制作直连线方法已在前面介绍，这里不再赘述。

步骤 3：用直连线将一台交换机的 Uplink 端口与其他交换机普通端口连接，如图 4—14 所示。

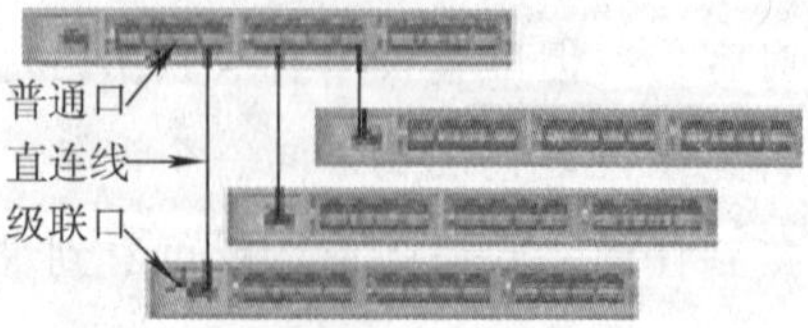

图 4—14　利用直连线通过 Uplink 端口级联交换机

提示：这种连接方式和计算机与交换机之间的连接完全相同。

(2) 使用普通端口级联

如果交换机没有提供专门的级联端口（Uplink 端口），那么，应使用交叉线进行连接。

步骤 1：制作交叉线。制作方法已在前面介绍，这里不再赘述。

步骤 2：使用交叉线，将两台交换机的普通端口连接在一起，如图 4—15 所示。

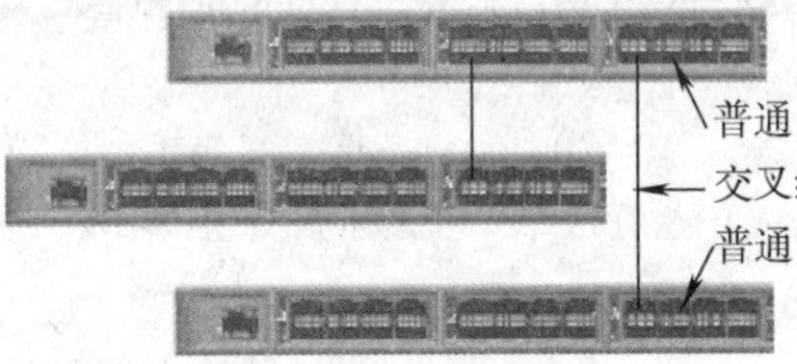

图 4—15 利用交叉线通过普通端口级联交换机

提示：

◆当使用普通端口连接交换机时，应使用交叉线而不是直连线。

◆现在的很多交换机的普通端口兼作 Uplink 端口，并自动识别两种类型。此时级联的方法既可以使用直连线，也可以使用交叉线，连接两台交换机的普通端口即可。

2. 交换机堆叠操作步骤

步骤 1：准备工作。交换机之间的堆叠过程，要先把电源线拔掉。分别使用旋具把两台交换机上的模块卸掉。模块上面有两个口，一个进口 up 向上线，一个出口 down 向下线，白色的是 up 口，黑色是 down 口。

步骤 2：插上电源。注意不要把两根线插错。

步骤 3：配置 IP 地址。把两台计算机分别连到两台交换机上面，为两台计算机分别配置 IP 地址。此时，两台计算机的 IP 地址要在同一个网段内，如 192.168.2.10 和 192.168.2.11。

步骤 4：进行 ping 试验。在 IP 地址为 192.168.2.10 的计算机上，单击“开始”→“运行”，在运行对话框中输入 ping 192.168.2.11 命令并按 Enter 键（ping 命令使用详见 4.2.2 节网络测试与评估），如图 4—16 所示。查看两台计算机能否 ping 通，能通即表示堆叠成功，不通则检查是否连接正确。

步骤 5：查看交换机端口。使用配置线，按照配置交换机的方法，打开交换机配置界面，在特权模式下，用 show interface 命令查看交换机的端口（这是交换机的配置命令，各种品牌不相同，此不详述），可以看到堆叠的传输速率为 1 GB。此

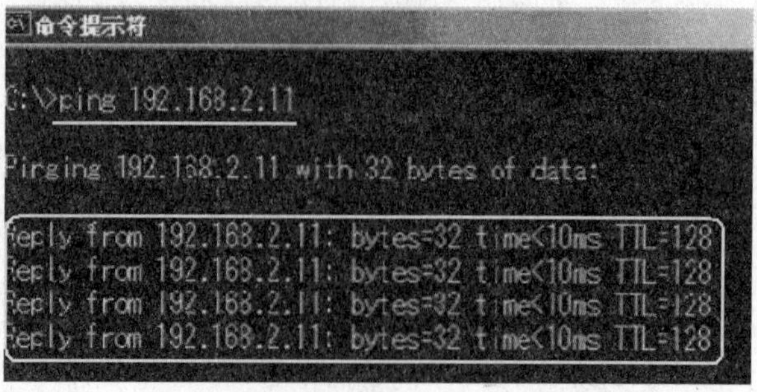

图 4—16　两台计算机进行 ping 试验

时，表示堆叠连接成功。

提示：使用堆叠就不要再使用级联，否则会产生环路。

3. 可网管交换机配置基本操作步骤

（1）访问交换机的方式

要对交换机进行配置，就首先需要访问交换机，可以通过以下三种方式访问交换机：

1）通过 Console 口配置。将交换机自带的 Console 连接线，与计算机的 COM 端口进行连接，建立本地配置环境。

2）通过 Telnet 程序远程访问，进行配置。

3）通过计算机与 Modem 进行连接，拨号搭建配置环境。

（2）交换机配置的操作方式

交换机配置时一般有两种操作方式：

1）命令方式。该方式是利用计算机的超级终端进行操作配置。由于命令方式操作简洁、功能强大，所以下面只介绍此方式。

2）图形界面方式。该方式是利用 Windows 操作系统的 IE 进行操作配置。

提示：如果是第一次设置，就必须采用第一种方式。

（3）利用“超级终端”对交换机进行配置

此方式最常用。使用此方式时，通常是采用 Windows 操作系统中自带的“超级终端”进行建立连接。本书以目前占市场份额较大的华为交换机为例，说明交换机的相关配置。详解过程解释如下：

步骤 1：用 Console 连接线配置线，将交换机 Console 口连接到计算机的串口。如图 4—17 所示。

步骤 2：启动超级终端程序。单击“开始”→“程序”→“附件”→“通讯”→“超级终端”程序，如图 4—18 所示。

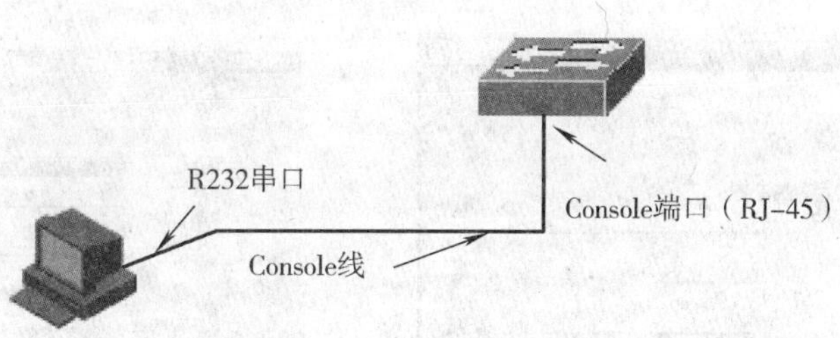

图 4—17　将交换机 Console 口连接到计算机的串口

图 4—18　启动超级终端

步骤 3：出现图 4—19，几秒钟后，进入“连接描述”界面，如图 4—20 所示。为新连接输入任意一个名称，本例中输入“aa”，并且在“图标”处选择一个图标，然后单击“确定”按钮。

图 4—19　过渡画面

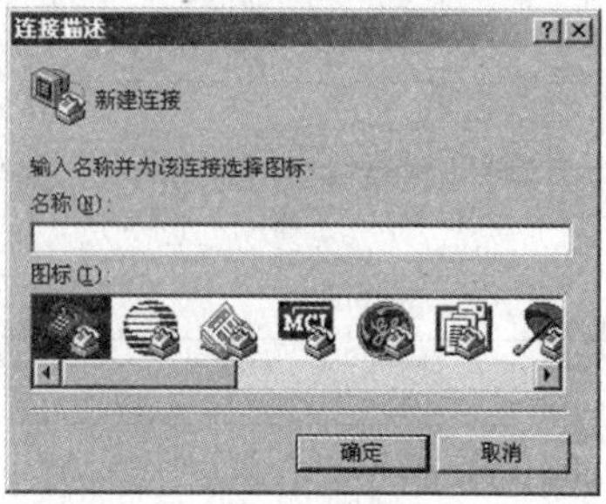

图 4—20　连接描述

步骤 4：进入图 4—21，此处选择值有三个：即 3ComImpact IQ、COM1、TCP/IP（Winsock）。选择哪一个值，应视具体连接情况而定。此时在“连接时使用”处选择“COM1”，因为配置线与计算机端连接的是串口，选择后单击“确定”按钮。

步骤 5：进入到“COM1”属性窗口，如图 4—22 所示，在该窗口中可以设置计算机和交换机进行通信的波特率（每秒位数）、数据位、奇偶校验、停止位等。在“每秒位数”处，选择华为设备要求的设定值 9600，其他值不用改动，然后单击“确定”按钮。

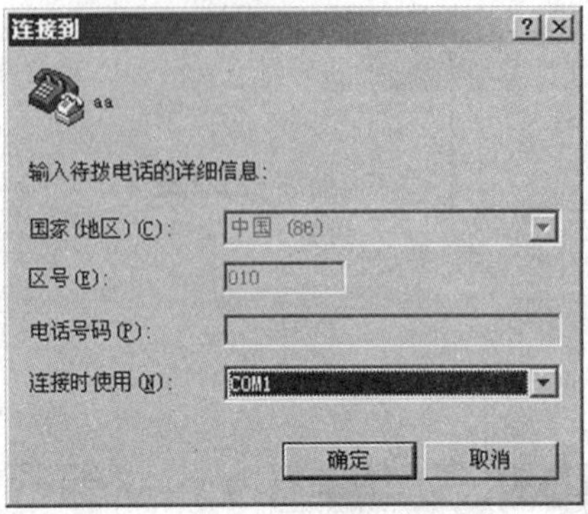

图 4—21　选择连接端口“COM1”

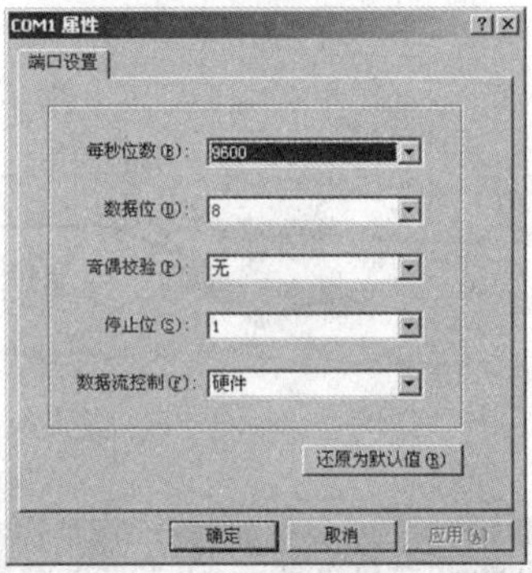

图 4—22　设置 COM1 的属性

步骤 6：进入“aa 超级终端”的窗口，如图 4—23 所示。其中的提示符“＜Quidway＞”是华为设备的标志。然后在此窗口处进行配置。有关配置内容详见华为配置手册。

图 4—23　进入超级终端窗口

步骤 7：对交换机进行基本配置。在进行交换机配置过程中，常用的命令见表 4—2。

表 4—2　　华为交换机的基本配置命令

命　令	描　述
system	进入系统试图
dis cur	显示当前配置
sysname	交换机命名
interface ethernet 0/1	进入接口视图
duplex {half | full | auto}	配置端口工作状态
speed {10 | 100 | auto}	配置端口工作速率
port link－type {trunk | access | hybrid}	设置端口工作模式
vlan 3	创建 VLAN
display version	查看 VRP 系统的版本号

提示：

◆计算机同交换机连接时，COM1、COM2 选择哪一个都可以，一般连接的是 COM1。

◆对交换机进行命令配置时，一定要注意交换机的视图方式（系统视图、用户试图等）。

◆第一次对交换机进行配置，应该选择通过 Console（控制台）方式进行配置。

4. 交换机连接应用实例

在一个局域网中，有 60 台计算机。画出拓扑图，写出该网络的配置情况。

步骤 1：分析

这 60 台机器是在一个机房内，则只需要直接连到交换机上。交换机选择 24 端口的，需要 3 个，品牌和型号根据资金情况进行选择。如果不需要划分 VLAN 和高级管理等操作，则只需要选用二层普通交换机即可，否则考虑选用二层可配置交换机。

步骤 2：交换机的连接

可以选择级联，如果交换机带有堆叠功能，则将交换机进行堆叠连接。拓扑结构如图 4—24 和图 4—25 所示。

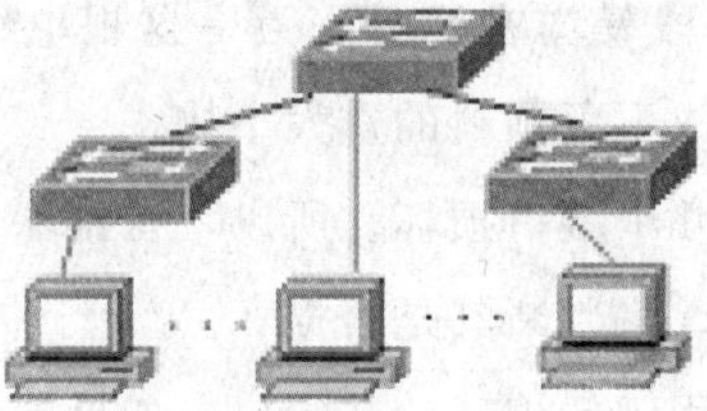

图 4—24　交换机级联连接

图 4—25　交换机堆叠连接

步骤 3：考虑其他情况

如果局域网是在办公楼中，计算机是分开放置的，由于距离要远一些，一般使用级联的方式。但是交换机的种类可能要更换为二层可配置的交换机，甚至中心交换机要换成三层交换机，也是根据实际需要而定。配置方法如前。

六、交换机常见故障的排除

1. 交换机故障的种类

交换机应用范围非常广泛，从低端到中端，从中端到高端，几乎涉及每个级别的产品，所以交换机发生故障的概率比路由器、硬件防火墙等要高很多。交换机故障一般分为硬件故障和软件故障两大类。

(1) 硬件故障

硬件故障主要指交换机电源、背板、模块、端口等部件的故障，可以细分为以下几类。

1）电源故障。由于外部供电不稳定、电源线路老化或者雷击等原因导致电源损坏或者风扇停止，从而不能正常工作。如果面板上的POWER指示灯是绿色的，就表示是正常的；如果该指示灯灭了，则说明交换机没有正常供电。

针对这类故障，首先应该做好外部电源的供应，一般通过引入独立的电力线来提供独立的电源，并添加稳压器来避免瞬间高压或低压现象。如果条件允许，可以使用UPS（不间断电源）来保证交换机的正常供电。在机房内设置专业的避雷措施，以避免雷电对交换机的伤害。

提示：由于电源缘故而导致机内其他部件损坏的事情经常发生。

2）端口故障。端口故障是最常见的硬件故障。无论是光纤端口还是双绞线的RJ－45端口，在插拔接头时一定要小心。如果不小心把光纤插头弄脏，可能导致光纤端口污染而不能正常通信。经常看到很多人喜欢带电插拔接头，理论上讲是可以的，但是这样也无意中增加了端口的故障发生率。在搬运中若不小心，也可能导致端口的物理损坏。如果购买的水晶头尺寸偏大，插入交换机时，也容易破坏端口。此外，如果接在端口上的双绞线有一段暴露在室外，万一这根电缆被雷电击中，就会导致所连交换机端口被击坏，造成不可预料的重大事故。

一般情况下，端口故障是某一个或者几个端口损坏。所以，在排除了端口所连计算机的故障后，可以通过更换所连端口，来判断其是否损坏。

遇到此类故障，可以在电源关闭后，用酒精棉球清洗端口。如果端口确实被损坏，那就只能更换端口。

3）模块故障。交换机由很多模块组成，如堆叠模块、管理模块（也叫控制模块）、扩展模块等。这些模块发生故障的概率很小，不过一旦出现问题，就会遭受巨大的经济损失。如果遇到插拔模块时不小心，或者搬运交换机时受到碰撞，或者电源不稳定等情况，都可能导致此类故障的发生。

当然，上面提到的这三个模块都有外部接口，比较容易辨认，有的还可以通过模块上的指示灯来辨别故障。例如：堆叠模块上有一个扁平的梯形端口，或者有的交换机上是一个类似于USB的接口。管理模块上有一个Console口，用于和网管计算机建立连接，方便管理。如果扩展模块是光纤连接的话，会有一对光纤接口。

在排除此类故障时，首先确保交换机及模块的电源正常供应，然后检查各个模块是否插在正确的位置上，最后检查连接模块的线缆是否正常。在连接管理模块时，还要考虑它是否采用规定的连接速率，是否有奇偶校验，是否有数据流控制等因素。连接扩展模块时，需要检查是否匹配通信模式，例如：使用全双工模式还是半双工模式。如果确认模块有故障，那就要通过联系供应商给以更换。

4）背板故障。交换机的各个模块都是接插在背板上的。如果环境潮湿，电路板受潮短路，或者元器件因高温、雷击等因素受损都会造成电路板不能正常工作。例如：散热性能不好或环境温度太高导致机内温度升高，就可使元器件烧坏。

在外部电源正常供电的情况下，如果交换机的各个内部模块都不能正常工作，那极可能是背板损坏，遇到这种情况，唯一的办法就是更换背板。

5）线缆故障。这类故障从理论上讲，不属于交换机本身的故障，但在实际使用中，电缆故障经常导致交换机系统或端口不能正常工作。例如，接头接插不紧，线缆制作时顺序排列错误或者不规范，线缆连接时应该用交叉线但却使用了直连线，光缆中的两根光纤交错连接，错误的线路连接导致网络环路等。

从上面的几种硬件故障来看，机房环境不佳极易导致各种硬件故障，所以在建设机房时，必须先做好防雷接地及供电电源、室内温度、室内湿度、防电磁干扰、防静电等环境的建设，为网络设备的正常工作提供良好的环境。

（2）软件故障

交换机的软件故障是指系统及其配置上的故障，它可以分为以下几类：

1）系统错误。交换机系统是硬件和软件的结合体。在交换机内部有一个可刷新的只读存储器，它保存这台交换机所必需的软件系统。系统错误和常见的Windows、Linux一样，由于当时设计的原因，存在一些漏洞，当条件合适时，会导致交换机满载、丢包、错包等情况的发生。所以交换机系统提供了诸如Web、TFTP等方式，进行下载并更新系统。当然在升级系统时，也有可能发生错误。

对于此类问题，要养成经常浏览设备厂商网站的习惯，如果有新的系统推出或者新的补丁，应及时更新。

2）配置不当。初学者对交换机不熟悉，或者由于各种交换机配置不一样，管理员往往在配置交换机时会出现配置错误。例如，VLAN划分不正确导致网络不通、端口被错误地关闭、交换机和网卡的模式配置不匹配等。此时，应先恢复出厂默认配置，然后再一步一步地配置。

3）密码丢失。这可能是每个计算机网络管理员都经历过的。一旦忘记密码，都可以通过一定的操作步骤，恢复或者重置系统密码。有的比较简单，在交换机上按下一个按钮就可以了。有的则比较复杂，需要通过一定的操作步骤才能解决。

4）外部因素。由于病毒或者黑客攻击等情况的存在，有可能某台主机向所连接的端口发送大量不符合封装规则的数据包，造成交换机处理器过分繁忙，致使数据包来不及转发，进而导致缓冲区溢出，产生丢包现象。还有一种情况就是广播风暴，一块网卡或者一个端口发生故障，都有可能引发广播风暴。由于交换机只能分割冲突域，而不能分割广播域（在没有划分VLAN的情况下），当广播包的数量占到通信总量的 30%时，网络的传输效率就会明显下降。

总的来说，软件故障比硬件故障较难查找，解决问题时，可能不需要花费过多的资金，但需要较多的时间。因此，在平时最好养成写工作日志的习惯。

2. 交换机故障排除的原则

（1）由远到近

由于交换机的一般故障（如：端口故障）都是通过所连接计算机而发现的，因此要从客户端开始，沿着客户端计算机→端口模块→水平线缆→跳线→交换机，这样一条路线，逐个检查，先排除远端故障。

（2）由外到内

如果交换机存在故障，可以先从外部的各种指示灯上辨别，然后根据故障指示，再来检查内部的相应部件是否存在问题。例如，POWERLED 为绿灯，表示电源供应正常，熄灭则表示没有电源供应；LINKLED 为黄色表示连接为 10 Mb/s，绿色则表示连接为 100 Mb/s，熄灭表示没有连接，闪烁表示端口被管理员手动关闭；RDP LED 表示冗余电源；MGMT LED 表示管理员模块。无论能否从外面看出故障所在，都必须登录交换机，以确定具体的故障位置，并采取相应的排障措施。

（3）由软到硬

检查时，总是先从系统配置或系统软件上着手进行排查。如果软件上不能解决问题，那就是硬件的问题。例如某端口不好用，可以先检查用户所连接的端口是否不在相应的 VLAN 中，或者该端口是否被其他的管理员关闭，或者配置上的其他原因。如果排除了系统和配置上的各种可能，则可以在硬件中查找故障所在。

（4）先易后难

在遇到故障分析较复杂时，必须先从简单操作或配置来着手排除。这样可以加快故障排除的速度，提高效率。

3. 交换机故障排除的方法

交换机的故障多种多样，不同的故障有不同的表现形式。故障分析时要通过各种现象灵活运用排除方法（如排除法、对比法、替换法），找出故障所在，并及时排除。

（1）排除法

排除法是依据所观察到的故障现象，尽可能全面地列举出所有可能发生的故障，然后逐个分析、排除。排除时要遵循“由简到繁”的原则，提高效率。使用这种方法可以应付各种各样的故障，但维护人员需要有较强的逻辑思维，应全面掌握交换机知识。

（2）对比法

对比法是利用现有的、相同型号的，且能够正常运行的交换机作为参考对象，与故障交换机之间进行对比，从而找出故障点。这种方法简单有效，尤其是系统配置上的故障，只要简单地对比就能找出配置的不同点。

（3）替换法

替换法是指使用正常的交换机部件来替换可能有故障的部件，从而找出故障点的方法。它主要用于硬件故障的诊断，但需要注意的是，替换的部件必须是相同品牌、相同型号的同类交换机。

交换机的故障多种多样，有的故障往往具有明确的方向性，一眼就能识别得出。所以需要网管人员在日常工作中积累经验，每处理好一个问题都记录下来。

4.1.3　路由器的使用与维护

学习目标

- 理解路由器的工作原理
- 掌握路由器的使用方法
- 掌握路由器常见的故障分析处理方法
- 能在局域网中使用路由器

路由器是一个工作在 OSI 参考模型的第三层，即网络层的网络设备，如图 4—26 所示。它的主要作用是为收到的报文寻找正确的路径，并把它们转发出去。换言之，路由器就是从一个网络向另一个网络传递数据包，将不同网络或网段之间的数据信息进行“翻译”，以使它们能够相互“读”懂对方的数据，从而构成一个更大的网络。

路由器一般都支持多协议，提供不同的物理接口，从而使不同厂家、不同规格的网络产品之间，以及不同协议之间可以进行有效的互联。在 Internet 中，就是用路由器将全球的各种网络连接在一起，而成为人类的最大的网络资源。

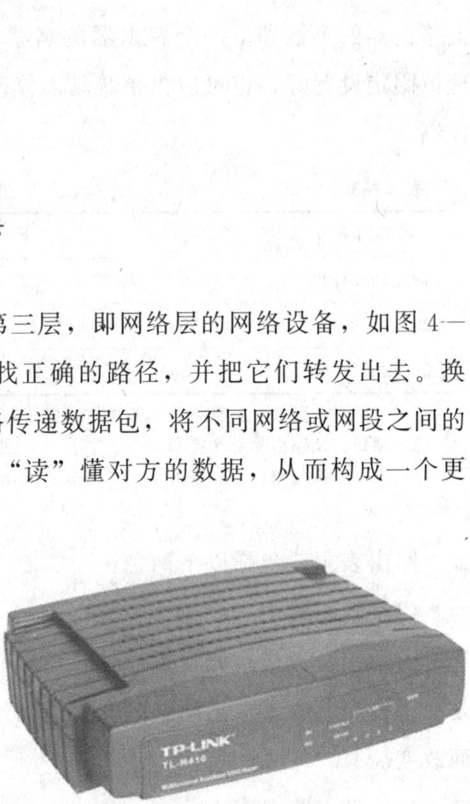

图 4—26　路由器

一、路由器的工作原理和工作过程

1. 路由器的工作原理

路由器识别不同网络，是通过识别不同网络的 ID 号进行的。所以，为了保证路由成功，每个网络都必须有一个唯一的网络编号。路由器要识别另一个网络，首先要识别的就是对方网络路由器 IP 地址的网络 ID，看是否与目的节点地址中的网络 ID 号相一致。如果一致，就向这个网络的路由器发送。接收网络的路由器在接收到源网络发来的报文后，根据报文中所包括的目的节点 IP 地址中的主机 ID 号来识别是发给哪一个节点的，然后再直接发送。

路由器的主要工作就是为经过路由器的每个数据帧寻找一条最佳传输路径，并将该数据有效地传送到目的站点。由此可见，选择最佳路径的策略，即路由算法是路由器的关键所在。为了完成这项工作，在路由器中保存着各种传输路径的相关数据——路由表（Routing Table），供路由选择时使用。

路由表就像地图一样，标志着各种路线。路由表中保存着子网的标志信息、网上路由器的个数和下一个路由器的名字等内容，见表 4—3。路由表可以由系统管理员固定设置好，也可以由系统动态修改；可以由路由器自动调整，也可以由主机控制。

表 4—3　　路由表

目的网络	端口	下一跳地址	类型	距离
192.168.1.1	E0	无	Direct	0
202.19.30.5	S2	无	Direct	0
222.3.179.9	S3	202.19.30.6	RIP	1

注：(1) 下一跳地址：数据应该被发送到的下一个路由器。

(2) 端口：从路由器那个接口转发。

(3) 类型：说明路由是如何产生的。Direct 表示是直接与路由器相连，RIP 表示距离矢量协议（路由的一种算法）。

路由表主要包括以下两种：

(1) 静态路由表

由系统管理员事先设置好固定的路由表，称之为静态（Static）路由表，一般是在系统安装时就根据网络的配置情况预先设定的，它不会随未来网络结构的改变而改变。

(2) 动态路由表

动态（Dynamic）路由表是路由器根据网络系统的运行情况而自动调整的路由

表。路由器根据路由选择协议（Routing Protocol）提供的功能，自动学习和记忆网络运行情况，需要时自动计算数据传输的最佳路径。

路由器通常依靠所建立及维护的路由表来决定如何转发。路由表能力是指路由表内所容纳路由表项数量的极限。由于路由器通常拥有数十万条路由表项，所以该项目也是路由器能力的重要体现。

下面举例说明路由表是如何工作的。例如，在图 4—27 所示的网络环境中，路由器 A 的端口配置为：以太口 E0 的 IP 为 1.1.1.1，广域网口 S2 的 IP 为 2.2.2.1，计算机 1 的 IP 为 1.1.1.2；路由器 B 的端口配置为：以太口 E0 的 IP 为 3.3.3.1，广域网口 S2 的 IP 为 2.2.2.2，计算机 1 的 IP 为 3.3.3.2。要求计算机 1 要向计算机 2 发送数据。

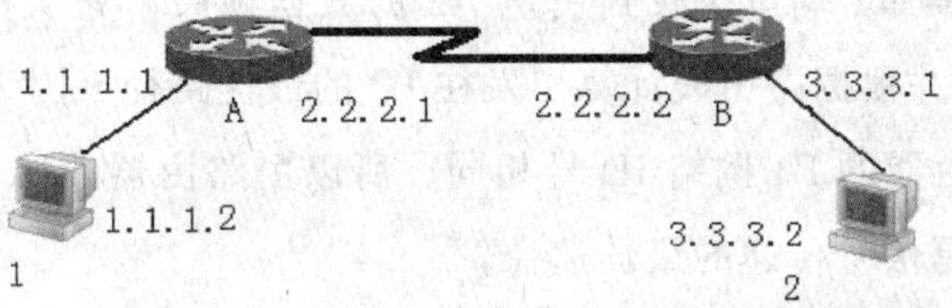

图 4—27　路由的过程

提示：路由器的每一端口都必须配置一个明确、唯一的 IP 地址。且每一端口有一个唯一的地址，并且每个地址必须在它所连接的网络或子网内。

数据途经的路由器，首先要查看数据中的目的 IP 地址。在本例中，计算机 1 所发的数据要到达 3.3.3.2，需要先到达 3.3.3.1。从表 4—4 路由表中，可以看出，到 3.3.3.1 的路径是经过 2.2.2.2 路由器到达。如果目的网络直接连接在路由器上，那么路由器 A 将知道该如何传递数据信息。

表 4—4　　路由器 A 的路由表内容

目的网络	端口	下一跳地址	类型
1.1.1.1	E0	无	Direct
2.2.2.1	S2	无	Direct
3.3.3.1	S2	2.2.2.2	RIP

2. 路由器的工作过程

下面举例说明路由器是如何将数据包传递到目标地址的工作过程：假设一个路由器同时连接 2 个网络，如图 4—28 所示，网络 A、网络 B 中有许多机器，A2 是网络 A 中的一台计算机，B2 是网络 B 中的一台计算机。

现在网络 A 中 A2 要向网络 B 中的 B2 发送一条信息，数据传递的步骤如下：

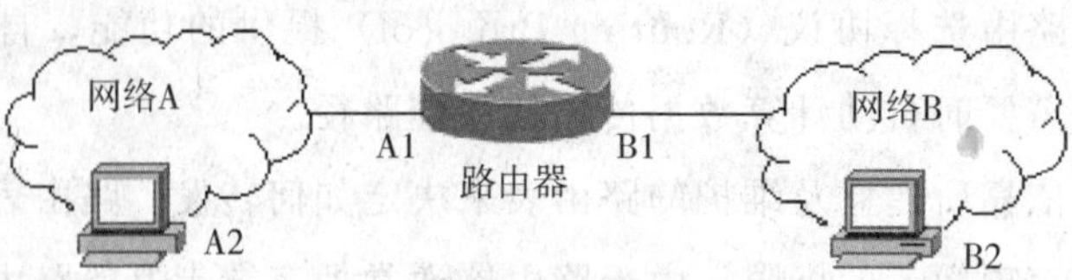

图 4—28　路由器连接多个网段或网络

步骤 1：A2 将目的用户 B2 的地址，连同数据信息以数据帧的形式，通过集线器或交换机以广播的形式发送给同一网络中的所有节点，当路由器 A1 端口侦听到这个地址后，分析得知所发目的节点不是网络 A 的，需要路由转发，就把数据帧接收下来。

步骤 2：路由器 A1 端口接收到用户 A2 的数据帧后，先从报头中取出目的用户 B2 的 IP 地址，并根据路由表计算出发往 B2 的最佳路径。因为从分析得知到 B2 的网络 ID 号与路由器的 B1 网络 ID 号相同，所以由路由器的 A1 端口直接发向路由器的 B1 端口应是信号传递的最佳途径。

步骤 3：路由器 B1 端口再次取出目的用户 B2 的 IP 地址，找出 B2 的 IP 地址中的主机 ID 号，如在网络中有交换机则可先发给交换机，由交换机根据 MAC 地址表找出具体的网络节点位置；如果没有交换机设备，则根据其 IP 地址中的主机 ID 直接把数据帧发送给用户 B2，这样一个完整的数据通信转发过程就完成了。

二、路由器的安装与配置

1. 路由器的硬件安装

路由器的硬件安装很容易实现，可以参照用户手册上的图示进行硬件的连接，不过在开始组建网络时，一定要确认各种设备的电源是否已经关闭。一切都准备好后，就可按下面步骤进行硬件的组装。

步骤 1：将网线连接到局域网中的交换机上，网线的另一端连接到路由器后面板中的 LAN 接口。

提示：路由器后面板的局域网端口可随意供客户机使用，没有顺序要求。

步骤 2：将交换机的各端口与下一级的设备相连。

步骤 3：连接各项设备的电源。

2. 路由器配置前的准备工作

在进行路由器的配置之前，用户还需要先做一些准备工作。例如，明确路由器要连接的网段支持的协议、各网段的类型和地址、网关地址等。然后在各网段中，将所有计算机的 IP 地址配好（包括不同的网关地址），互相 ping 通。

本例中，计算机 A 的 IP 地址要配置为 192.168.10.59，计算机 B 的 IP 地址要配置为 192.168.10.60，网关地址为 192.168.10.1，则操作步骤如下：

步骤 1：配置计算机 A 的 IP 地址

在计算机桌面上，用右键单击"网上邻居"，选择"属性"选项，在弹出的窗口中双击"本地连接"图标，在新窗口中单击"属性"按钮，选中"Internet 协议（TCP/IP）"选项，单击"属性"按钮，如图 4—29 所示。

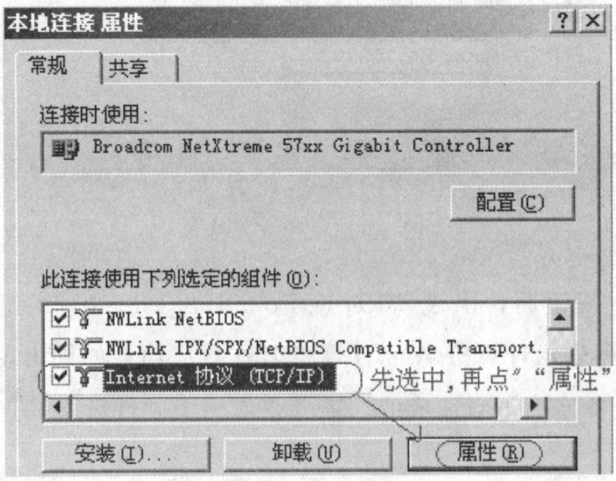

图 4—29　本地连接属性

在弹出的窗口中，勾选"使用下面的 IP 地址"，在"IP 地址"后面的文本框输入 192.168.10.X（X 范围 2～254）；"子网掩码"后面输入 255.255.255.0，"默认网关"后面则输入 192.168.10.1，然后单击"确定"按钮，如图 4—30 所示。

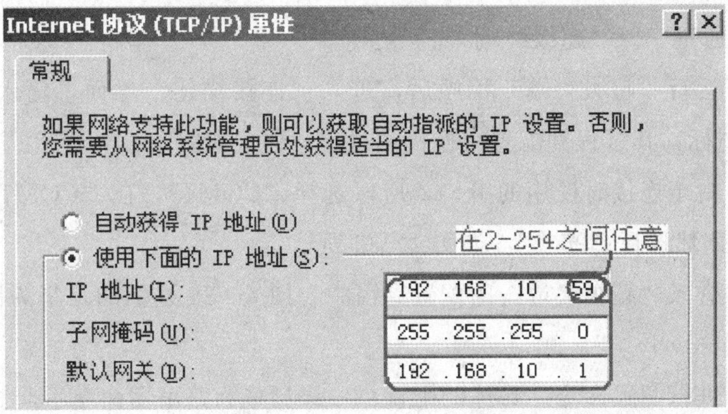

图 4—30　选择 IP 地址

步骤 2：配置计算机 B 的 IP 地址

和前面配置计算机 A 的 IP 地址方法相同。

步骤 3：检查各计算机之间通信情况

在计算机 A 桌面上，单击“开始”按钮，选择“运行”选项，在“打开”右边的文本框中，输入 Ping 192.168.10.60 命令后（计算机 B 的 IP 地址），单击“确定”按钮，如图 4—31 所示。

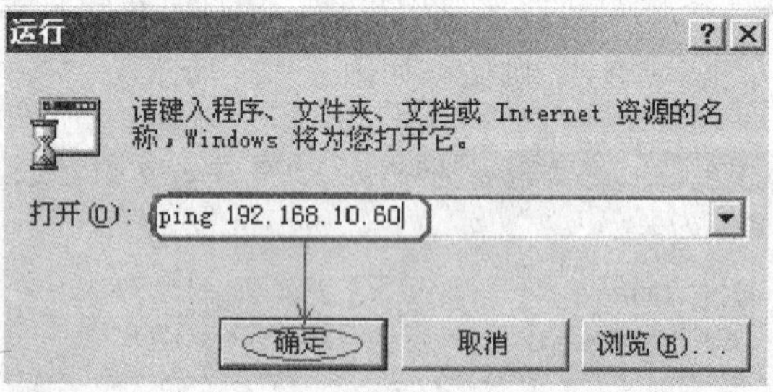

图 4—31　检查连接

单击“确定”按钮后，出现“Reply from 192.168.10.60：byte＝32 time＜1ms TTL＝64”，则表示计算机 A 和计算机 B 连接成功；如果出现其他的信息，有可能是由于硬件设备连接不当造成的，需要查看一下硬件设备的连接情况，视具体情况进行判断。

3. 路由器的配置

步骤 1：建立路由器和计算机的连接。将 RJ－45 一端接在路由器的 Console 端口上，另一端 9 针（或 25 针）接口接在计算机的串行口上（和交换机基本类似）。

步骤 2：运行“超级终端”程序。在计算机桌面上单击“开始”→“程序”→“附件”→“通讯”→“超级终端”。

步骤 3：运行“超级终端”程序后，进入“连接描述”界面，输入连接名称，并选择连接图标，其过程和配置交换机的过程一样，如图 4—32 所示。

步骤 4：由于连接时使用的串口，所以选择“COM1”，在“COM1 属性”中，“每秒位数”依然选择“9600”，如图 4—33 所示。

步骤 5：进入“超级终端”的配置界面中，图 4—34 显示的是华为路由器配置的标志“＜Quidway＞”。

步骤 6：进行配置命令。具体的配置命令详见华为路由器命令手册。

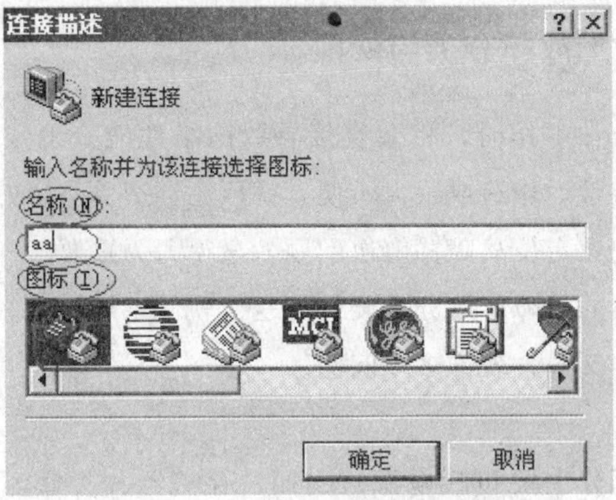

图 4—32　选择名称和图标

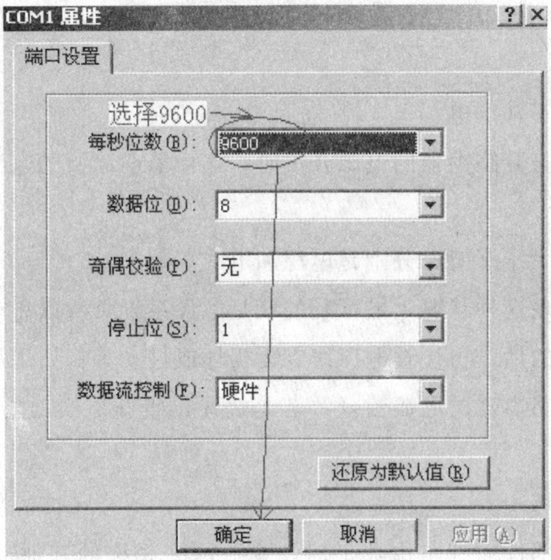

图 4—33　配置 COM1 的属性

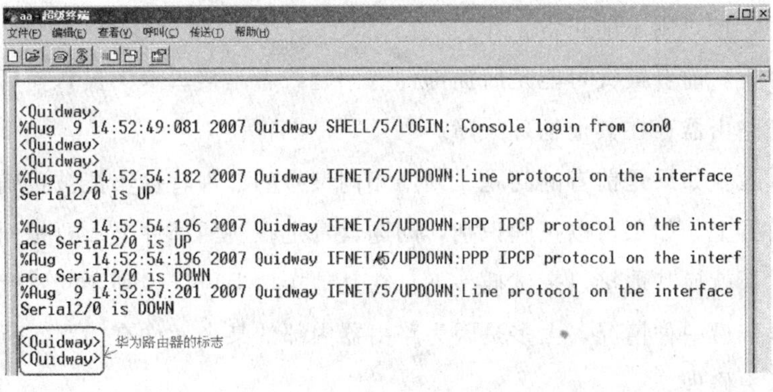

图 4—34　进入配置窗口

三、路由器常见故障分类与处理

当路由器不能正常工作时，将会直接导致网络性能变差或者是发生中断等问题，这会对公司的日常运作造成很大不便，甚至还会遭受一定的损失。所以当路由器出现故障时能够快速定位故障并解决问题，显得尤为重要。

一般来说路由器的故障可以分为硬件问题、软件系统问题、错误的配置等三大类，其中每一大类中又包含着许多小问题。

1. 硬件问题

路由器的硬件部分主要包括电源、CPU、存储器、接口、传输媒介（电缆）、CSU/DSU、供应商的媒介、模块等。如果所购买的路由器质量可靠，出现硬件问题的概率是比较低的。很多硬件故障，只能送去修理。常出现的硬件故障主要有以下三种情况。

（1）系统不能正常加电

故障现象：当打开路由器的电源开关时，路由器前面板的电源灯不亮，风扇也不转动。

故障分析：最大嫌疑对象分别是电源和电缆。

故障排除：出现这种状况，最可疑的就是电源系统，所以首先应该检查电源系统；如果供电正常的话，再检查电源线有无损坏或松动等；如果故障还未排除，接下来要检查的就是路由器的电源熔丝，若是烧了，重新更换；要是情况仍无好转，须找厂家修理。

（2）零部件损坏

故障现象：把部件插到路由器上时，企业网络系统的其他部分都可以正常工作，但却不能正确识别所插上去的部件；或者所插部件可以被正确识别，但在正确配置完之后，接口则不能正常工作。

故障分析：前者最大可能是所插部件有问题或者是接口卡失灵，而后者的问题大多是由于路由器存在其他物理故障。

故障排除：如果是前者的问题，则用相同型号的部件替换不能被正确识别的部件插到路由器上，如果可以正确识别，问题就肯定在所插部件上；要是同样也不能识别的话，那就换其他接口来试插一下，在其他接口上可以识别，问题就在之前的接口上。至于后一种情况，大多是因为路由器内部的某个元件有问题，所以解决方法也只能送去修理。

（3）路由器散热不良或是设备不兼容

故障现象：刚上网一切正常，但是一段时间之后，网速开始下降，甚至频频掉线。

故障分析：有可能是路由器本身的性能差，稳定性不好，也可能是路由器或者 ADSL Modem、光纤接入器等设备温度过高而造成网络中断，还有可能是路由器的型号与 ISP（网络供应商）的局端设备不兼容，不过最大可能是由于路由器的配置不当而引起的。

故障排除：当出现网速下降现象时，用手感觉路由器等网络接入设备的表面温度，如果感觉烫手，就说明频繁掉线的原因是硬件设备问题，最好考虑更换一个新设备，上网就会正常，也可以把路由器等放在散热条件比较好的地方，情况会有所好转。要是设备温度方面没有异常，就很有可能是路由器和 ISP 的局端设备不兼容，要是因为设备不兼容而掉线的话，解决办法就只有换用其他型号的路由器。

2. 软件系统问题

随着新产品的不断出现以及企业对互联网、局域网带宽需求的增加，企业宽带路由器的软件系统也在不断地发展，因为不同版本的软件系统支持不同的特征集，而且不同的路由器其软件系统也有所不同，当软件提供跟用户所需要的功能和性能不一致时，就会出现一系列的故障。

（1）企业宽带路由器的部分功能无法实现

故障现象：路由器配置完全正确，但是有些功能却不能实现。

故障分析：如果确保路由器配置正确，那么问题应该在路由器的软件系统上。

故障排除：升级软件系统。因为路由器的系统软件有许多版本，每个版本支持的功能都有所不同。

（2）无法进行系统软件升级

故障现象：在对系统软件进行升级时不能完成升级程序，总是进行到某一阶段时就被迫中止。

故障分析：这种情况多半是 NVRAM（一种电可擦写的存储器，通常用来存放系统软件）容量不足所导致的。

故障排除：既然是所要升级的软件内容超过了 NVRAM 的容量，那自然就是要对 NVRAM 进行升级，这样不但可以扩充 NVRAM 的容量，也可以对里面的数据进行更新。

3. 配置问题

因为配置有误而造成路由器产生故障这是最常见的问题，就是指因为路由器的设置不当而导致网络不能正常运行。例如，线路两端路由器的参数不匹配或参数错误，或路由掩码设置错误等。有关配置错误是非常复杂的问题，故障来源于多方面，典型的路由器配置文件可以分为以下几部分：管理员部分（路由器名称、口令、服务、日志）；端口部分（地址、封装、带宽、度量值开销、认证）；路由协议部分（IGRP/EIGRP、OSPF、RIP、BGP）；流量管理部分（访问控制列表、团体）；路由原则部分（路由映射）；带宽之外的接入部分（主控台、远程登录、拨号）等，企业宽带路由器的配置问题大多来自于以上文件的配置中。具体设置方法和内容根据不同厂家的产品有所不同。

4.2 网络管理与测试评估

4.2.1 网络管理

学习目标

- 理解网络管理的概念
- 掌握 Windows 2000 中网络管理功能的具体使用方法
- 了解常用网络管理软件的特点及使用

一、网络管理概述

1. 网络管理的基本内容

随着网络应用和规模的不断增加，网络所提供的服务也越来越多，网络故障也频频出现，网络管理工作将越来越繁重。网络设备众多，配置管理非常复杂；如果不了解网络运行状况，系统就可能出现瓶颈，影响网络工作效率；当系统出现故障后，就不能及时发现、诊断，网络安全受到威胁；以及 ISP 需要控制访问，通过流量和时间对用户计费等。要处理上述情况，首先要掌握硬件设备的使用方法，还要学会使用工具软件排除故障，满足用户需求。这就是网络管理的基本内容。

计算机网络管理就是为保证网络系统能够持续、稳定、安全、可靠和高效地运行，利用多种工具、应用程序和设备来帮助完成计算机网络监控和维护的一种服务工作。

2. 网络管理的范围

（1）从网络系统的角度考虑，包括硬件管理和软件管理。

（2）从网络资源的角度考虑，包括被管理节点、代理、网络管理工作站和网络管理协议。

（3）从网络维护的角度考虑，包括网络建设、网络维护和网络服务。

3. 网络管理的任务

（1）性能管理（Performance Management）

性能管理估价系统资源的运行状况及通信效率等系统性能。其能力包括监视和分析被管理网络及其所提供服务的性能机制。性能分析的结果可能会触发某个诊断测试过程或重新配置网络以维持网络的性能。性能管理收集分析有关被管网络当前状况的数据信息，并维持和分析性能日志。

性能报表报告是性能管理的核心，报表内容要求有效，并能够对系统性能调整起到指导作用。网络应在使用最少的网络资源和具有最小通信费用的前提下，可提供持续、可靠的通信能力，并使网络资源的使用达到最优化的程度。一些高端的网络性能管理软件还具有自动分析预测功能，可以自行学习和分析网络性能的历史和现状，预测将来可能出现的性能问题。

（2）配置管理（Configuration Anagement）

同样的硬件设备，如果不能有效配置，运行效率可能会很低。配置管理就是要了解各设备的系统参数、状态等信息，常见功能包括收集和传播有关资源当前状态的数据，本地发生的改变或由于没有预计到的事件而引起的变化，通过标准化的协议通知给管理工具等。

配置管理是一组对辨别、定义、控制和监视组成一个通信网络的对象所必要的相关功能，目的是为了实现某个特定功能或使网络性能达到最优。包括：设置开放系统中有关路由操作的参数、被管对象和被管对象组名字的管理、初始化或关闭被管对象、根据要求收集系统当前状态的有关信息、获取系统重要变化的信息、更改系统的配置。

（3）计费管理（Accounting Management）

当计算机网络系统中的信息资源是有偿使用的情况下，需要能够记录和统计哪些用户利用哪条通信线路传输了多少信息，以及所做的工作是什么等。包括：使用事件报告以及数据操作软件通知用户有关费用；允许对被管理资源的使用设置计费限制；当使用多种资源实现所需通信时，可以将各种费用综合在一起。网络计费在某些网络环境下是必需的。在非商业化的网络上，仍然需要统计各条线路工作的忙闲情况和不同资源的利用情况，以供决策参考，使网络系统管理者能够为通信资源提供访问保护。

计费管理记录网络资源的使用，目的是控制和监测网络操作的费用和代价。它对一些公共商业网络尤为重要。它可以估算出用户使用网络资源可能需要的费用和代价，以及已经使用的资源。计算机网络管理员还可规定用户可使用的最大费用，从而控制用户过多占用和使用网络资源。这也从另一方面提高了网络的效率。另外，当用户为了一个通信目的需要使用多个网络中的资源时，计费管理应可计算总计费用。

（4）安全管理（Security Management）

安全问题不仅关系着一个企业的核心竞争力，甚至和一个国家的国防息息相关。主要内容包括：结合使用用户认证、访问控制、数据传输、存储的保密与完整性机制，保障网络管理系统本身的安全；维护系统日志，使系统的使用和网络对象的修改有据可查；控制资源访问。现在网络安全管理已成为网络管理人员必备的素质。

安全管理是对网络资源及其重要信息访问的约束和控制，包括验证网络用户的访问权限和优先级、检测和记录未授权用户企图进行的不应有的操作。

（5）故障管理（Fault Management）

当发生故障时，需要相关技术上的支持，才能具体地确定故障所在的准确位置。所以故障管理的核心是对采集到的故障信息进行处理。一种处理方式是网络管理软件在网络拓扑界面表示该故障。另一种处理方式是通过后台处理引擎对故障报警事件进行过滤、翻译、分类、关联、报警，同时通过列表的形式显示，以便从海量报警事件中寻找真正的故障信息，及时自动通知管理人员。

当网络中某个组成失效时，网络管理器必须迅速查找到故障并及时排除。通常不太可能迅速隔离某个故障，因为网络故障的产生原因往往比较复杂，特别是当故障是由多个网络组成共同引起的。在此情况下，一般先将网络修复，然后再分析网络故障的原因。分析故障原因对于防止类似故障的再发生相当重要。网络故障管理包括故障检测、隔离和纠正三方面，应包括以下几种典型功能：维护并检查错误日志、接受错误检测报告并做出响应、跟踪、辨认错误、执行诊断测试、纠正错误。

对网络故障的检测依据对网络组成部件状态的监测。不严重的简单故障通常被记录在错误日志中，并不做特别处理；严重一些的故障则需要通知网络管理器，即所谓的“警报”。一般网络管理器应根据有关信息对警报进行处理，排除故障。当故障比较复杂时，网络管理器应能执行一些诊断测试来辨别故障原因。

4. 计算机网络管理员所需的知识结构

（1）硬件方面，包括硬件的安装和硬件的维护。

（2）软件方面，包括网络操作系统的选择、目录和文件系统的管理、网络用户的管理、应用软件的维护与网络管理软件的安装、运行和维护五个方面。

二、Windows 2000 Server 中的网络管理功能

在 Windows 2000 Server 中，有许多功能都可以实现一定的网络管理的内容，其中包括事件查看器、本地安全策略、网络监视器等许多功能。打开方式都是单击“开始”→“程序”→“管理工具”，然后找到相应的功能。下面简单介绍其中的一些功能。

1. 事件查看器

在事件查看器中使用事件日志，可收集到关于硬件、软件和系统问题的信息，并可监视 Windows 2000 的安全事件。

（1）记录事件的方式

1）应用程序日志。应用程序日志包含由应用程序或系统程序记录的事件。例如，数据库程序可在应用日志中记录文件错误。程序开发员决定记录哪一个事件。

2）系统日志。系统日志包含 Windows 2000 的系统组件记录的事件。例如，在启动过程将加载的驱动程序或其他系统组件的失败记录在系统日志中。Windows 2000 预先确定由系统组件记录的事件类型。

3）安全日志。安全日志可以记录安全事件，如有效的和无效的登录尝试，以及与创建、打开或删除文件等资源使用相关联的事件。管理器可以指定在安全日志中记录什么事件。例如，如果已启用登录审核，登录系统的尝试将记录在安全日志里。

（2）事件查看器显示事件的类型

1）错误。重要的问题，如数据丢失或功能丧失。例如，如果在启动过程中某个服务加载失败，这个错误将会被记录下来。

2）警告。并不是非常重要，但有可能说明将来的潜在问题的事件。例如，当磁盘空间不足时，将会记录警告。

3）信息。描述了应用程序、驱动程序或服务的成功操作的事件。例如，当网络驱动程序加载成功时，将会记录一个信息事件。

4）成功审核。成功的审核安全访问尝试。例如，用户试图登录系统成功，会被作为成功审核事件记录下来。

5）失败审核。失败的审核安全登录尝试。例如，如果用户试图访问网络驱动器并失败了，则该尝试将会作为失败审核事件记录下来。

启动 Windows 2000 时，EventLog 服务会自动启动。所有用户都可以查看应用程序和系统日志。只有管理员才能访问安全日志。

（3）事件查看器的常用操作

“事件查看器”窗口如图 4—35 所示。左边的窗口为控制台树，右边窗口显示记录的事件。单击左边的“系统日志”，右边窗口中显示系统日志中的信息。

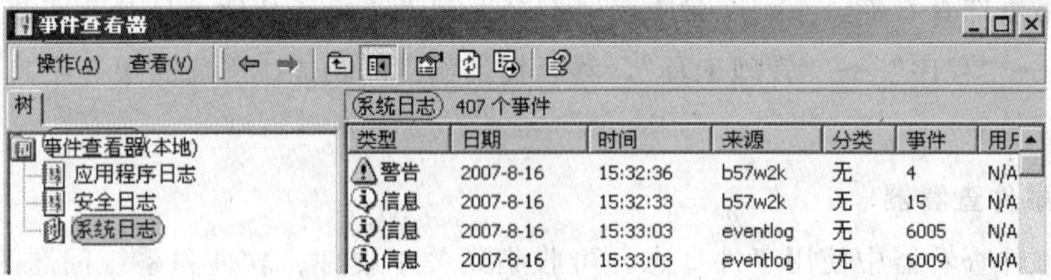

图 4—35 “事件查看器”窗口

1）查看事件的详细信息。在控制台树中，单击要查看的日志。在详细信息窗格中，单击要查看的事件。在“操作”菜单上，单击“属性”，如图 4—36 所示。

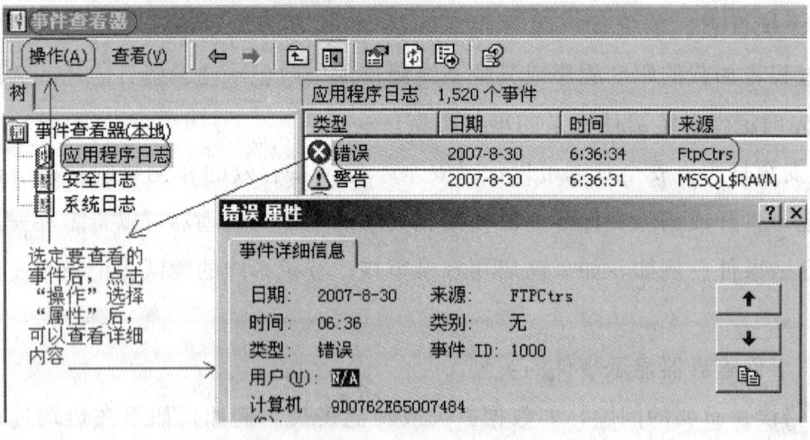

图 4—36 查看事件的详细信息

2）刷新事件日志。在控制台树中，单击要刷新的日志。在“操作”菜单上，单击“刷新”，如图 4—37 所示。

3）保存、打开和清除事件。在控制台树中选择一种日志类型，通过菜单“操作”→“另存日志文件”可以打开日志保存对话框，将事件日志保存起来。日志可以保存为事件日志格式（.evt）、文本文件（.txt）或 CSV（.csv）三种格式。如

图 4—38 所示。

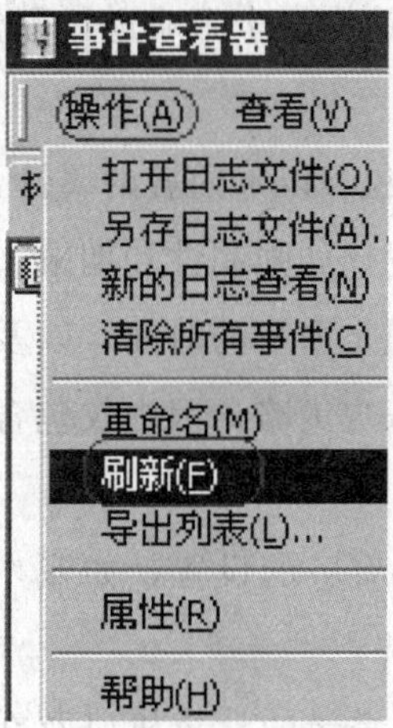

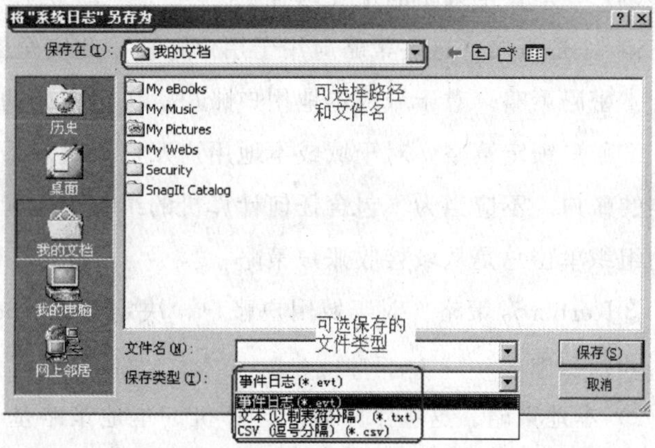

图 4—37　刷新　　　　图 4—38　另存为的类型

4）设置日志属性。选择一种日志类型，通过菜单“操作”→“属性”打开属性设置对话框，如图 4—39 所示。可以设置日志文件的大小以及日志达到最大值时的处理方法，如清除以前的事件、等待手工清除等。

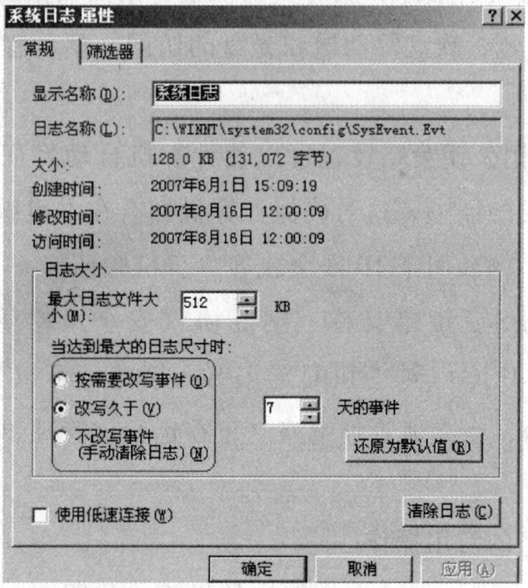

图 4—39　日志属性

5）查看其他计算机的事件日志。在控制台树中选择“事件查看器（本地）”，再使用菜单“操作”“连接到另一台计算机”，可选择网络中的另外一台计算机，查看其事件日志。

2. 本地安全策略

“本地安全策略”是一个简易的安全设置向导，可以对许多安全策略进行配置。

（1）本地安全策略的主要内容

1）账户策略。这些策略应用于用户账户。此安全区域包含以下内容的属性：

①密码策略。对于域或本地用户账户，决定密码的设置，如强制性和期限。

②账户锁定策略。对于域或本地用户账户，决定系统锁定账户的时间，以及锁定谁的账户。不应当为不包含任何计算机的组织单位配置账户策略，因为仅包含用户的组织单位总是从域接收账户策略。

③Kerberos 策略。对于域用户账户，决定与 Kerberos 有关的设置，如账户有效期和强制性。

2）本地策略。这些策略属于计算机。本地策略基于已登录的计算机以及在此特殊的计算机上的权限。此安全区域包含下列内容的属性：

①审核策略。决定记录在计算机（成功的尝试、失败的尝试或两者）的“安全”日志上的安全事件（“安全”日志是事件查看器的一部分）。

②用户权利分配。决定在计算机上有登录或任务特权的用户或组。

③安全选项。启用或禁用计算机的安全设置，例如数据的数字信号、Administrator 和 Guest 的账户名、软盘驱动器和光盘的访问、驱动程序的安装以及登录提示。

3）公钥策略。使用公钥策略设置可以使计算机自动将证书请求提交到企业证书颁发机构并安装颁发的证书。这对确保计算机拥有在本组织中执行公钥加密操作所需的证书非常有用，例如用于 IP 安全或客户身份验证。

4）IPSec 策略。IPSec 策略又称“网际协议安全策略管理”，用于通过 Microsoft 管理控制台（MMC）创建和配置 IPSec 策略。可以集中管理策略（针对 Active Directory 客户）、在本地管理策略（正在运行该管理单元的计算机）或远程管理计算机或域策略。

（2）本地安全策略的常用操作

1）编辑安全策略。进入本地安全策略的界面，如图 4—40 所示。在控制台目录树中，双击安全策略（例如账户策略），双击要编辑的安全区域（例如密码策略）。在“详细信息”窗格中，双击要编辑的安全配置设置。然后根据具体内容进行设定，例如双击“密码长度最小值”，如图 4—41 所示。

2）设置公钥策略。在这里可以设定证书颁发机构等信息，如图 4—42 所示。由于此处涉及“域”等系统知识，故不详述。

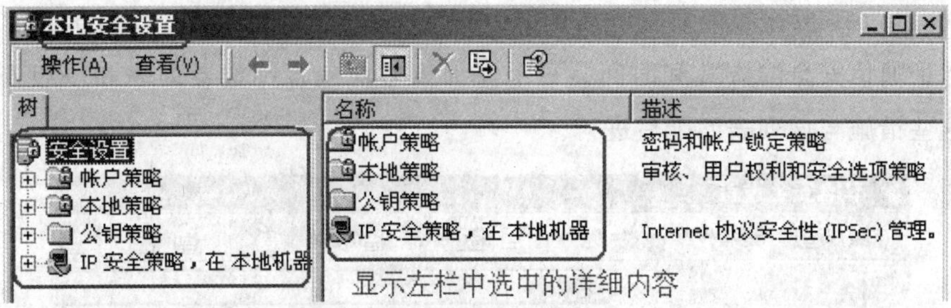

图 4—40　本地安全设置

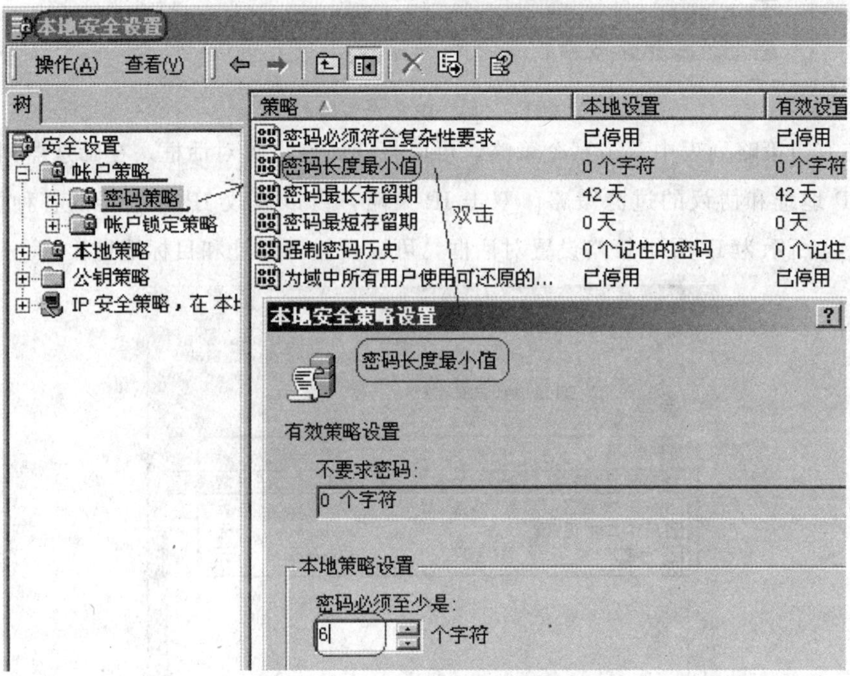

图 4—41　编辑安全策略

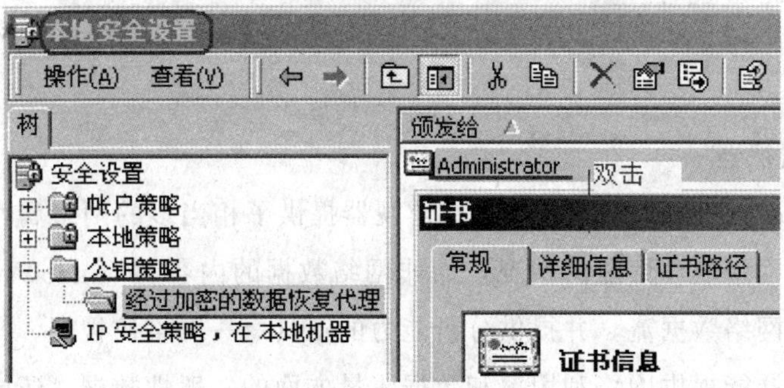

图 4—42　公钥策略

3）启动IP安全策略管理。启动IP安全策略管理，如图4—43所示。IP策略控制保证通信安全的方式和时间。每个详细策略均包含筛选器列表和一组安全措施，这些措施与该列表匹配后进行。

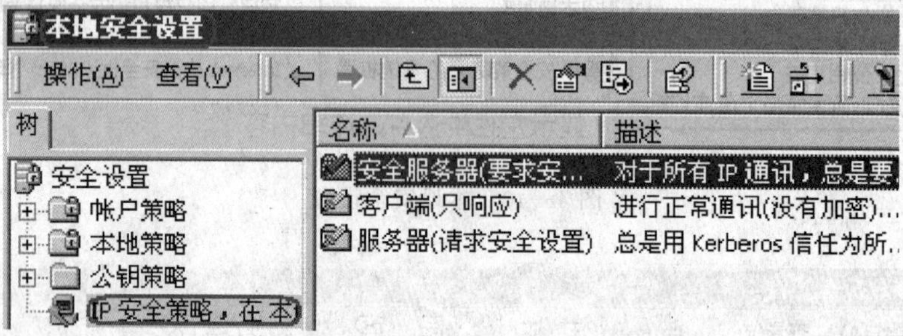

图 4—43　IP安全策略

在右边策略列表中双击某个策略，可以打开属性设置对话框。在筛选器列表中列出IP地址和协议的过滤策略。双击IP策略，可以修改IP筛选器的各种操作。图4—44所示为IP寻址策略设置对话框，可以设置源地址和目标地址。

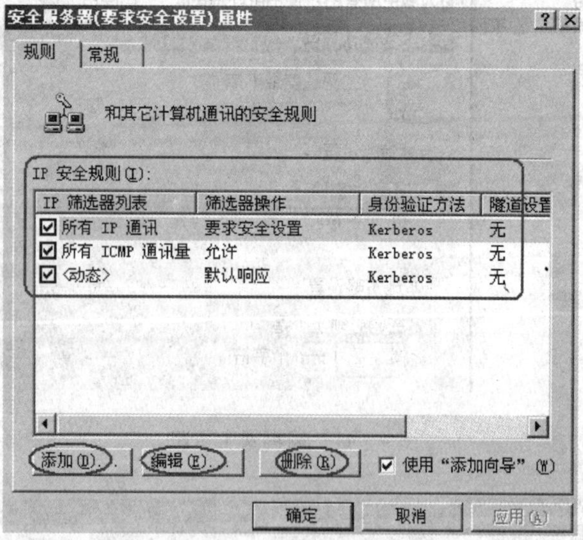

图 4—44　属性窗口

3. 网络监视器

尽管Windows 2000 Server的系统监视器提供了相当多的网络属性计数器，但它们都偏重于网络物理性能的情况，而非网络数据的内容。Windows 2000提供了专门用于采集网络数据流，并提供分析能力的工具——网络监视器。

网络监视器能提供网络利用率和数据流量方面的一般性数据，还能够从网络中捕获数据帧，并能够筛选、解释、分析这些数据的来源、内容等信息。计算机网络管理员可以使用网络监视器检测和解决在本地计算机上可能遇到的网络问题。

（1）捕获帧数据

打开网络监视器，使用菜单“捕获”→“开始”，可启动网络监视器捕获功能。网络监视器的缺省显示模式分为三块窗格，如图 4—45 所示。左上侧窗格显示网络利用率和每秒帧数等有关网络物理特性的信息。右侧窗格显示网络监视器的统计信息。下部窗格提供了针对每台网络主机的监视结果。

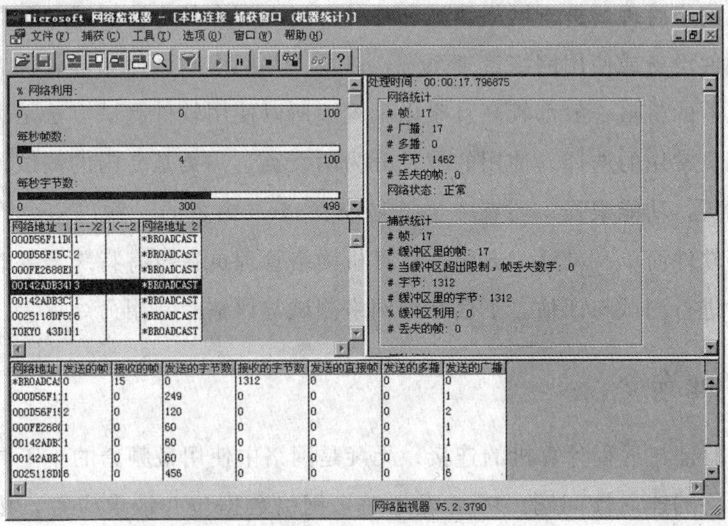

图 4—45　“网络监视器”窗口

（2）捕获筛选

网络监视器还提供了程序，主要的筛选方式是主机地址，双击捕获筛选中的地址范围，即可指定捕获特殊主机之间的数据包。

（3）显示已捕获的数据

网络监视器对在捕获过程中收集到的原始数据进行解释，并将其显示在捕获窗口内。若要在捕获窗口内显示已捕获信息，应在捕获程序运行时单击捕获菜单上的停止并查看按钮。通过打开一个有 .cap 扩展名的文件同样可以显示捕获窗口。

如果捕获程序已处于停止状态，单击工具栏上的眼镜图标或按 F12 键，可以在捕获窗口内查看数据。

4.2.2 网络测试与评估

学习目标

➢ 掌握在网络测试与评估中常用的命令

计算机网络管理员进行网络测试和评估可以选用多种方法。通常可以使用网络分析仪等硬件设备或使用网络管理系统，以及一些网络测试命令等软件方法。由于硬件测试仪器的价格一般都较高且难以配置，所以使用软件测试方法是大多数计算机网络管理员常用的选择。使用的软件分为两大类，一类是专门的测试评估软件工具，需要购买，功能很强；还有一类就是 Windows 内置的一些以命令形式出现的软件，这些软件简单、灵活、方便，计算机网络管理员在没有特殊需要时，往往使用此类软件进行测试与评估。下面介绍网络测试与评估的常用命令。

一、Ping 命令

Ping（验证与远程计算机的连接）无疑是网络中使用最频繁的小工具，它主要用于确定网络的连通性问题。Ping 发送一个网络数据包并请求应答，接收到请求的目的主机发回相同的数据，于是 Ping 便可对每个包的发送和接收时间进行报告，并报告无响应包的百分比，这对确定网络是否正确连接，以及网络连接的状况（包丢失率）十分有用。Ping 是 Windows 操作系统集成的 TCP/IP 应用程序之一，可以在“开始”→“运行”中直接执行。

Ping 命令的格式为：

Ping 主机名、域名或 IP 地址

例如，Ping 192.168.203.1 的计算机的连通性，如图 4—46 所示。结果为连接正常。

(1) Ping 命令的基本应用

1) Ping 本地（即执行操作的计算机）地址或 127.0.0.1。Ping 本地（即执行操作的计算机）地址或 127.0.0.1，可以确认该计算机是否正确安装了网卡。如果测试不成功，应当在控制面板的“系统”属性中查看网卡前方是否有一个黄色的“!”。如果有，删除该网卡，并重新正确安装。如果没有，继续向下检查。

该计算机是否正确安装了 TCP/IP 协议。如果测试不成功，应当在控制面板的“网络”属性中查看是否安装了 TCP/IP 协议。如果没有安装，安装 TCP/IP 协议

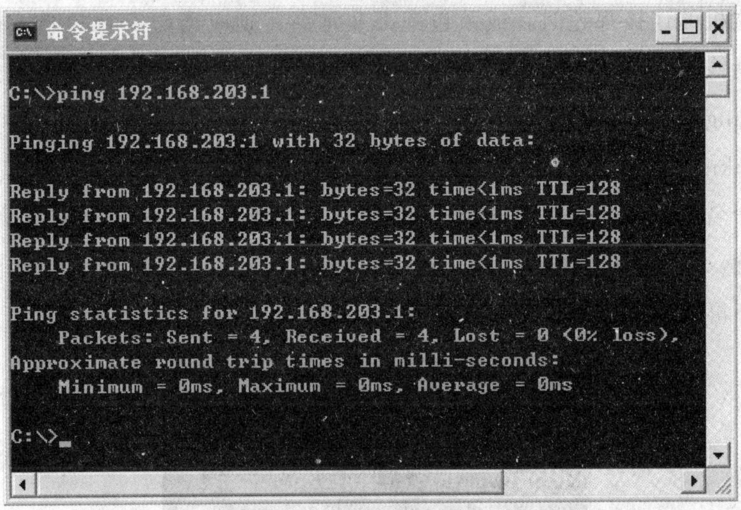

图 4—46　Ping IP 地址

并正确配置后，重新启动计算机并再次测试。如果已经安装，继续向下检查。

该计算机是否正确配置了 IP 地址和子网掩码。如果测试不成功，应当在控制面板的“网络属性”中查看地址和子网掩码是否设置正确。如果设置不正确，重新设置后，重新启动计算机并再次测试。

2）Ping 相同 VLAN 中其他计算机的地址。Ping 相同 VLAN 中其他计算机的地址，可以确认 IP 地址、子网掩码的设置是否正确。如果测试不成功，解决方法同上。如果设置正确，继续向下检查。

Ping 相同 VLAN 中其他计算机的地址，还可以确认网络连接是否正常。如果测试不成功，应当对网络设备和通信介质逐段测试，检查并排除。

3）Ping Internet 中远程主机的地址。Ping Internet 中远程主机的地址，可以确认网关的设置是否正确。如果测试不成功，应当在控制面板的“网络”属性中查看默认网关设置是否正确。如果设置不正确，重新设置后，重新启动计算机并再次测试。如果设置正确，继续向下检查。

Ping Internet 中远程主机的地址，还可以确认域名服务器设置是否正常。如果使用域名测试不成功，应当在控制面板的“网络”属性中查看域名服务器（DNS）设置是否正确。如果设置正确，继续向下检查。

Ping Internet 中远程主机的地址，还可以确认路由器的配置是否正确。如果该计算机被加入到禁止出站访问的 IP 控制列表中，那么，该用户将无法访问 Internet。

Ping Internet 中远程主机的地址，还可以确认 Internet 连接是否正常。如果到任何一个主机的连接都超时，或丢包率都非常高，则应当与 ISP 共同检查 Internet 连接，包括线路、MODEM 和路由器设置等诸多方面。

（2）Ping 命令常见的出错信息

1）Unknown host（不认识主机）。这种出错信息的意思是，该远程主机的名字不能被命名服务器转换成 IP 地址。故障原因可能是命名服务器有故障，或者是名字不正确，或者是计算机网络管理员的系统与远程主机之间的通信线路有故障。这种情况下屏幕将会显示如图 4—47 所示的信息。

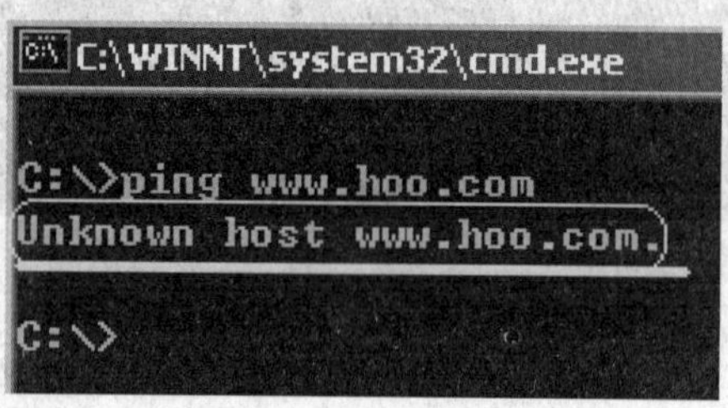

图 4—47　不认识主机

2）Destination host unreachable（网络不能到达）。如图 4—48 所示，这是本地系统没有到达远程系统的路由，可用 netstat－r n 检查路由表，来确定路由配置情况。

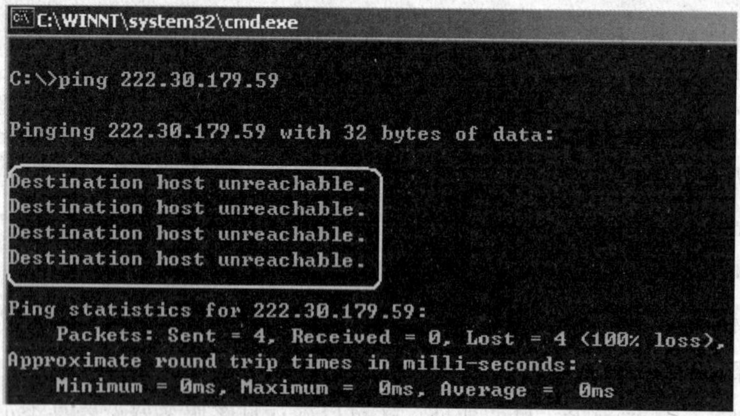

图 4—48　不能到达

3）NO answer（无响应）。远程系统没有响应。这种故障说明本地系统有一条到达远程主机的路由，但却接受不到它发给该远程主机的任何分组报文。故障原因可能是下列之一：远程主机没有工作，本地或远程主机网络配置不正确；本地或远程的路由器没有工作；通信线路有故障；远程主机存在路由选择问题。

4）timed out（超时）。与远程主机的连接超时，数据包全部丢失。故障原因可能是到路由器的连接问题或路由器不能通过，也可能是远程主机已经死机。此时，屏幕会显示如图 4—49 所示的信息。

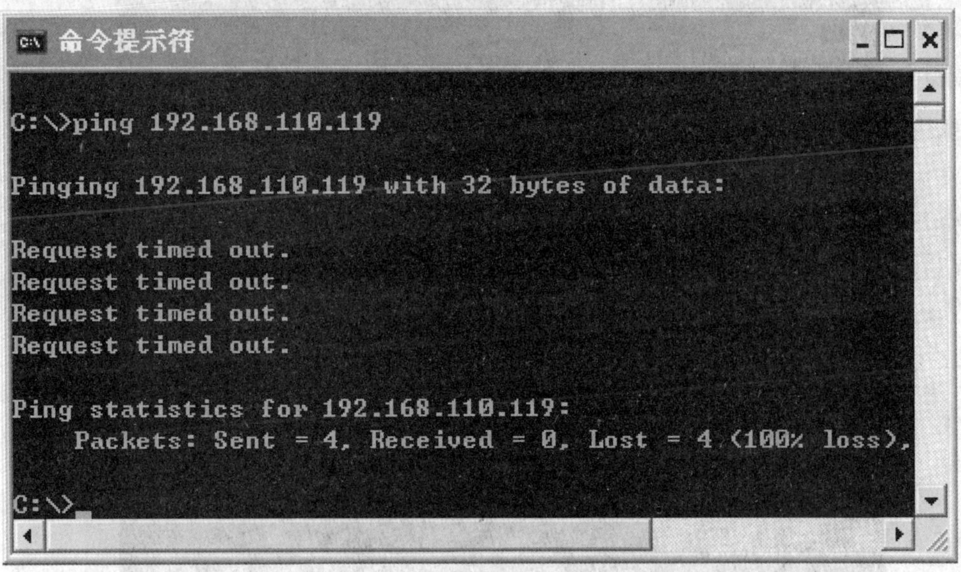

图 4—49　Ping 命令超时

二、Tracert 命令

Tracert（确定到达目标 IP 地址的路由）可以查看获取的网络数据、所经过的路径并指明哪个路由器花费的时间。该诊断实用程序将包含不同生存时间（TTL）值的 Internet 控制消息协议（ICMP），回显数据包发送到目标，以决定到达目标采用的路由。在转发数据包上的 TTL 之前至少递减 1，需经过路径上的每个路由器，所以 TTL 是有效的跃点计数。数据包上的 TTL 到达 0 时，路由器应该将“ICMP 已超时”的消息发送回源系统。Tracert 先发送 TTL 为 1 的回显数据包，并在随后的每次发送过程将 TTL 递增 1，直到目标响应或 TTL 达到最大值，从而确定路由。路由通过检查中级路由器发送回的“ICMP 已超时”的消息来确定路由。不过，有些路由器下传包含过期 TTL 值的数据包，而 Tracert 看不到。例如，进行路由跟踪的命令运行结果如图 4—50 所示。

以上信息显示出所经每一站路由器的反应时间、站点名称、IP 地址等重要信息，从中可判断哪个路由器最影响网络访问速度。Tracert 最多可以显示 30 个“跃程（hops)”。

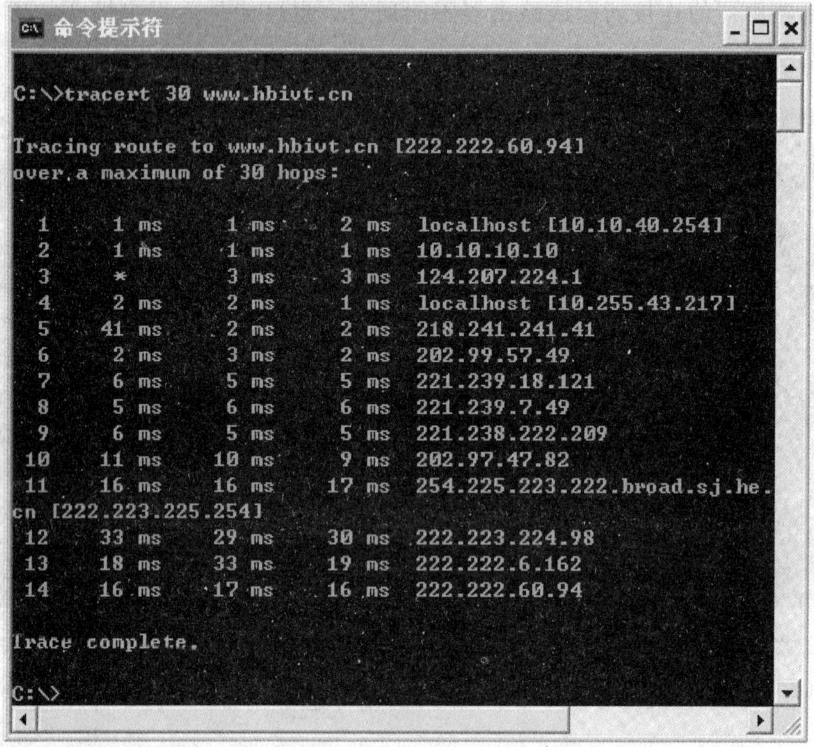

图 4—50　Tracert 命令的使用

三、Ipconfig 命令

Ipconfig（显示主机 TCP/IP 协议的配置信息）命令可以检查网络接口配置。如果用户系统不能到达远程主机，而同一系统的其他主机可以到达，那么用该命令对这种故障的判断很有必要。当主机系统能到达远程主机但不能到达本地子网中的其他主机时，则表示子网掩码设置有问题，进行修改后故障便不会再出现。键入"Ipconfig /?"可获得 Ipconfig 的使用帮助，查看具体的参数，如图 4—51 所示。

例如，查看本地 IP 配置属性可用"Ipconfig/all"，该命令可获得本地 IP 配置的所有属性，如图 4—52 所示。

窗口中显示了主机名、DNS 服务器、节点类型以及主机的相关信息，如网卡类型、MAC 地址、IP 地址、子网掩码以及默认网关等。其中网络适配器的 MAC 地址在检测网络错误时非常有用。

配置不正确的 IP 地址或子网掩码是接口配置的常见故障。其中配置不正确的 IP 地址有两种情况：

（1）网号部分不正确

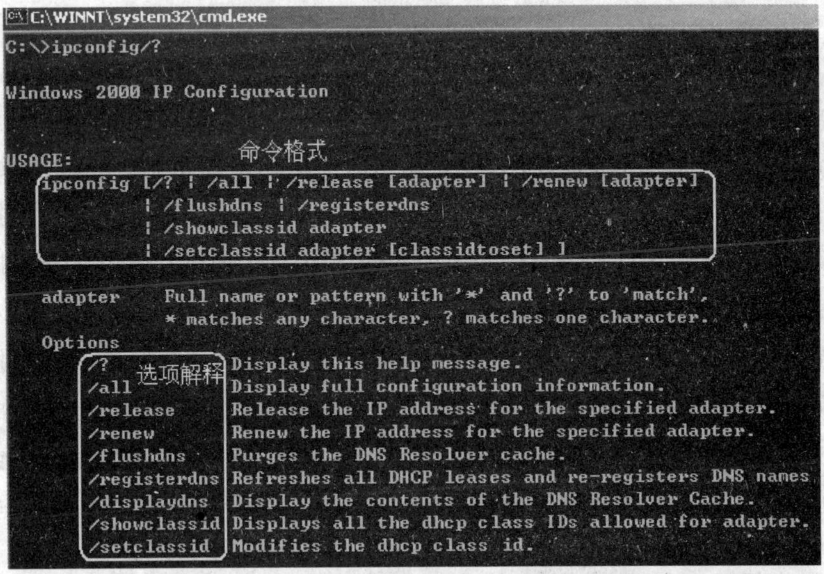

图 4—51　Ipconfig 命令参数

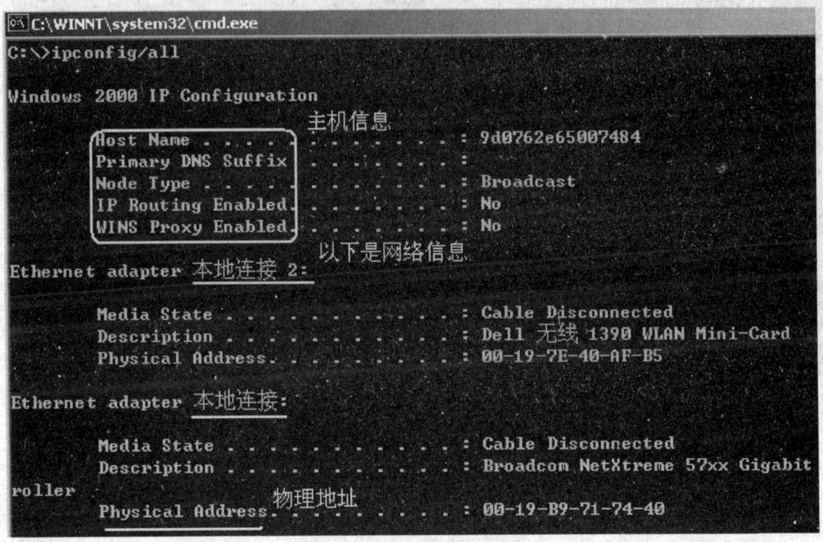

图 4—52　Ipconfig/all 命令的使用

此时执行每一条 Ipconfig 命令都会显示“no answer”，执行该命令后错误的 IP 地址就能被发现，修改即可。

(2) 主机部分不正确

如与另一主机配置的地址相同而引起冲突。这种故障是当两台主机同时工作时才会出现的间歇性的通信问题。建议更换 IP 地址中的主机号部分，问题即能排除。

四、PathPing 命令

PathPing 显示路由器和数据包的丢失程度，该路由跟踪命令结合了 ping 和 tracert 命令的功能，可提供这两个命令都无法提供的附加信息。经过一段时间，pathping 命令将数据包发送到最终目标位置途中经过的每个路由器，然后根据从每个跃点返回的数据包统计结果。因为 pathping 显示指定的所有路由器和链接的数据包的丢失程度，所以用户可据此确定引起网络问题的路由器或链接。

需要注意的是，pathping 可用于确定路径上的路由器。然后，该命令根据指定的时间间隔定期探测（ping）这些路由器，并根据每个路由器的返回数值生成统计结果。为了避免网络拥堵，应将间隔设置得稍长一些。而且要尽可能地消除突发包丢失所造成的影响，并不要频繁发送探测（ping）信号。另外，其参数 T 与 R 区分大小写，必须大写。pathping 结果输出如图 4—53 所示。

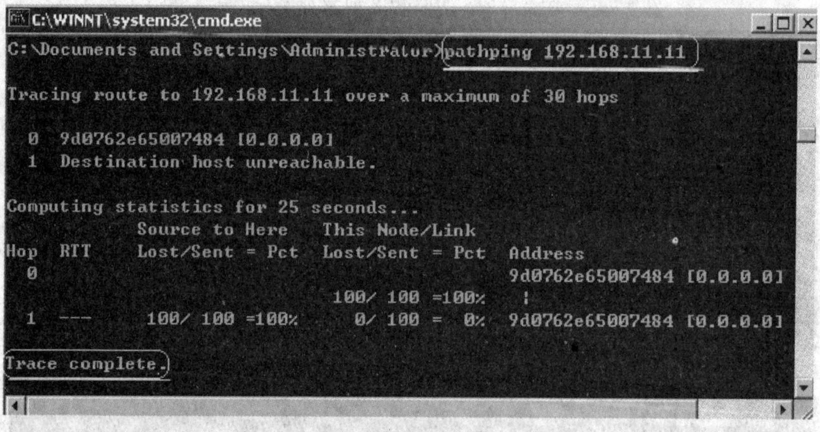

图 4—53　pathping 命令

五、Route 命令

Route（控制网络路由表）命令只有在安装了 TCP/IP 协议后才可以使用。同样可以用 route/? 来了解该命令的详细使用情况。

例如，根据用 route/? 命令查到的使用方法，在本地机上键入“Route print”。根据如图 4—54 所示信息可知本机的网关、子网类型、广播地址、环回测试地址等。当然也可以按需要增加或删除路由信息。

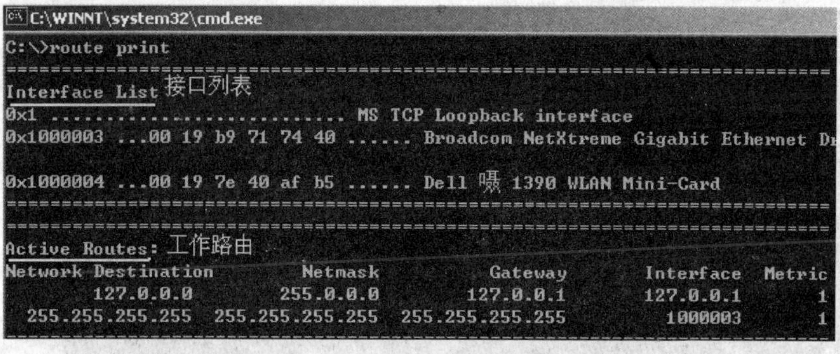

图 4—54　Route print 命令的使用

六、Netstat 命令

Netstat（验证各端口的网络连接情况）程序有助于了解网络的整体使用情况。它可以显示当前正在活动的网络连接的详细信息，包括网络连接、路由表和网络接口信息，得知目前共有哪些网络连接正在运行。用 Netstat/？命令可查看该命令的使用格式以及详细的参数说明。根据查看的结果，使用 netstat - a 后，如图 4—55 所示。

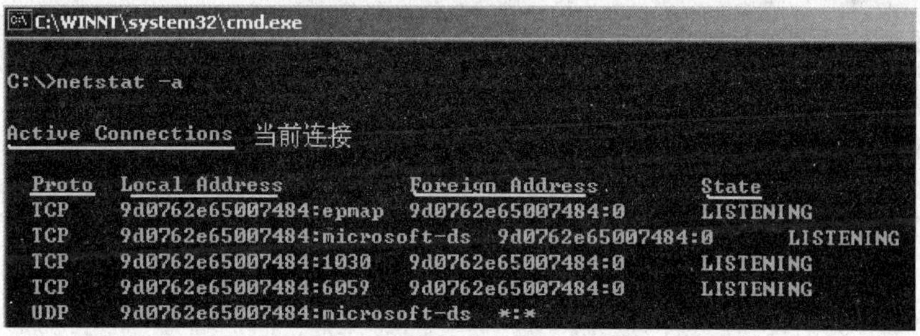

图 4—55　Netstat - a 命令的使用

例如，在本地机上键入“Netstat－e”，可以显示以太网的状态，如图 4—56 所示。若接收错和发送错接近为零或全为零，网络的接口无问题。但当这两个字段有 100 个以上的出错分组时就可以认为是高出错率。高的发送错表示本地网络饱和或在主机与网络之间有不良的物理连接；高的接收错表示整体网络饱和、本地主机过载或物理连接有问题，可以用 Ping 命令统计误码率，进一步确定故障的程度。

其他网络命令还有 NET、ARP、NBTSTAT、FTP、TELNET、FINGER 等。

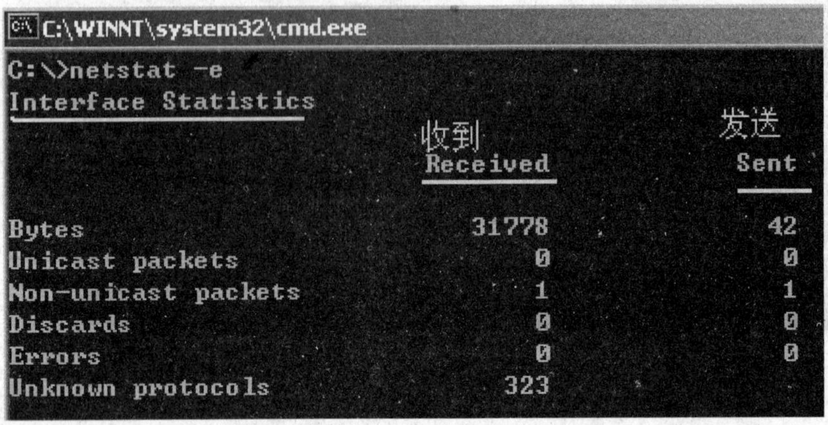

图 4—56　Netstat－e 命令的使用

本章思考题

1. 传统以太网和交换式以太网的区别是什么？

2. 列举局域网中常用的互联设备。

3. 交换机与集线器的最主要区别是什么？交换机有哪些种类？交换机的主要故障有哪些？如何进行级联和堆叠？

4. 如何使用事件管理器？

5. 如何进行网络测试与评估？

第5章

软件系统运行维护

5.1 网络管理软件的识别与选用

学习目标

➢ 掌握网络管理软件基本概念

➢ 了解网络管理软件的分类和特点

➢ 能选用网络管理软件

网络管理的需求决定网络管理系统的组成和规模，任何网络管理系统无论其规模大小，都是由支持网管协议的网络管理软件平台、网管支撑软件、网管工作平台和支撑网管协议的网络设备组成。其中网络管理软件平台提供网络系统的配置、故障、性能及网络用户分布方面的基本管理，也就是说，网络管理的各种功能最终会体现在网络管理软件的各种功能的实现上，软件是网络管理系统的“灵魂”，是网络管理系统的核心。

一、网络管理软件的分类

网络管理系统开发商针对不同的管理内容开发相应的管理软件，形成了多个网络管理方面。目前主要的几个发展方面如下：

1. **网管系统**（NMS）

网管系统主要是针对网络设备进行监测、配置和故障诊断。主要功能有自动拓扑发现、远程配置、性能参数监测、故障诊断。网管系统主要由两类公司开发，一类是通用软件供应商，另一类是各设备厂商。

2. 应用性能管理（APM）

应用性能管理是一个比较新的网络管理方向，主要是指对企业的关键业务应用进行监测、优化，提高企业应用的可靠性和质量，保证用户得到良好的服务，降低IT总拥有成本（TCO）。一个企业的关键业务应用的性能强大，可以提高竞争力，并取得商业成功，因此，加强应用性能管理（APM）可以产生巨大的商业利益。

3. 桌面管理系统（DMI）

桌面管理环境由最终用户的计算机组成，这些计算机运行Windows、MAC等系统。桌面管理是对计算机及其组件管理，内容比较多，目前主要关注在资产管理、软件派送和远程控制。桌面管理系统通过以上功能，一方面减少了网管人员的劳动强度，另一方面增加了系统维护的准确性、及时性。这类系统通常分为管理端和客户端两部分。

4. 员工行为管理（EAM）

员工行为管理包括员工网上行为管理（EIM）和员工桌面行为监测两部分。它一般在Internet应用层、网络层对信息控制，对数据根据EIM数据库进行过滤；定制因特网访问策略，根据用户、团组、部门、工作站或网络设置不同的因特网访问策略。

5. 安全管理

网络安全管理指保障合法用户对资源安全访问，防止并杜绝黑客蓄意攻击和破坏。它包括授权设施、访问控制、加密及密钥管理、认证和安全日志记录等功能。

二、网络管理软件的特点

1. 从基本的框架体系方面，网络管理软件需要提供一种通用的、开放的、可扩展的框架体系。网络管理软件既可以是分布式的体系结构，也可以是集中式的体系结构。在实际应用中一般采用集中治理子网和分布式治理主网相结合的方式。同时，网络管理软件是在基于开放标准的框架的基础上设计的，它应该支持现有的协议和技术的升级。

2. 网络管理软件还应该能够提供一些核心服务，来满足网络治理的部分要求。核心服务应该包括网络搜索、查错和纠错、支持大量设备、友好操作界面、报告工具、警报通知和处理、配置治理等。

3. 网络管理软件还有必要加入一些有价值的应用程序，以扩展网络管理软件的基本功能。常见网络管理软件中的应用程序主要有高级警报处理、网络仿真、策略治理和故障标记等。

三、网络管理软件的选用

在选用网络管理软件时，需注意以下几点：

1. 以业务为中心

保持以业务为中心是全面网络治理解决方案最重要的因素，其必须根据应用环境、业务流程、用户需求及其所用设备来设计，除了向管理员报告服务器上的流程受阻、路由器上的流量过载或者网络出现瓶颈外，还应该能通过基于策略的网络治理主动采取行动，向有关人员发出警报，以及显示将受影响的业务过程、业务部门甚至个人等。

2. 为应用软件和服务提供环境

网络管理要害的任务是保证网络及其部件能提供给用户完成业务流程或交易处理所需的资源，而且还必须根据行业的不同提供不同的服务水平。其必须能向网络管理员提供对其至关重要的管理方式，以及有意义的数据查询。

3. 可用性、可扩展性、易用性的结合

可用性和设备状态、可访问性和网络拓扑、性能测量和治理都是当今网络管理的组成部分。性能测量应当融入全面网络管理解决方案并与之紧密配合，而可扩展性也成为用户选择网络管理解决方案的一个重要标准。完整、强大的解决方案必须简单、直观、易于使用和一致，这样才能提高开发的效率。

4. 性能价格比

在保证高性能和带宽，保证安全性的同时，还要保持系统的可访问性和简单性，全面网络管理解决方案不仅要求功能强大，还要效率高，而且成本、开发费用和硬件需求低。

5. 标准支持和协议的独立性

网络管理解决方案应支持现有甚至新兴的标准，将其纳入自己的体系结构。不仅要支持 SNMP，还要支持 DHCP（动态主机配置协议）和 DNS、DMI（桌面管理规范）及 CIM（公共信息模型）。此外，还必须支持所有网络协议，应能在各种类型的硬件和操作系统上运行，而不仅仅贴近某个厂商或某种操作系统。

6. 对传统的支持

必须支持传统平台。许多企业还在此环境工作，脱离传统平台，企业将遭受巨大损失。传统支持将保证 Windows、UNIX 和主机环境能以业务为重点，用简单的方式进行管理。

7. 集成性和灵活性

必须能轻易、紧密地与某些特殊设备的管理器和工具相集成；必须能在自己网络环境下启动特殊设备的工具，并提供灵活的与这些工具交换信息的方法。任何网络管理解决方案都必须能适应客户的特殊需求，能适应主要业务的快速变化。网络管理软件应该能灵活地处理网络流量、事件数量和类型的突增，或者新增的网络资源。

5.2 局域网管理软件安装、配置与使用

5.2.1 局域网管理软件的安装

学习目标

➢ 了解网络管理软件的设计理念

➢ 掌握网络管理软件的安装

网络管理不能急于求成，需要逐渐实现。在实际应用中，要重点考虑以下几个方面：

（1）基于现有网络，需要时能方便升级额外的功能。

（2）符合工业标准，最好是基于 SNMP 的管理系统。

（3）支持第三方插件的能力，允许应用开发人员开发其他模块，以支持其他公司的产品。

（4）支持专用数据库。

（5）数据库统一，能使计算机网络管理员对不同的网络管理平台进行管理，而不需建立不同的映像和相应的数据库。

下面以聚生网管（Netsense）软件为例，介绍局域网管理软件的主要功能模块及作用。

一、聚生网管的主要功能

1. 下载控制

（1）P2P 下载控制。可以控制 BitTorrent、eMule、迅雷等多种 P2P 工具的下

载，并能进行智能带宽抑制，当发现有主机进行 P2P 下载时，能自动降低该主机可用带宽。

（2）P2P 视频传输控制。可以拦截 PPLive、QQLive、沸点网络电视等多种当前流行的 P2P 视频工具。

（3）HTTP、FTP 下载控制。用户可以自行设定控制任意文件下载，也可以指定文件后缀名限制下载，并且可以通过扩展插件详细记录并限制通过 FTP 工具上传和下载的文件。

2. 带宽（流速）、流量管理

（1）实时查看局域网主机带宽占用。从大到小排序的功能，使得网络管理员可以对网络占用一目了然。

（2）针对特定主机分配公网带宽。可以使企业有限的公网带宽得到最充分的利用，从而使得某些主机无法再大量消耗带宽。

（3）主机报文数据分析功能。使得网络管理员可以知道主机所占带宽是用于什么应用。

（4）流量限制功能。系统可以为局域网主机设定上行、下行流量和总流量，超过设定流量便自动断开其公网连接。

（5）流量每日自动清空。用户可以根据需要选择。

3. 聊天、炒股、游戏软件管理

系统可以完全控制 QQ、MSN、网易泡泡等多种流行聊天工具，并且可以禁止 QQ、MSN 的文件传输，保证客户信息安全。同时，系统还可以对各种股票软件、游戏软件进行有效监控。

4. 监控通过网页发送的帖子、留言

此功能通过扩展插件详细记录并限制通过网站所发的帖子、留言等通过 HTTP 外发的内容。

5. 电子邮件控制

（1）邮箱访问控制。系统可以限定局域网主机可访问的邮箱网站，并通过扩展插件详细记录并限制通过网站所发的 Web 邮件（包括内容和附件）。

（2）监控 Outlook、Foxmail 等软件收发的邮件内容。此功能通过扩展插件可以详细记录，并限制通过 Outlook、Foxmail 等各种邮件收发工具接收和发送的邮件（包括内容和附件）。软件可以根据需要对电子邮件进行监控，不仅可以知道邮件的去向、大小、何人所发，还可以截获电子邮件的内容，有效地阻止通过电子邮件盗取企业机密的行为。

6. WWW 访问管理

(1) WWW 访问完全控制。网络管理员可以选择是全部禁止上网还是使用过滤规则上网。

(2) 黑白名单规则。网络管理员可以设定网址过滤规则，支持黑白名单自定义。

(3) 色情网址过滤。系统可以自动过滤符合色情网址库的访问。

7. 组策略（上网权限）管理功能

可以为局域网所有主机建立统一的控制策略，也可以按照局域网主机设置不同的策略。

8. 时间管理

网络管理员可以设定对主机的控制时间（如工作时间与非工作时间、自定义时间），便于灵活管理。

9. 局域网安全管理

(1) IP－MAC 绑定。系统支持对局域网主机进行 IP－MAC 绑定，一旦发现非法主机，即可以将其隔离网络。

(2) 嗅探主机扫描。通过使用系统附带的“反侦听技术”以及 Windows 的底层分析技术，可以检测出当前对局域网危害最为严重的三大攻击工具。如局域网终结者、网络执法官、网络剪刀手等。

(3) 断开主机公网连接。系统可以断开指定主机的公网连接。

(4)“主机强制隔离功能”。系统可以针对安装不法软件妨害局域网安全的计算机进行无条件的公网隔离功能，直至其停止使用非法软件。

10. 网络流量统计

系统提供了多种详细、图文并茂的主机流量、流速统计功能。其中包括：

(1) 日/月流量统计功能。系统提供了指定主机或所有主机的日/月流量汇总统计功能。

(2) 日流速统计功能。系统提供了指定主机、指定时间内的流速趋势图。

11. 详细日志记录

(1) 系统详细记录了所有控制信息，用户可以通过查看日志文件来确定被管理主机网络访问情况。

(2) 系统详细记录了局域网主机的 WWW 访问网址，用户可以自行查询。

除上述功能外，系统还提供了许多非常实用的功能，如给局域网任意主机发送消息；可以控制局域网计算机的 USB 接口、光驱、软驱的使用；实时查看局域网主机的流速大小，并提供柱状图直观显示；记录局域网其他运行聚生网管的主机，并且正式版可以强制测试版退出等。

二、聚生网管的安装

步骤 1：双击安装盘中的“NetSense. exe”文件，如图 5—1 所示。

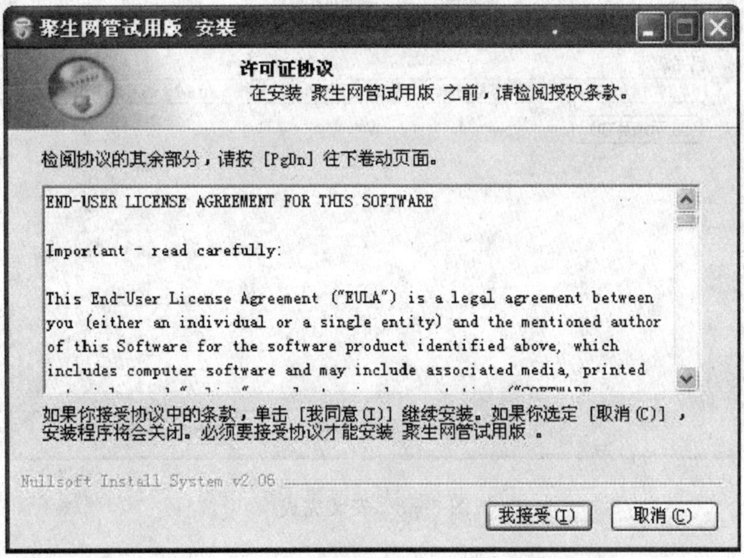

图 5—1　查看许可协议

步骤 2：单击“我接受”按钮，如图 5—2 所示。

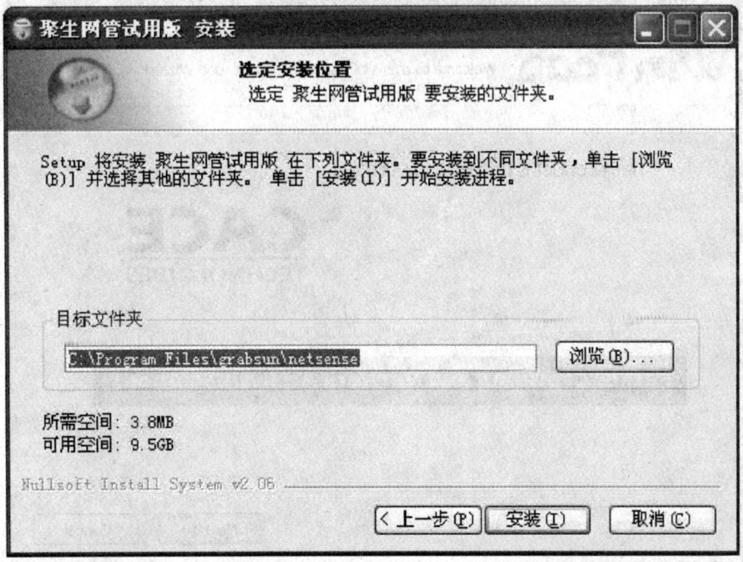

图 5—2　选择安装位置

步骤 3：通过单击“浏览”按钮可以重新选择安装位置，然后单击“安装”按钮，如图 5—3 所示“安装完成”对话框。

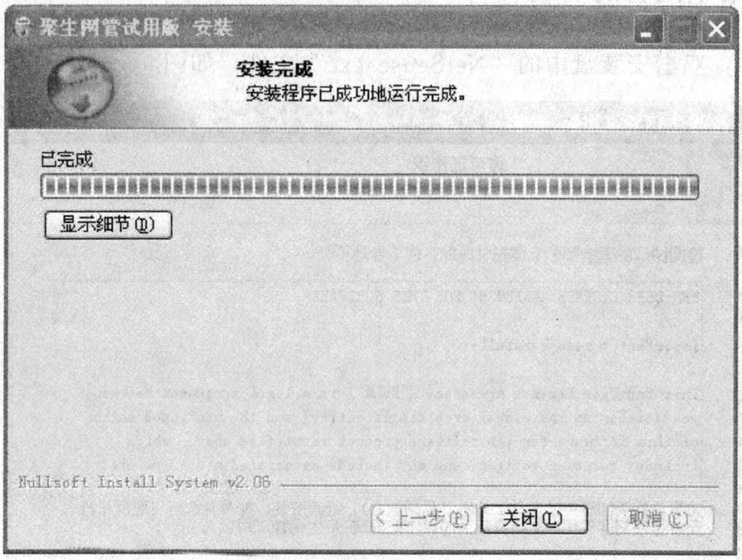

图 5—3　安装完成

步骤 4：安装完毕，直接单击“关闭”按钮，如图 5—4 所示，安装 WinPcap. exe。

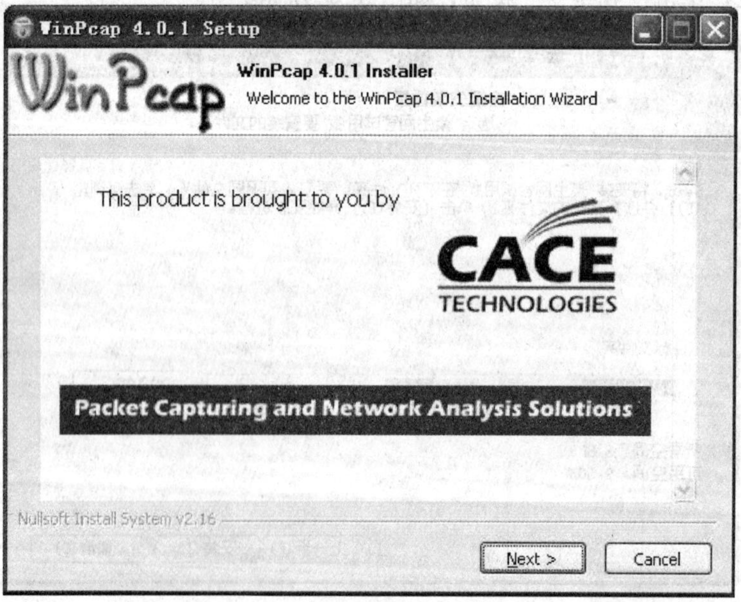

图 5—4　安装 WinPcap

步骤 5：单击上图中的“Next”按钮，出现如图 5—5 所示安装向导。

图 5—5　安装向导

步骤 6：在上图中单击“Next”按钮，出现如图 5—6 所示的安装协议。

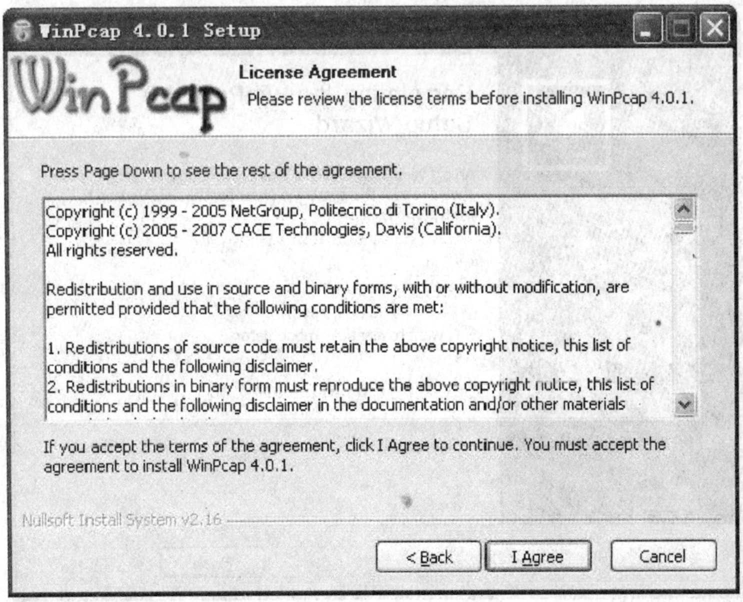

图 5—6　安装协议

步骤 7：在图 5—6 中，选择“I Agree”按钮，如图 5—7 所示，开始安装。

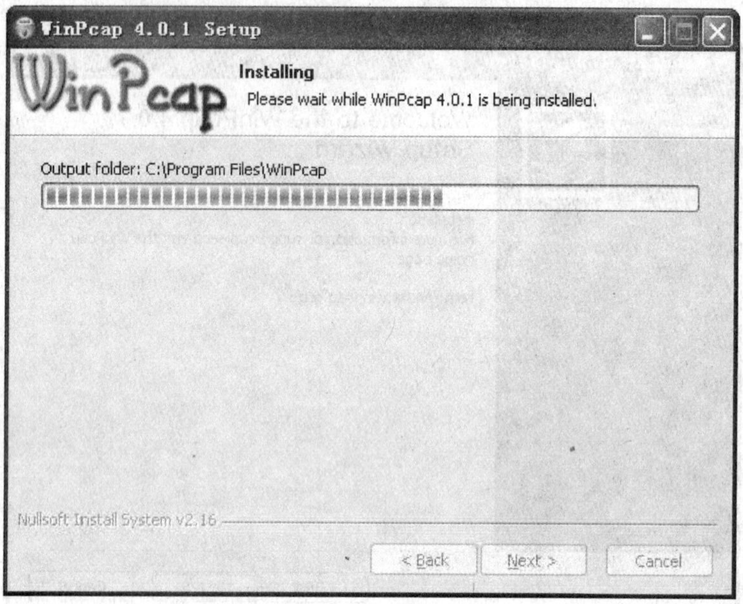

图 5—7　开始安装

步骤 8：安装完毕后，选择“Reboot now”，然后单击“Finish”按钮，重新启动计算机，就可以使用聚生网管来管理网络。如图 5—8 所示。

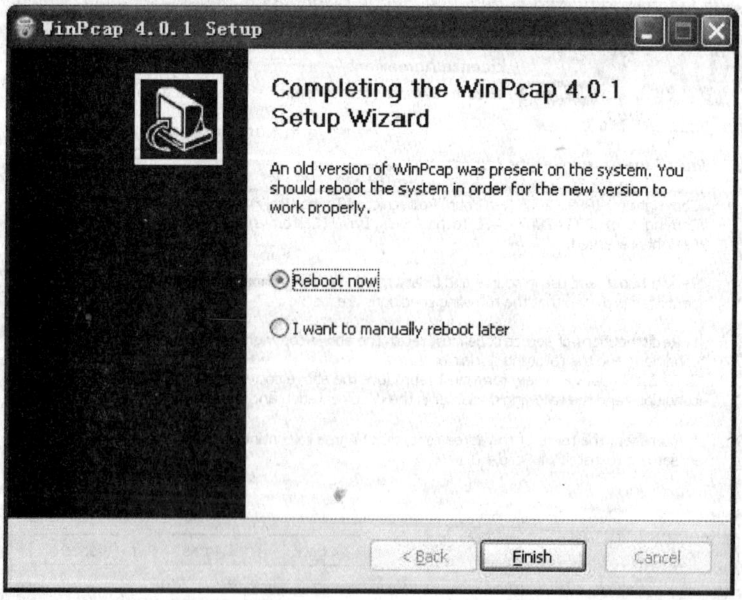

图 5—8　安装完毕

5.2.2　局域网管理软件的配置与使用

学习目标

➢ 能配置和使用网络管理软件

下面介绍配置与使用网络管理软件的操作步骤。

一、启动聚生网管

第一次运行聚生网管的时候会要求配置监控网段，网络出口带宽等基本信息。这里不需要手动输入网段，软件会直接从需要监测网段的网卡上读取信息。如图 5—9 所示。

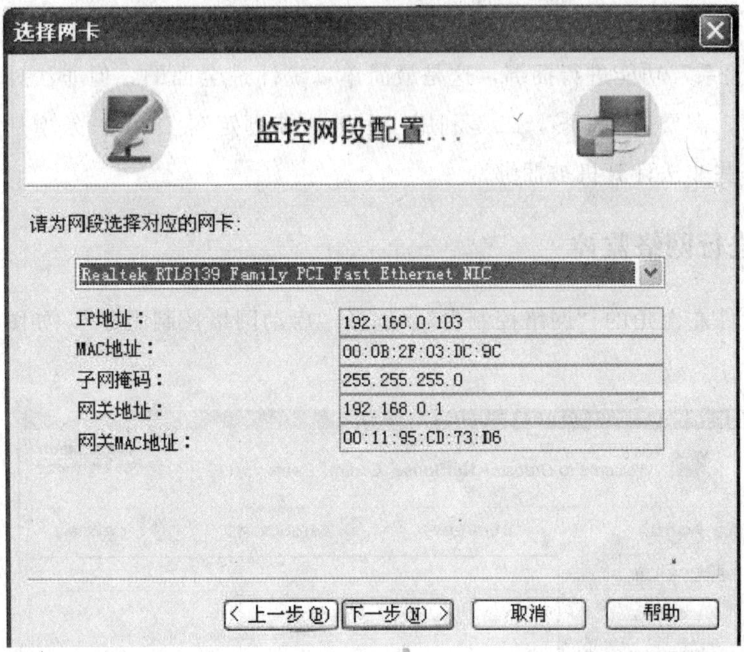

图 5—9　检测网段设置

二、捆绑 IP－MAC 地址

进入软件主界面以后，单击左侧“网络安全管理”，然后选择“IP－MAC 绑定”，如图 5—10 所示。

可以通知所有网内计算机上线，一是在上线的时候利用界面左侧的“获取

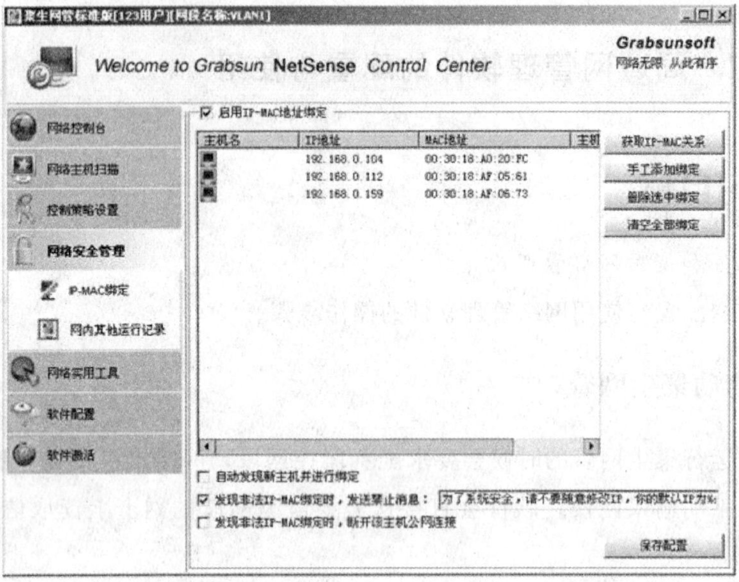

图 5—10　绑定 IP－MAC

IP－MAC 关系”功能进行捆绑，这是最简单，统计最全面的，但非法计算机有可能也被捆绑，需要后期审核。二是利用“手工添加绑定”，一条一条增加，这样可以过滤掉一些非法计算机被捆绑。

三、进行网络监控

单击软件左上角的“网络控制台”，选择“启动网络控制服务”，如图 5—11 所示。

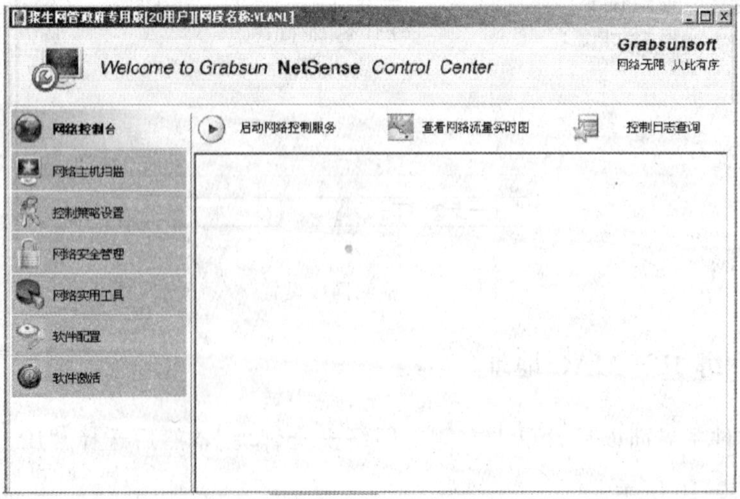

图 5—11　启动网络控制服务

四、扫描主机

如果想控制查看单个/全部主机的流速（带宽），单击“网络主机扫描”后选择“控制全部主机”，然后单击“应用控制设置”，这时所有的主机对应的上、下行带宽就可以显示了，如图 5—12 所示。

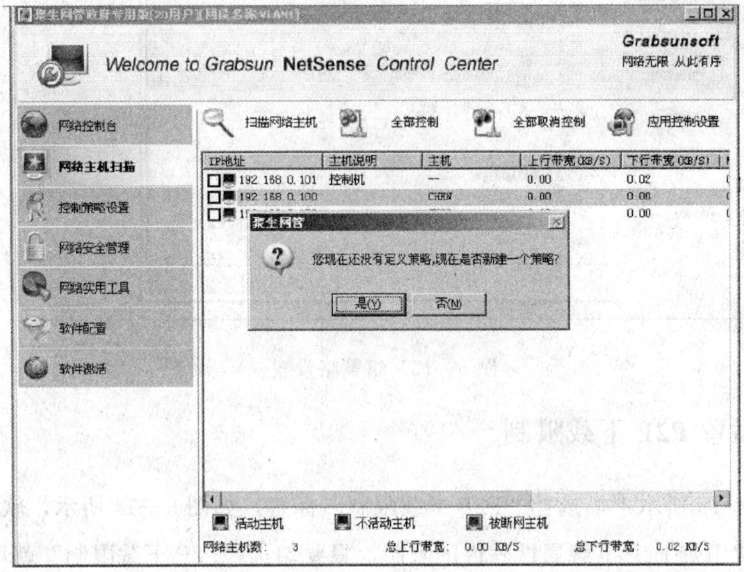

图 5—12　扫描主机

提示：这里虽然控制了全部主机，但是只能查看带宽，并没有对主机进行其他的控制。如果想启用各种控制（如下载、聊天等），则需要为主机建立一个策略，并且指派给想要控制的主机或者全部主机，只有指派了策略的主机才能够真正被控制；此外，在选择“全部控制”时，确保局域网没有在路由器或者防火墙进行 IP—MAC 绑定，否则可能影响到局域网计算机的公网访问。

五、建立控制策略（即上网权限）

双击某个主机（在图 5—12 中双击 192.168.0.105），单击“是”按钮，为这个主机建立一个控制策略（也即上网权限），输入策略名字，然后系统会弹出一个对话框，如图 5—13 所示。可以按照控制需要单击各个控制项目（如流量限制、网络限制、聊天限制、游戏限制、带宽限制、时间设置等）进行控制，对每一个控制项目设置后，必须保存。

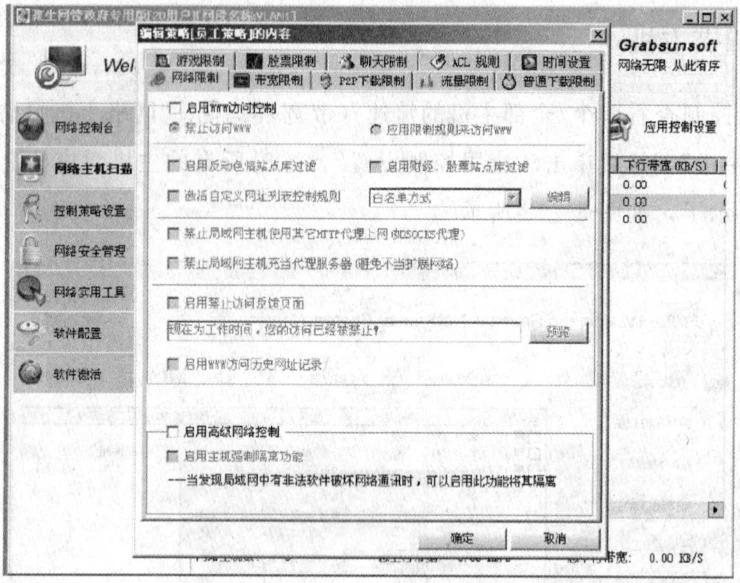

图 5—13　组策略设置

六、设置 P2P 下载限制

在图 5—13 所示中，选择“P2P 下载限制”标签，如图 5—14 所示，软件提供了对这 10 种常用带 P2P 下载属性软件的限制，只要勾选“P2P 下载限制”就可以了。

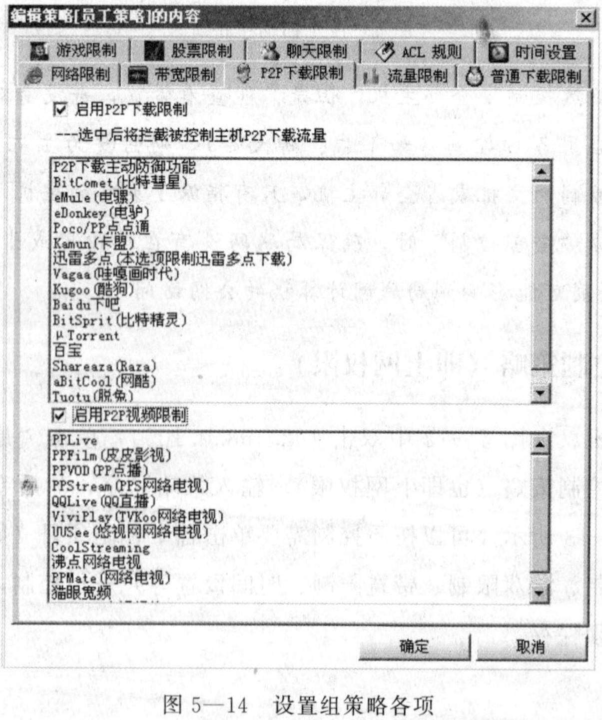

图 5—14　设置组策略各项

七、配置 WWW 限制

单击“网路限制”标签，如图 5—15 所示，如果只允许用户访问指定的网站，白名单方式非常适合，除名单里罗列的以外什么都不能访问。还有一些特殊应用的，如禁止使用代理服务器、禁止作为代理服务器代理上网、禁止服务反馈意见页面。甚至为了方便管理还有 WWW 访问日志统计。

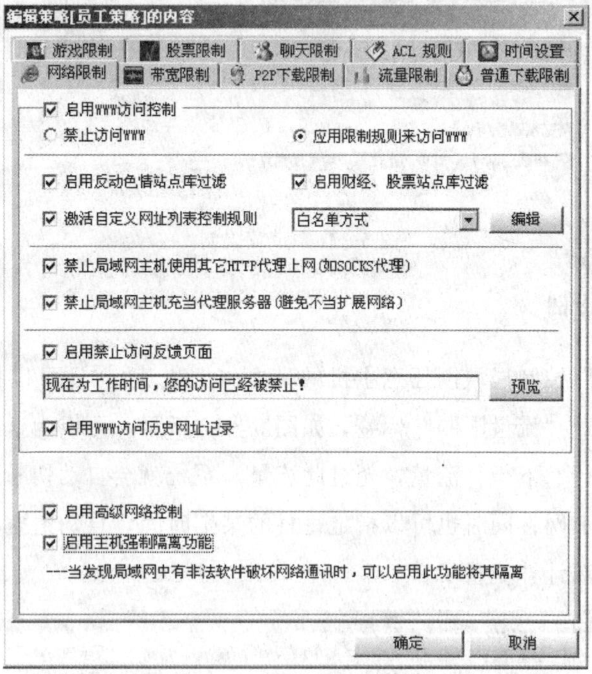

图 5—15　设置网络限制

八、带宽限制

单击“带宽限制”标签，如图 5—16 所示，选择“启用主机公网带宽管理”，然后分别设定上行、下行带宽，可以控制这台主机的公网带宽（也即公网数据流速）；选择“主机带宽智能控制”，然后分别设定上行、下行带宽，可以对这台主机的带宽进行智能控制，即发现其进行 P2P 下载时，系统就会自动限制这台主机的带宽到设定的上行、下行带宽范围内，从而有效地避免了因为 P2P 下载对网络带宽的过分占用。

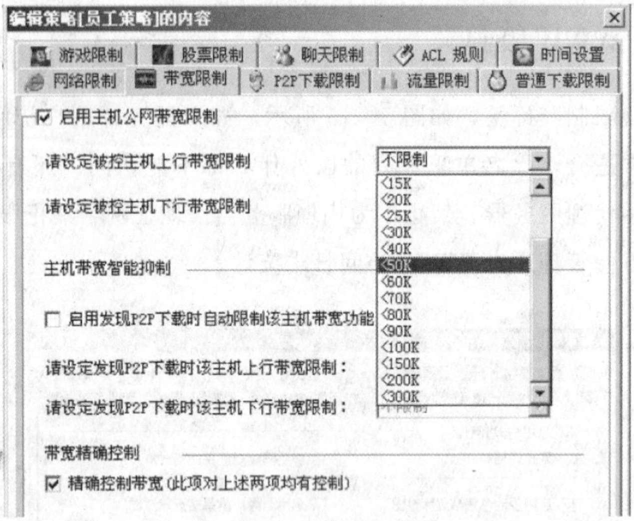

图 5—16　带宽限制

九、流量限制

系统不仅可以控制局域网任意主机的带宽（即流速），还可以控制局域网任意主机的流量。打开“流量限制”标签，如图 5—17 所示，可以为这个主机设定一个公网日流量或上行、下行日流量，超过此流量，系统就会自动切断这台主机的公网连接，即禁止其上网；同时也可以指定每日的某个时间，自动清空流量，这样次日就会从零开始重新计算流量了。

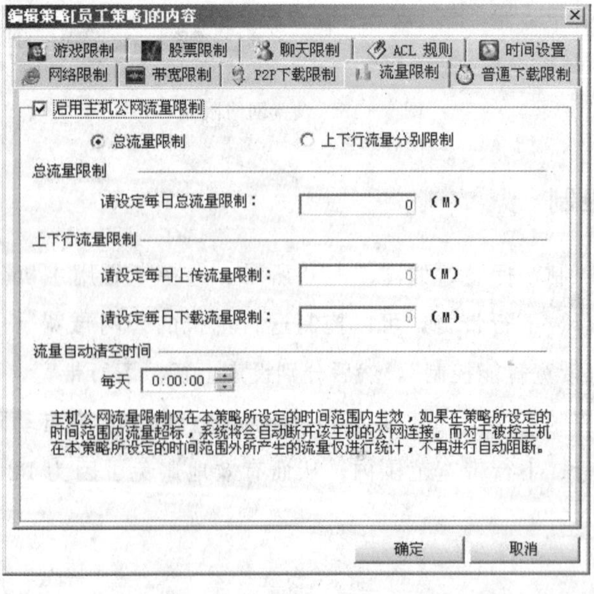

图 5—17　流量控制

十、时间限制

单击“时间限制”标签，如图 5—18 所示，进行相应主机的上网时间设置，软件把一天分成 24 个时间块，单位是按小时计算的，以周为控制周期，蓝色选区为限制时间，白色选区反之，可以根据自己的时间情况选择。

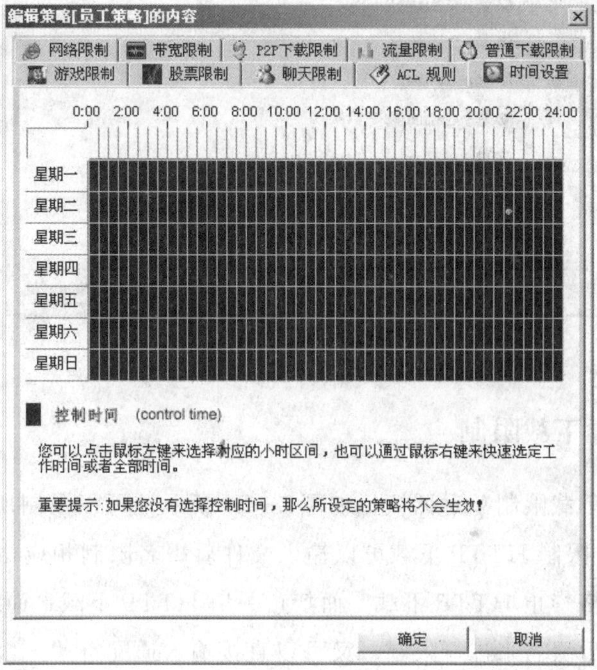

图 5—18　时间限制

注意：这里的时间限制是针对策略的，在限制时间段，策略有效，非限制时间段，策略无效。

十一、聊天限制

单击“聊天限制”标签，如图 5—19 所示，如果不允许某个聊天工具，就选中该工具名称。

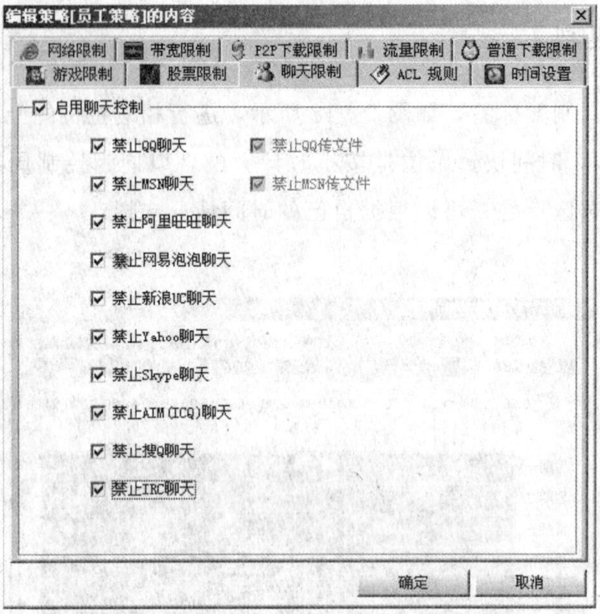

图 5—19　聊天限制

十二、普通下载限制

打开“普通下载限制”对话框，如图 5—20 所示，可以限制所有的 HTTP 下载和 FTP 下载。限制 HTTP 下载可以输入文件后缀名限制相应格式的文件下载，也可以选择“严格禁止 HTTP 下载”而禁止一切 HTTP 下载；而限制 FTP 下载，既可以输入文件后缀名来进行限制，又可以直接输入通配符“*”，来禁止所有的 FTP 下载。

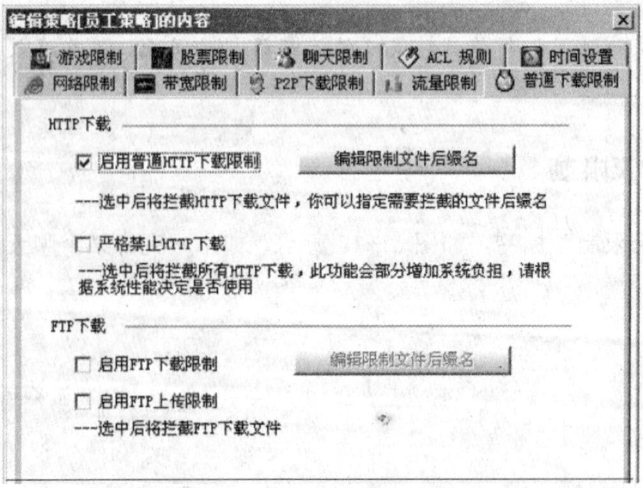

图 5—20　普通下载限制

配置完成的整个策略如图 5—21 所示。

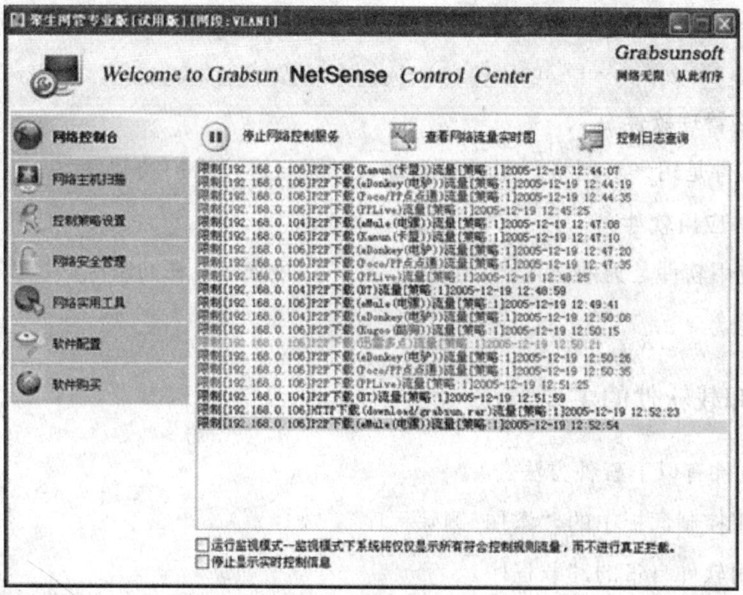

图 5—21　组策略设置完成

5.3　局域网管理软件的卸载

5.3.1　局域网管理软件的组件卸载

学习目标

- 掌握局域网管理软件的组成
- 能卸载网络操作系统组件和网络管理软件

一、计算机网络软件的组成

1. 网络协议软件

实现网络协议功能，如 TCP/IP、IPX/SPX 等。

2. 网络通信软件

用于实现网络中各种设备之间进行通信的软件。

3. 网络操作系统

实现系统资源共享，管理用户的应用程序对不同资源的访问。典型的操作系统有 Windows Server、Netware、UNIX 等。

4. 网络管理软件

网管软件是用来对网络资源进行管理，对网络进行维护的软件。

5. 网络应用软件

网络应用软件是为网络用户提供服务的，是网络用户在网络上解决实际问题的软件。

二、卸载软件的主要方法

卸载软件有以下三种方法：

1. 利用控制面板中的“添加/删除程序”。
2. 使用软件自带的卸载程序。
3. 使用反安装软件来进行卸载。

不要直接删除程序文件夹，因为某些文件可能被其他程序共享，一旦删除这些共享文件，会造成应用软件无法使用而死机。

三、网络操作系统组件卸载步骤

网络操作系统组件众多，卸载的方法基本相仿，现以卸载 MSN Explorer 组件为例进行说明。

步骤 1：单击“开始”→“设置”→“控制面板”→“添加或删除程序”，如图 5—22 所示。

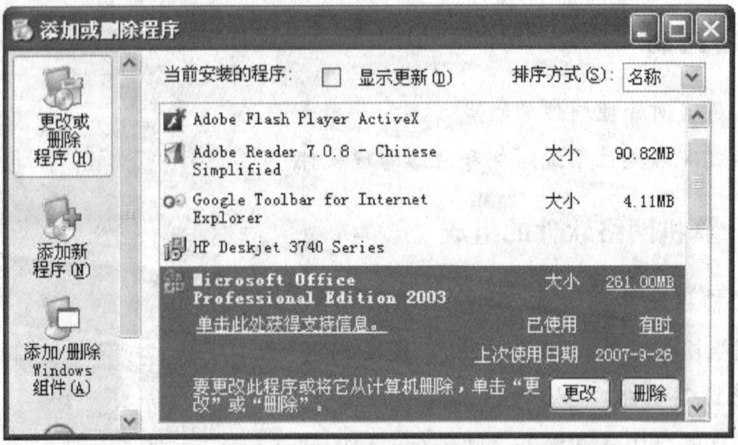

图 5—22 打开添加或删除程序对话框

步骤 2：单击左侧的“添加/删除 Windows 组件”图标，如图 5—23 所示。

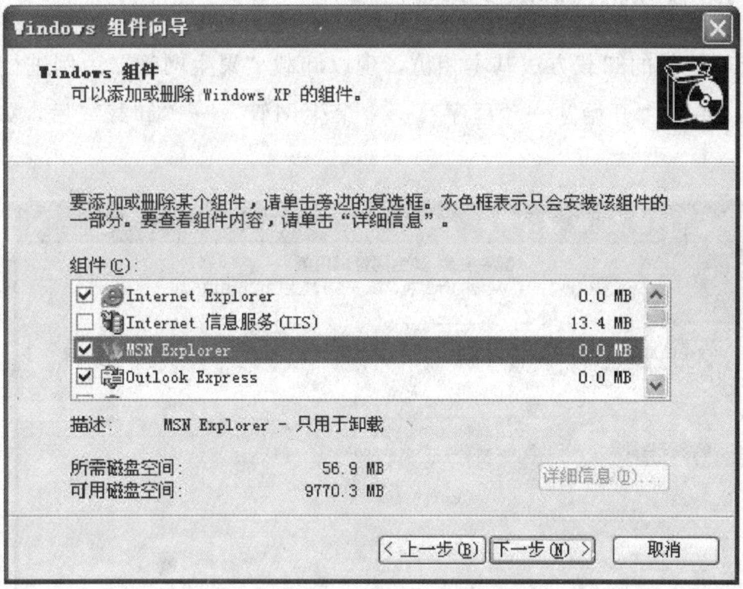

图 5—23　添加/删除 Widows 组建对话框

步骤 3：在组建列表中选中 MSN Explorer，单击“下一步”按钮，系统自动进行组件卸载，完毕后如图 5—24 所示，单击“完成”按钮即可。

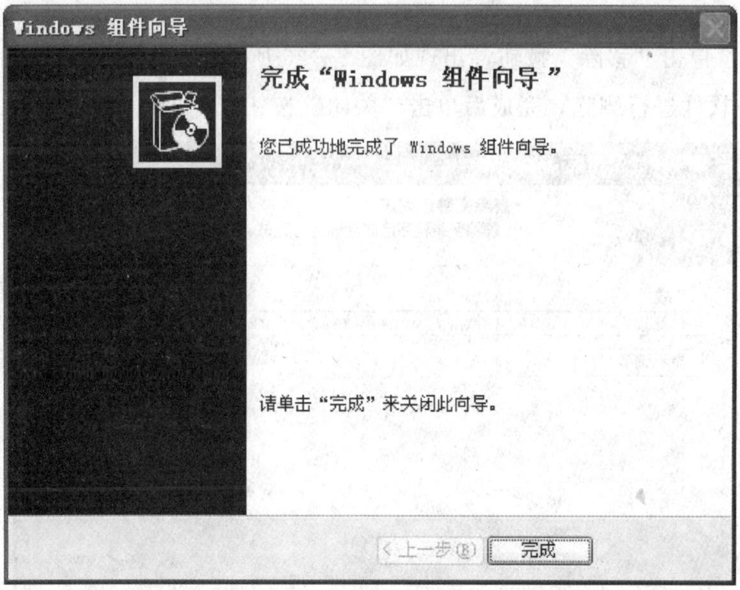

图 5—24　完成删除

四、网络管理软件卸载步骤

网络管理软件的卸载方法基本相仿，现以卸载“聚生网管”为例进行说明。

步骤1：单击“开始”→“程序”→“聚生网管”→“卸载”后，如图5—25所示。

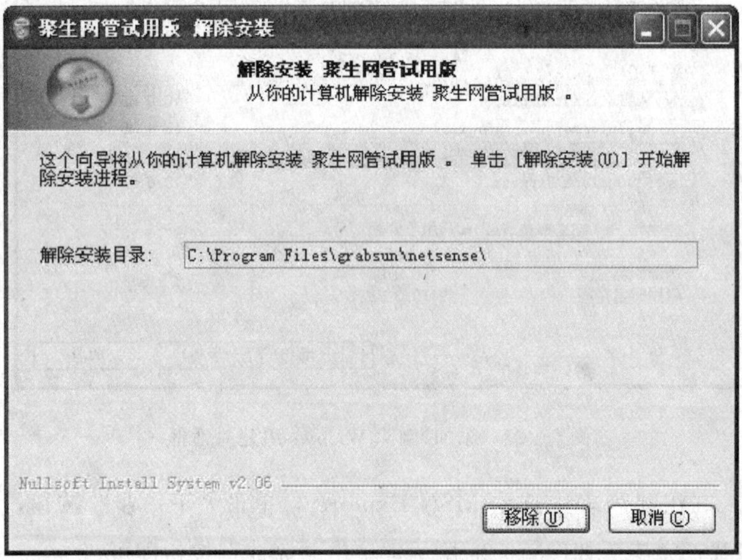

图5—25　卸载步骤1

步骤2：单击“移除”按钮，出现如图5—26所示的“解除安装”对话框，系统对安装的软件进行删除，完成后单击“关闭”按钮。

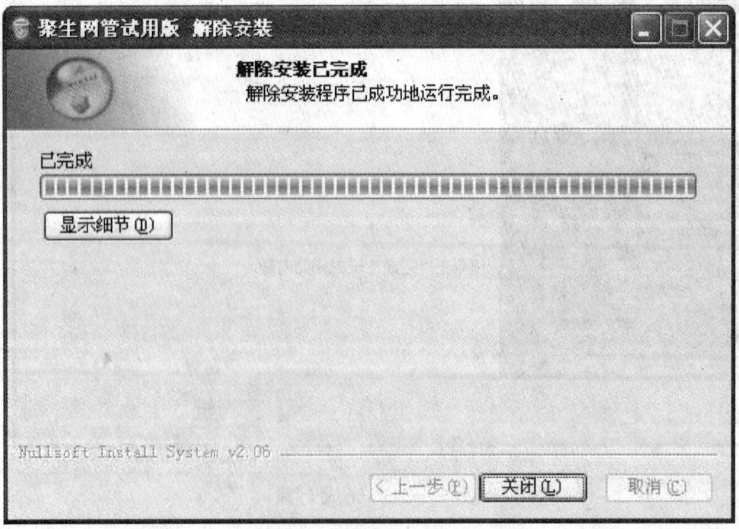

图5—26　卸载聚生网管

步骤 3：打开“开始”→“设置”→“控制面板”→“添加或删除程序”，如图 5—27 所示“添加或删除程序”对话框。

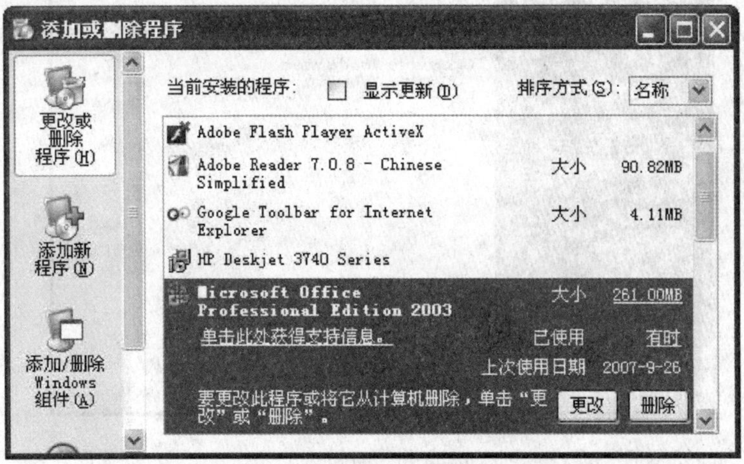

图 5—27　添加/删除程序对话框

步骤 4：选中“WinPcap”，单击“添加/删除”按钮，如图 5—28 所示。

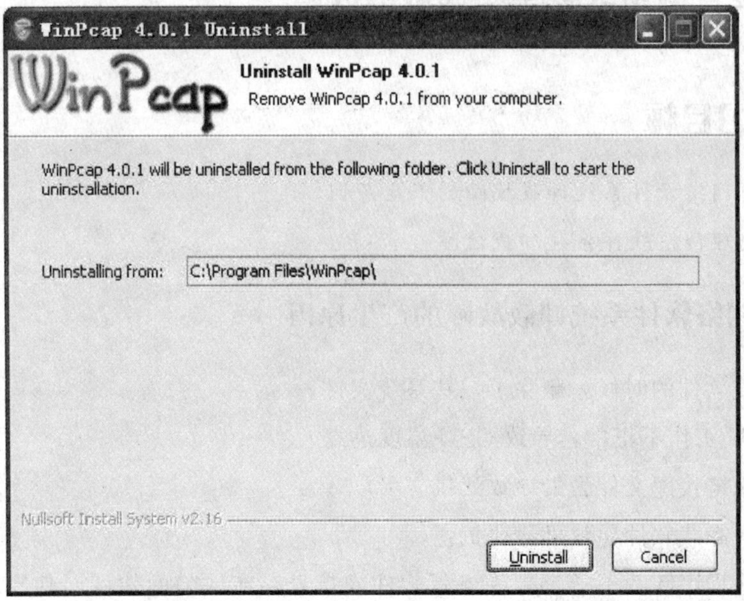

图 5—28　删除 WinPcap 步骤 1

步骤 5：单击“Uninstall”按钮，系统进行自动删除，最后单击“Finish”完成，如图 5—29 所示。

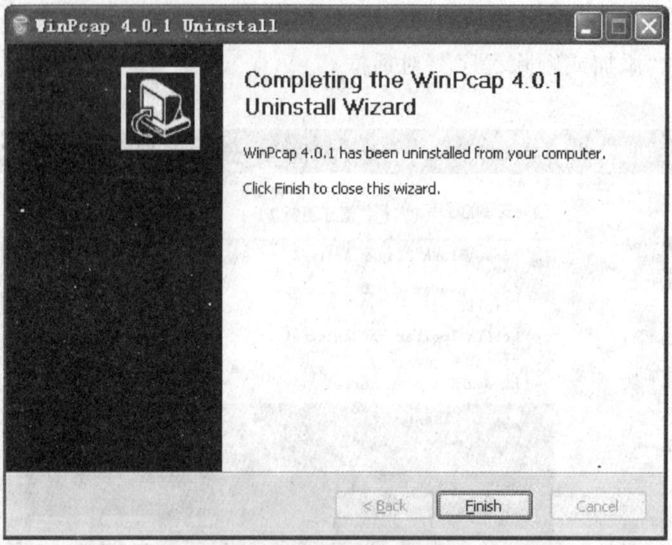

图 5—29　删除完成

网络应用服务软件的卸载方法类似，不再赘述。

5.3.2　网络软件系统卸载的故障

学习目标

- 了解网络软件系统卸载故障的产生原因
- 能处理网络软件系统卸载故障

一、网络软件系统卸载故障的产生原因

1. 卸载软件的时候，删除了一些系统文件。

2. CPU 工作不正常，导致 CPU 温度过高。

3. 动态链接库文件丢失导致死机。

4. 非法卸载软件导致机器死机。

5. 有些程序卸载不了。有些盗版软件或自身存在缺陷的软件，其卸载程序的代码编写不严谨或故意留下后门，形成计算机中的垃圾文件，而且无论是通过控制面板卸载，还是硬删除都无效。

二、网络软件系统卸载故障的处理

1. 某些网络软件在“添加/删除程序”中删不掉

可以安装 Windows 优化大师或超级兔子软件，对“添加/删除程序”中无法删除的程序进行硬删除。

2. 经常性的死机

在卸载软件时不要把软件安装所在的目录直接删掉，否则注册表和 Windows 文件夹中会有很多垃圾文件存在，久而久之，系统也会因为变得不稳定而引起死机。

3. 动态链接库文件丢失导致死机

扩展名为“DLL”的文件是动态链接库文件，在 Windows 操作系统中的作用非常重要。这些文件从性质上来讲是属于共享类文件，即一个 DLL 文件可能会有多个软件在运行时需要调用它。如果卸载程序做得不完善，该软件的反安装程序会记录它曾经安装过的文件并准备将其逐一删去，这时候就容易出现被删掉的动态链接库文件，同时还会被其他软件用到的情形。一般来说，某个软件用到的动态链接库文件会在软件安装时复制到计算机中，因此可以通过重新安装相应的应用软件来解决动态链接库丢失的问题。

5.4　网络应用服务软件识别

5.4.1　网络应用服务软件

学习目标

- 掌握网络应用服务软件的概念
- 了解网络应用服务软件的功能

网络应用软件是为网络用户提供服务，并为网络用户解决实际问题的软件。

一、网络应用软件分类和功能

1. 下载软件

HTTP 下载模式的有网络蚂蚁、网际快车、迅雷、超级旋风等，P2P 模式有电驴、BitTorrent、迅雷等。

2. 看图软件

ACDSee、Picasa 等。

3. 视频软件

暴风影音、KMP、RealPlayer 等。

4. 聊天软件

QQ、Windows Live Messenger、Google Talk 等。

5. 浏览器软件

遨游（Maxthon）、火狐（Firefox）等。

6. 杀毒软件

瑞星、金山毒霸、江民、诺顿、McAfee VirusScan v8.0i 中文集成版等。

7. 办公软件

Office、WinRAR、PDF 阅读器等。

8. 检测软件

网络执法官、P2P 终结者等。

9. 网络游戏软件

大话西游、传奇、疯狂坦克等。

二、常用网络服务软件的特点

1. McAfee VirusScan

McAfee VirusScan 是全球最畅销的杀毒软件之一，它除了能侦测和清除病毒外，还有 VShield 自动监视系统，会常驻在 System Tray，当用户从磁盘、网络上、E－mail 文件夹中开启文件时便会自动侦测文件的安全性，若文件内含病毒，便会立即警告，并做适当的处理，而且支持鼠标右键的快速选单功能，并可使用密码将个人的设定锁住，让别人无法修改。

2. QQ

QQ 是由深圳市腾讯计算机系统有限公司开发的一款基于 Internet 的即时通信（IM）软件。QQ 支持在线聊天、即时传送视频、语音和文件等多种多样的功能。

此外 QQ 还具有点对点断点续传传输文件、邮箱等功能。同时，还可以与移动通信终端、IP 电话网等多种通信方式相连，使 QQ 不仅是单纯意义的网络虚拟呼机，而成为一种方便、实用、高效的即时通信工具。随着时间的推移，根据 QQ 所开发的附加产品越来越多，如 QQ 宠物、QQ 音乐、QQ 空间等。

3. PPLive

PPLive 采用了一种类似于 BitTorrent 的 P2P 技术，所以在线观看的人越多，画面就越流畅。而且，由于使用时数据缓存是存储在内存里的，不会像 BitTorrent 那样有可能对硬盘造成损伤。这款软件对系统配置要求不高，而且也很少占用系统资源。

4. Firefox

Firefox（中文名为火狐）是由 Mozilla 基金会（谋智网络）与开源团体共同开发的网页浏览器。Firefox 使用开放源码的网页排版引擎 Gecko，能够让浏览器尽可能按标准来显示网页内容。

Firefox 内置了分页浏览、拼字检查、即时书签、下载管理器和自定义搜索引擎等功能。此外还可以通过由第三方开发者贡献的扩展来加强各种功能。Firefox 可以在多种不同的操作系统下运行，包括 Windows、Mac OS X、Linux 等。

5.4.2　常用网络应用服务软件的应用

学习目标

- 了解网络应用软件设计特点
- 掌握网络应用软件应用机制

一、网络应用服务软件设计、开发和执行的特点

1. 网络应用软件的设计特点

（1）实用性

这是所有应用软件最基本的原则，直接衡量系统的成败，每一个提交到用户手中的系统都应该是实用的，能解决用户的实际问题。

（2）适应性和可扩展性

系统需要具备一定的适应能力，特别是 Web 应用要能适应于多种运行环境，以应对未来变化的环境和需求。可扩展性主要体现在系统易于扩展，例如可以采用

分布式设计、系统结构模块化设计，系统架构可以根据网络环境和用户的访问量而适时调整，从某种程度上说，这也是系统的适应性。

（3）可靠性

系统应该是可靠的，在出现异常的时候应该有人性化的异常信息方便用户理解原因，或采取适当的应对方案，在设计业务量比较大的时候可采用先进的嵌入式技术来保证业务的流畅运行。

（4）可维护性和可管理性

Web系统应该有一个完善的管理机制，而可维护性和可管理性则是重要的两个指标。

（5）安全性

现在的计算机病毒几乎都来自网络，Web应用应尽量采用五层安全体系，即网络层安全、系统安全、用户安全、用户程序的安全和数据安全。系统必须具备高可靠性，对使用信息进行严格的权限管理，技术上，应采用严格的安全与保密措施，保证系统的可靠性、保密性和数据一致性等。

2. 网络应用软件的开发特点

总体规划、分层实施是现代网络应用软件开发的主要特点，一般在开始设计之前应该对Web系统进行总体设计，然后在总体设计指导下分步开发。基于J2EE技术的应用系统是一个融合了多元信息的集成系统，现在一般都采用分层开发：表现层、控制层、业务逻辑层、模型层、数据访问层等，在适应系统需求的准则下，设计低耦合的分层结构，利于团队成员的分工协作，提高开发效率，降低项目风险，实现各个模块的功能设计，完成整个系统的开发。

3. 网络应用软件的执行特点

为充分发挥网络应用优势：跨时间、跨地域、支持多用户操作，很多的网络应用软件是基于B/S（浏览器/服务器）的软件设计结构，这种方式的好处就是不需要用户安装任何客户端程序，只要有计算机，通过浏览器即可登录系统，随时随地地使用、维护、更新和共享数据信息。

B/S结构，即Browser/Server（浏览器/服务器）结构，是随着Internet技术的兴起，对传统软件设计C/S结构的一种改进型结构。在这种结构下，用户界面完全通过WWW浏览器实现，一部分事务逻辑在前端实现，但是主要事务逻辑在服务器端实现，形成所谓3—tier结构。B/S结构，主要是利用了不断成熟的WWW浏览器技术，结合浏览器的多种Script语言（VBScript、Javascript等）和ActiveX技术，用通用浏览器就实现了原来需要复杂专用软件才能实现的强大功能，并节约了开发成本，是一种全新的软件系统构造技术。随着 Windows 系统逐渐将浏览器技术植入操作系统内部，这种结构更成为当今应用软件的首选体系结构。显然 B/S 结构应用程序相对于传统的 C/S 结构应用程序将是巨大的进步。

B/S 结构通常采用星形拓扑结构建立企业内部通信网络或利用 Internet 虚拟专网（VPN）。与 C/S 结构相比，B/S 结构的特点主要有：

（1）瘦客户端（thinclient）使应用更为简便。在商业流程中不需在客户机上安装任何程序，应用十分简便；系统建立在浏览器上，有更加丰富和生动的表现方式与用户交流，且开发、应用难度较低。而 C/S 的缺点是两层结构，客户端代码太多，大型复杂系统不好维护和升级。

（2）硬件配置适应范围更多、更广。C/S 一般建立在专用的网络上，小范围里的网络环境，局域网之间再通过专门服务器提供连接和数据交换服务。而 B/S 程序可建立在广域网上，不必是专门的网络硬件环境，有比 C/S 更强的适应范围。

二、网络应用服务软件的应用机制

网络应用服务软件的应用机制可以概括为：

1. 推荐机制

用户可以方便地利用邮箱和 QQ 将觉得好的东西传递给朋友或其他网友。网站或者企业会给予相应的奖励，例如，腾讯的奖励 Q 币和 QQ 号。

2. 评价机制

例如，淘宝用户在交易行为结束后，可以对彼此进行评价和解释。这样后面的人就会对这些公开的信息进行参考，对每个参与者的信用进行了规范。用户的信息越充分，评价越好，则越有利于提升自己的信用度和争取到交易。

3. 排行榜机制

对用户的群体行为进行数据的后台分析，得到具有参考性质的指标和排名。例如，当当网每个月的购买热门的书籍排行榜，百度的家电风云榜等。“凡走过的，必留下痕迹”，而网络则强大到可以对整体的趋势进行分析，并提供有价值的参考。

4. 讨论机制

论坛的出现是重要标志，人们可以对某个话题进行公开的讨论，这将使得企业的口碑管理变得尤为重要。人们也可以在论坛里参考别人的意见和评价，进而对自己的决策产生影响。企业可以通过“枪手”的方式，对舆论进行引导。

5. 萃取机制

博客其实是个人的空间，但是，媒体可以有意识地介入进行曝光，就像新浪博客频道一样搭建起一个平台，或者形成特定的圈子，就某个主题，各方面的观点都得到呈现，供人们进行参考。

6. 见证机制

传统的广告方式，都是单向度的展现，或者是信息的简单告示，或者采用让名人的代言。其实广告中的人物的语言，本质上都是“推荐”的形式。公关活动也是如此，例如产品发布仪式，邀请名人、专家、客户代表、或者意见领袖等参与，再通过媒体传播出去，让人们产生信任感和从众倾向。现在企业的推广方式可以更灵活地采用“见证”的方式，每个网民在参与到对新品的“体验”后，都可以留下自己的评价，获得奖励，这样就为后来者提供了指引。

7. 分享机制

在网络上，人们可以分享彼此的信息或者产品，而企业或者网站则可以在这个平台上通过提供服务的形式，增加用户的使用价值，实现品牌的提升和赢利。例如，豆瓣网通过网民对书籍的评论形成社区，提供书籍推荐赚取佣金；嫁我网通过提供婚介平台，提供咨询服务和线下聚会等实现赢利。

8. 游戏机制

网络应用服务软件必须建立在良好的“游戏规则”的基础上。例如，维基百科等网站通过有效的机制，使得人们建立起有效的协作和互动交往行为，建立起有价值的网络平台。

9. 软件注册安全机制

如何建立完善的软件注册安全机制，有效地管理用户登录，为应用软件提供可靠的保护等问题，一直困扰着人们，程序员常常因此耗费了很多的精力。要实现软件注册机制，需解决以下几个问题：

（1）如何加入注册检测，判断软件是否注册。

（2）如何隐藏注册码及是否注册的标志。

（3）在软件不注册情况下，如何限制软件的使用时间或次数。

（4）对正常用户而言，不应造成使用不便。

对于以上四个问题，如何隐藏注册码及是否注册的标志是关键。

本章思考题

1. 网络管理软件的功能包括哪些?
2. 网络管理软件和网络服务软件有什么区别和联系?
3. 网络管理软件卸载有无先后顺序?
4. 网络服务软件应用机制都有哪些?

第 6 章

数据备份与恢复

6.1 数据库的完整备份与恢复

学习目标

➤能进行数据库完全备份与恢复

在 SQL Server 2000 中，备份类型主要包括完全备份（对数据库整体的备份）、差异备份（对数据库自前一个完全备份后改动部分的备份）、事务日志备份（对数据库事务日志的备份，利用事务日志备份，可以将数据库还原到任意时刻）、文件或文件组备份（对组成数据库的数据文件的备份）。本节将具体介绍数据库完全备份与恢复。

一、数据库完全备份

1. 使用 SQL 语句

（1）创建备份设备

创建备份设备可以通过执行系统存储过程 sp _ addumpdevice 实现。其基本语法格式为：

sp _ addumpdevice '＜设备介质＞'，'＜备份设备名＞'，'＜物理文件＞'

执行系统存储过程 sp _ dropdevice 可以删除创建的备份设备。其语法格式为：

sp _ dropdevice '＜备份设备名＞'，'＜物理文件＞'

(2) 数据库完全备份

数据库完全备份语句的基本语法格式为：

BACKUP DATABASE <数据库名> TO <备份设备名>

例如，制作数据库 student 的完全备份。

方法一：先创建设备，然后备份。在查询分析器中输入 SQL 语句并执行，如图 6—1 所示。

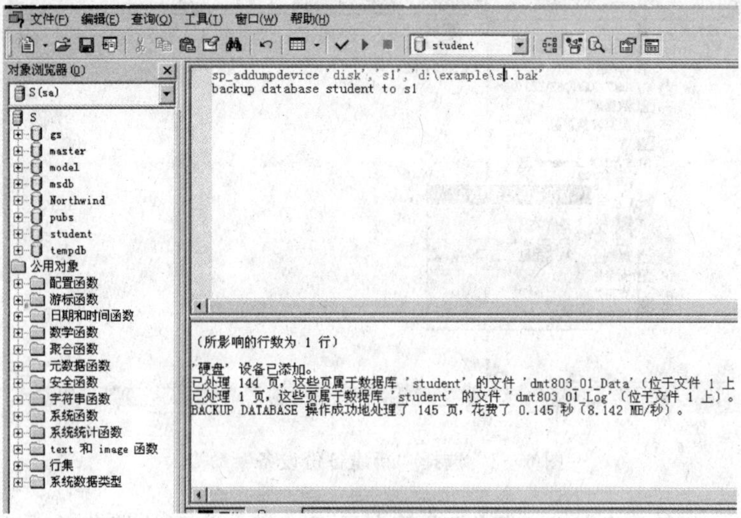

图 6—1　备份数据库 student

方法二：直接备份。在查询分析器中输入 SQL 语句并执行，如图 6—2 所示。

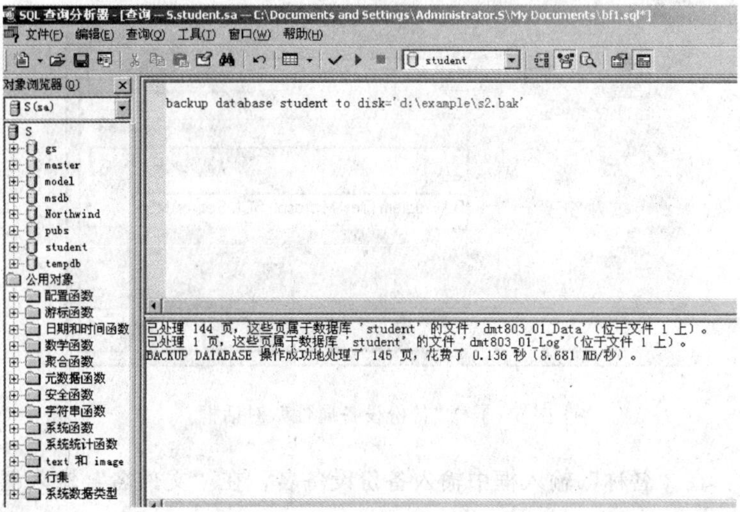

图 6—2　备份数据库 student

2. 使用 SQL－EM

（1）创建备份设备

步骤 1：启动 SQL－EM，展开左侧窗口指定数据库服务器“管理”文件夹，单击“备份”。如图 6—3 所示。

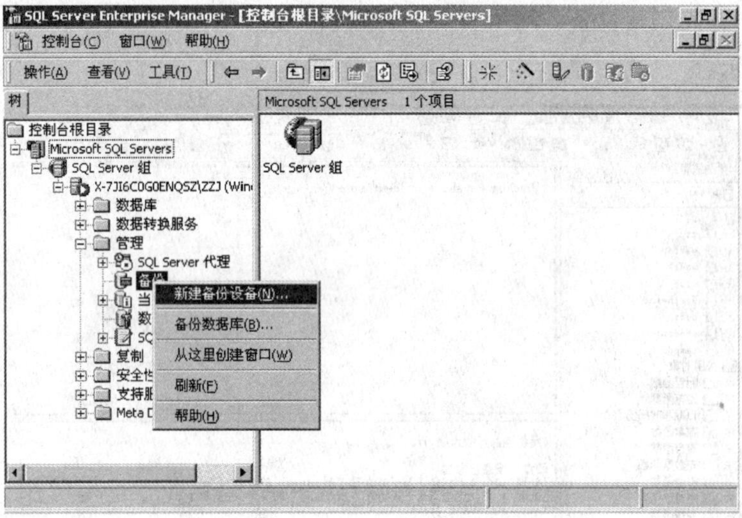

图 6—3 选择“新建备份设备”命令

步骤 2：指向左侧窗口“备份”，单击鼠标右键，打开快捷菜单，选择“新建备份设备”命令，打开“备份设备属性”对话框，如图 6—4 所示。

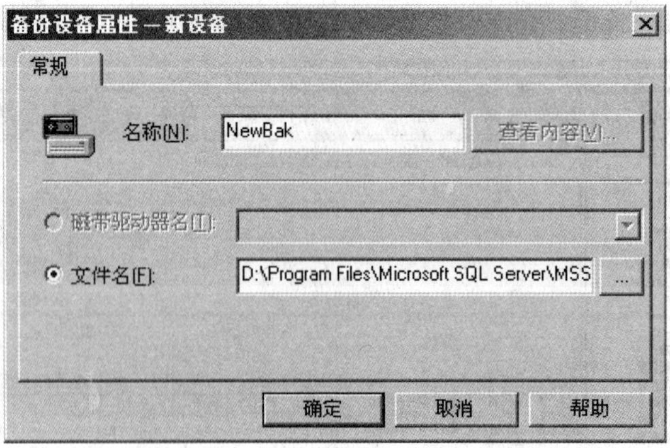

图 6—4 “备份设备属性”对话框

步骤 3：在“名称”输入框中输入备份设备名，在“文件名”输入框指定备份设备名所对应的物理文件名。单击“确定”按钮，完成创建备份设备。如果在 SQL－EM 中单击“备份”，可以查看备份设备，如图 6—5 所示。

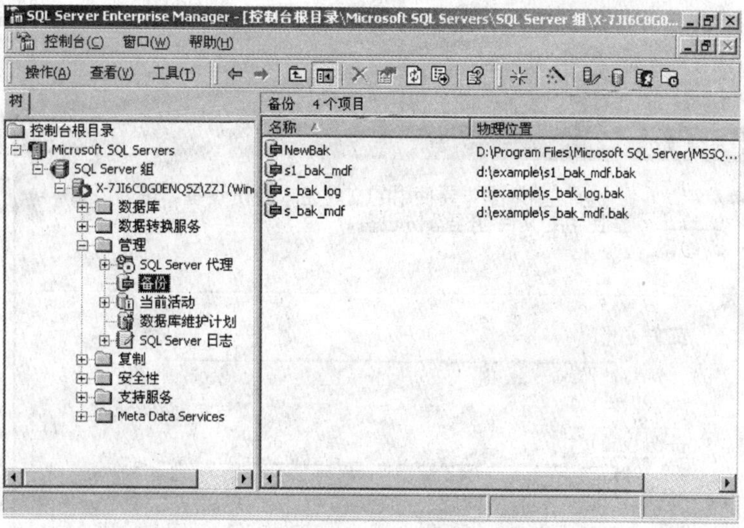

图 6—5　“查看备份设备”窗口

(2) 备份数据库

步骤 1：启动 SQL－EM，指向左侧窗口要备份的数据库节点，单击右键，打开快捷菜单，选择“所有任务”→“备份数据库”命令，打开“SQL Server 备份”对话框。如图 6—6 所示。

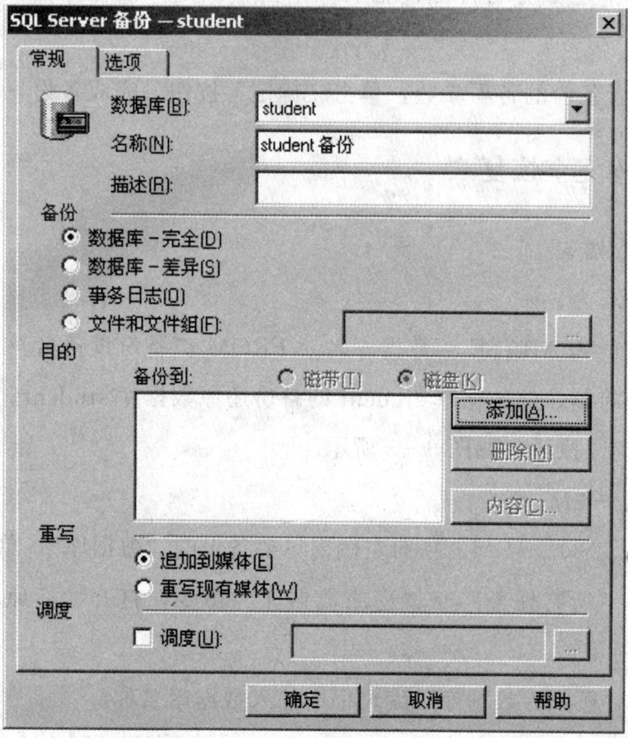

图 6—6　“SQL Server 备份”对话框

步骤 2：设置备份类型为“完全”。单击“添加”按钮，打开“选择备份目的”对话框。如图 6—7 所示。

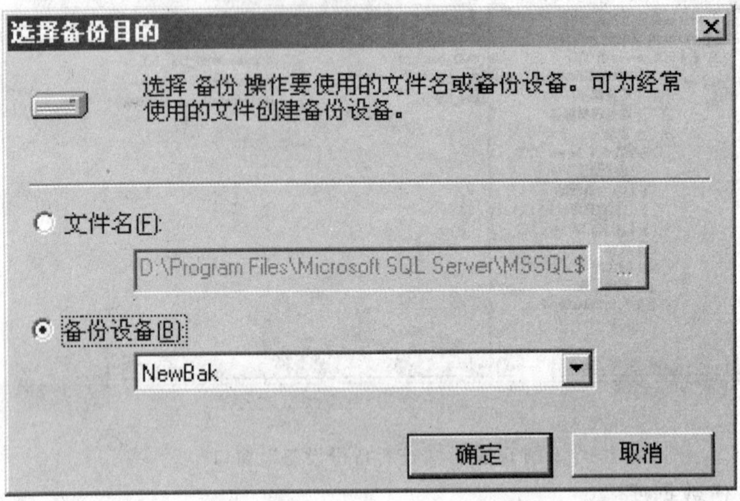

图 6—7 “选择备份目的”对话框

步骤 3：可以在“文件名”输入框中指定备份的物理文件名，也可以在“备份设备”输入框中指定备份的备份设备名。单击“确定”按钮，返回“SQL Server 备份”对话框。

步骤 4：设置备份的各项参数，单击“确定”按钮，完成备份。

二、数据库完全恢复

1. 使用 SQL 语句

基本语法格式为：

RESTORE DATABASE ＜数据库名＞ FROM ＜备份设备名＞

例如，用先前制作的数据库 student 的备份还原数据库 student。在查询分析器中输入 SQL 语句并执行，如图 6—8 所示。

2. 使用 SQL－EM

步骤 1：启动 SQL－EM，指向左侧窗口要备份的“数据库”，单击右键，打开快捷菜单，选择“所有任务”→“还原数据库”命令，打开“还原数据库”对话框，如图 6—9 所示。

步骤 2：在“还原为数据库”编辑框中输入数据库名称。

步骤 3：单击选中还原单选框中“从设备”选项。

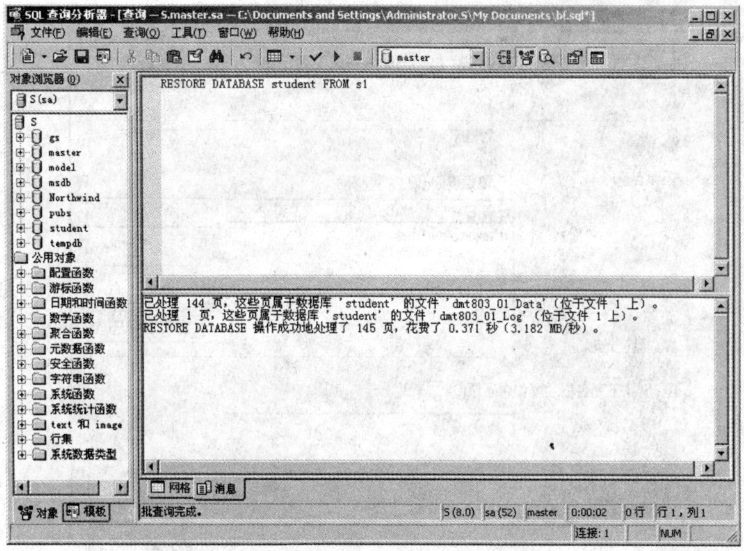

图 6—8　还原数据库 student

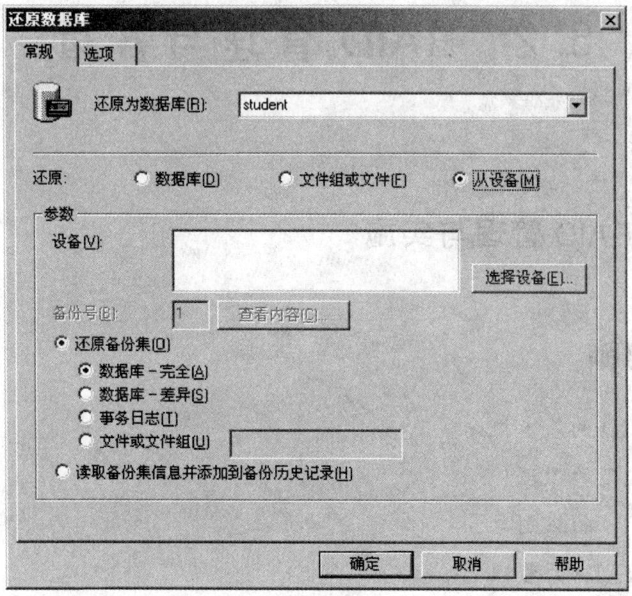

图 6—9　“还原数据库”窗口

步骤 4：单击“选择设备［E]”，弹出如图 6—10 所示对话框，选择或添加设备。

步骤 5：单击“还原备份集”，选择“数据库－完全”。

步骤 6：单击“确定”按钮，完成还原。

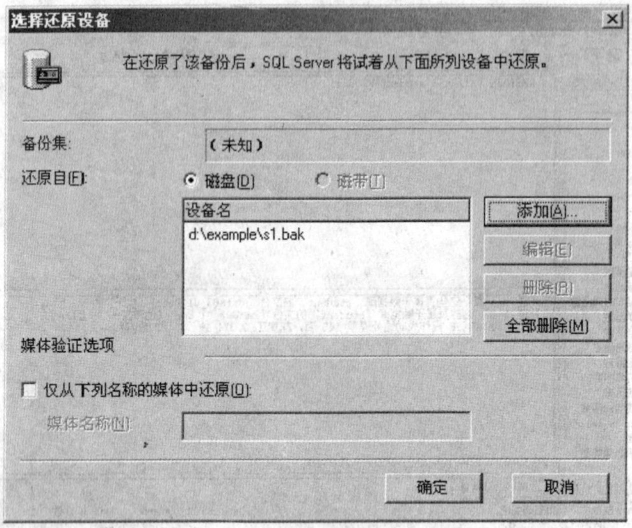

图 6—10　“选择还原设备”对话框

6.2　RAID 管理与容错

6.2.1　RAID 管理与实施

学习目标

- 了解 RAID 的基本概念
- 了解 RAID 的原理
- 掌握 RAID 的级别
- 能进行 RAID 的管理

一、RAID 的原理与级别

1. RAID 的原理

RAID 是英文 Redundant Array of Inexpensive Disks 的缩写，中文译作独立冗余磁盘阵列，又称廉价冗余磁盘阵列，简称磁盘阵列。RAID 的初衷主要是为大型服务器提供高端的存储功能和冗余的数据安全。可以这样理解，RAID 是一种把多块独立的硬盘（物理硬盘）按不同方式组合起来形成一个硬盘组（逻辑硬盘），从而提供比单个硬盘更高的存储性能和提供数据冗余的技术。组成磁盘阵列的不同方式成为 RAID 级别（RAID Levels）。在用户看起来，组成的磁盘组就像是一个硬盘，用户可以对它进行分区、格式化等。总之，对磁盘阵列的操作与单个硬盘一模一样。不同的是，磁盘阵列的存储性能要比单个硬盘高很多，而且在很多 RAID 模式中都有较为完备的相互校检/恢复的措施，甚至是直接相互的镜像备份，从而大大提高了 RAID 系统的容错度，提高了系统的稳定冗余性。形成磁盘阵列的两个基本技术：

（1）磁盘延伸（Disk Spanning）

译为磁盘延伸，也就是磁盘阵列的控制器（RAID controller）是将多个磁盘视为单一的磁盘，如 DOS 环境下的 C 盘。这样把小容量的磁盘延伸为大容量的单一磁盘，用户不必规划数据在各磁盘的分布，而且提高了磁盘空间的使用率。并使磁盘容量可做无限的延伸；而各个磁盘一起做取存的动作，比单一磁盘更快捷。很明显，由此阵列的形成而产生 RAID 的各种技术。

（2）磁盘或数据分段（Disk Striping or Data Striping）：

因为磁盘阵列是将同一阵列的多个磁盘视为单一的虚拟磁盘（virtual disk），所以其数据是以分段（block or segment）的方式顺序存放在磁盘阵列中，数据按需要分段，从第一个磁盘开始放，放到最后一个磁盘后再回到第一个磁盘放起，直到数据分布完毕。至于分段的大小视系统而定，有的系统或以 1 KB 最有效率，或以 4 KB，或以 6 KB，甚至是 4 MB 或 8 MB，但除非数据小于一个扇区（sector，即 521 bytes），否则其分段应是 512 byte 的倍数。因为磁盘的读写是以一个扇区为单位，若数据小于 512 bytes，系统读取该扇区后，还要做组合或分组（视读或写而定）的动作，浪费时间。

2. RAID 的级别

一组硬盘中，数据按照不同的算法分别存储于每块硬盘上，从而达到不同的效果这样就形成了不同的 RAID 级别（RAID Level）。目前业界公认的标准是 RAID 0～RAID 5。这个级别并不代表技术的高低，RAID 5 并不高于 RAID 3，RAID 1 也不低于 RAID 4，至于要选择哪一种级别的产品，应该看用户的操作环境（operating environment）及应用（application）而定，与级别的高低没有必然的关系。RAID 0 及 RAID 1 适用于 PC 及 PC 相关的系统，如小型的网络服务器（network server）及需要高磁盘容量与快速磁盘存取的工作站等，比较便宜；RAID 3 及 RAID 4 适用于大型计算机及影像、CAD/CAM 等处理；RAID 5 多用于 OLTP，因为有金融机构及大型数据处理中心的迫切需要，故使用较多而较有名气，RAID 2 较少使用。其他如 RAID 6、RAID 7，乃至 RAID 10 等，都是厂商各自提出的，并无一致标准，在此不作说明。下面对常用级别进行简要介绍。

（1）RAID 0

RAID 0 是由一块以上的硬盘组成，每块硬盘被等分成容量相同的条带集，数据也被分割成条带，在同一时间内向多块磁盘写入。这样读写性能快，但是数据安全性差，即这种 RAID 级别不具有容错性能，如果阵列中的任何一块磁盘出现故障，整个阵列中的数据都将会受到破坏，无法继续使用。

提示：在创建带区集时，合理的选择带区的大小非常重要。如果带区过大，可能一块磁盘上的带区空间就可以满足大部分的 I/O 操作，使数据的读写仍然只局限在少数的一、两块硬盘上，不能充分的发挥出并行操作的优势。如果带区过小，任何 I/O 指令都可能引发大量的读写操作，占用过多的控制器总线带宽。因此，在创建带区集时，应当根据实际应用的需要，慎重选择带区的大小。

（2）RAID 1

RAID 1 又称磁盘镜像，由两个以上偶数个硬盘组成，每一个磁盘都具有一个对应的镜像盘，对写入任何一个磁盘的数据都会被复制镜像盘中，同时系统可以从这一组镜像盘中的任何一个磁盘读取数据。

RAID 1 的优势是数据安全性高，任何一块硬盘的故障都不会影响到系统的正常运行，而且只要能够保证任何一对镜像盘中至少有一块磁盘可以使用，RAID 1 甚至可以在一半数量的硬盘出现问题时不间断的工作。当一块硬盘失效时，系统会忽略该硬盘，转而使用剩余的镜像盘读写数据。

RAID 1 的缺点是磁盘利用率较低。显然，RAID 1 肯定会提高系统成本。因为所能使用的空间只是所有磁盘容量总和的一半。

（3）RAID 3

RAID 3 至少由三块以上硬盘组成，以其中一块特定的硬盘来存放数据的奇偶校验位（由真实数据通过一定的算法得出），真实数据则分段存储于其余硬盘中。

RAID 3 的优势是有冗余，硬盘利用率高，如果数据盘（物理）损坏，只要将坏硬盘换掉，RAID 控制系统则会根据校验盘的数据校验位在新盘中重建坏盘上的数据。利用单独的校验盘来保护数据，虽然没有镜像的安全性高，但是硬盘利用率得到了很大的提高，为（$N-1$）/N，其中 N 为 RAID 中硬盘的个数。

RAID 3 的弱点是读写性能差。当向 RAID 3 写入数据时，情况会变得复杂。即使只是向一个磁盘写入一个数据块，也必须计算与该数据块同处一个带区的所有数据块的校验值，并将新值重新写入到校验块中。由此可以看出，一个写入操作实际上包含了数据读取（读取带区中的关联数据块）、校验值计算、数据块写入和校验块写入四个过程。读写性能尤其是写性能将大大降低。

RAID 3 所存在的最大一个不足同时也是导致 RAID 3 很少被人们采用的原因，就是校验盘很容易成为整个系统的瓶颈。

（4）RAID 4

RAID 4 和 RAID 3 很相似，不同的是 RAID 4 对数据的访问是按数据块进行的，也就是按磁盘进行的，每次是一个盘。RAID 3 是一次一横条，而 RAID4 是一次一竖条。所以 RAID 3 常须访问阵列中所有的硬盘驱动器，而 RAID 4 只需访问有用的硬盘驱动器。这样读数据的速度大大提高了，但在写数据方面，需将从数据硬盘驱动器和校验硬盘驱动器中恢复出的旧数据与新数据通过异或运算，然后再将更新后的数据和检验位写入硬盘驱动器，所以处理时间较 RAID 3 长。

（5）RAID 5

RAID 5 是在 RAID 3 的基础上进行了一些改进，同样也是由三块以上的硬盘组成，也是以数据的校验位来保证数据的安全，但它不是以特定硬盘来存放数据的校验位，而是将数据段的校验位交互存放于各个硬盘上。

RAID 5 的优势是克服了 RAID 3 校验盘性能问题，有冗余，硬盘利用率高。

二、RAID 的实现方式

RAID 有以下两种实现方式：

1. 软件阵列

软件阵列是指通过网络操作系统自身提供的磁盘管理功能，将连接的普通 SCSI 卡上的多块硬盘配置成逻辑盘，从而组成阵列。如微软的 Windows NT/2000 Server/Server 2003 和 NetVoll 的 NetWare 两种操作系统都可以提供软件阵列功能，其中 Windows NT/2000 Server/Server 2003 可以提供 RAID 0、RAID 1、RAID 5；NetWare 操作系统可以实现 RAID 1 功能。软件阵列可以提供数据冗余功能，但是磁盘子系统的性能会有所降低，有的降低还比较大，达 30%左右。

2. 硬件阵列

硬件阵列是使用专门的磁盘阵列卡来实现的。现在的非入门级服务器几乎都提供磁盘阵列卡，不管是集成在主板上或非集成的都能轻松实现阵列功能。硬件阵列不仅能够提供在线扩容、动态修改阵列级别、自动数据恢复、驱动器漫游、超高速缓冲等功能，还能提供性能、数据保护、可靠性、可用性和可管理性的解决方案。

磁盘阵列卡拥有一个专门的处理器，如 Intel 的 I960 芯片，HPT370A/372、Silicon Image SIL3112A 等，还拥有专门的存储器，用于高速缓冲数据。这样，服务器对磁盘的操作就直接通过磁盘阵列卡来进行处理，因此不需要大量的 CPU 及系统内存资源，也不会降低磁盘子系统的性能。阵列卡专用的处理单元来进行操作，它的性能要远远高于常规非阵列硬盘，并且更安全、更稳定。

三、RAID 的管理操作

1. RAID 修复

步骤 1：从主菜单选择已经存在的 RAID1 阵列，如图 6—11 所示。

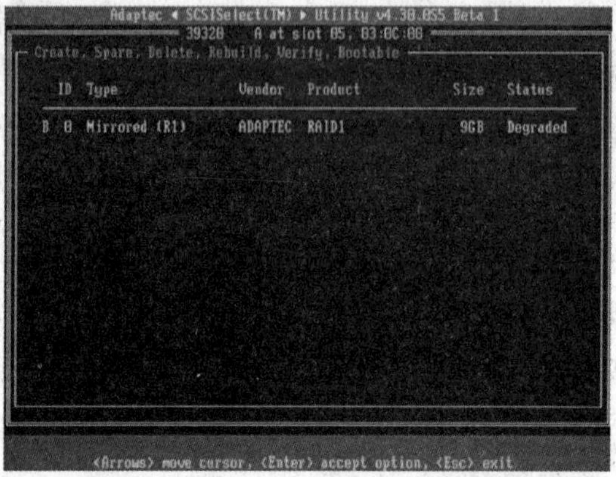

图 6—11　主界面

步骤 2：在图 6—11 所示中按 Enter 键，如图 6—12 所示。

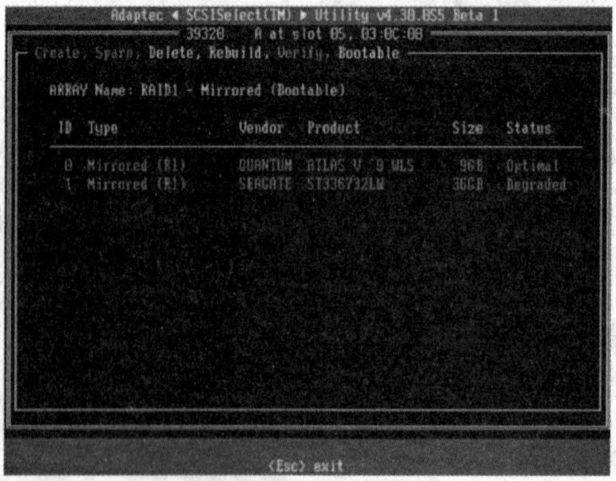

图 6—12　显示磁盘阵列

步骤 3：从图 6—12 中可以看到 RAID 1 状态是 Degraded，按 R 键开始修复操作，如图 6—13 所示，选择“Yes”。

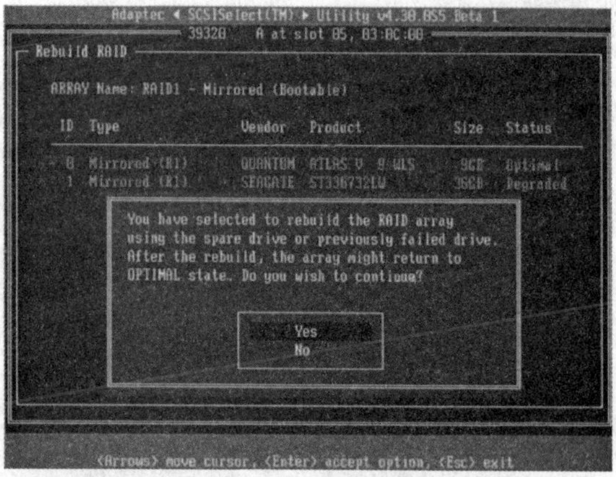

图 6—13 选择修复

步骤 4：如图 6—14 所示，选择打开或者禁用 Write Cache，这里选择“Disable Write Cache”。

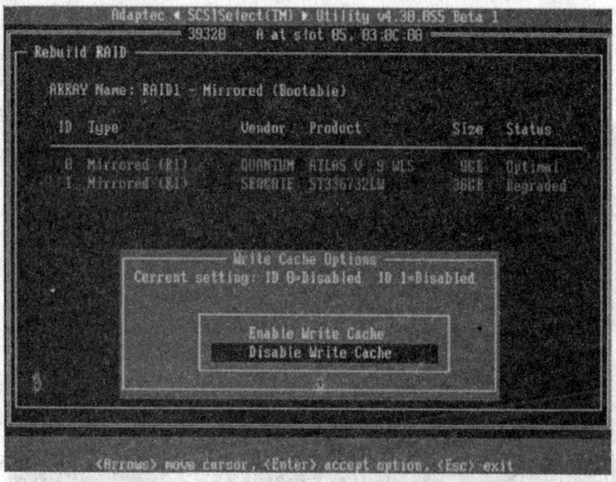

图 6—14 是否禁用 Cache

步骤 5：如图 6—15 所示，阵列开始进行修复。

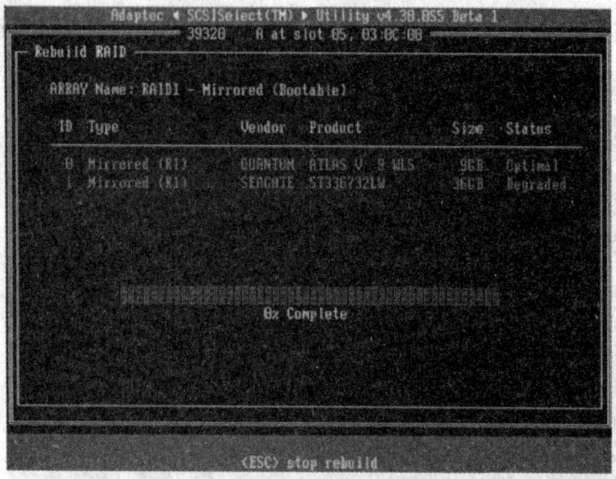

图 6—15 磁盘开始修复

步骤 6：修复完成，如图 6—16 所示，按任意键返回到图 6—11 所示主界面。

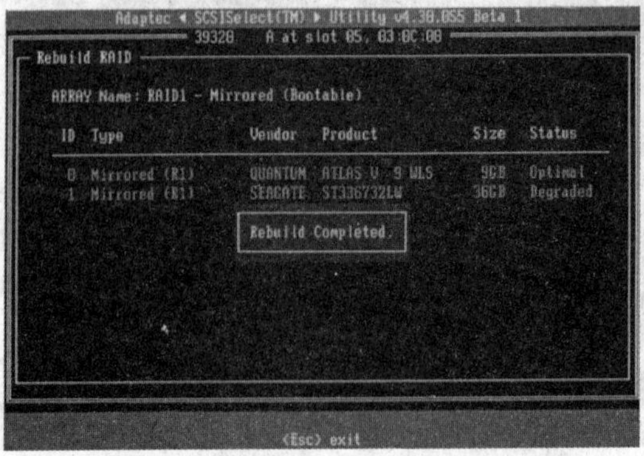

图 6—16　修复完成

2. RAID 校验

步骤 1：从主菜单，选择已经存在的 RAID 1 阵列，如图 6—11 所示，按 Enter 键继续。

步骤 2：在图 6—12 所示中按“V”键，如图 6—17 所示界面。

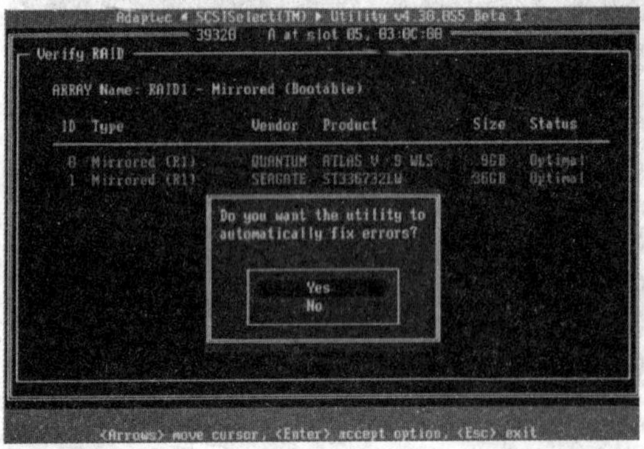

图 6—17　选择是否自动报错

步骤 3：选择“Yes”后，如图 6—18 所示，问是否校验，选择“Yes”。

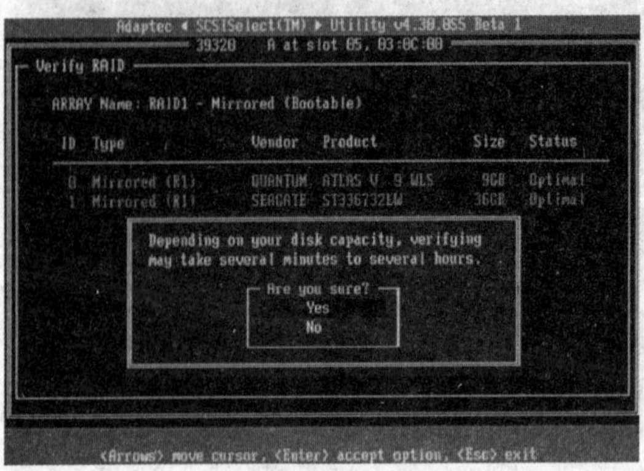

图 6—18　选择是否校验

步骤 4：如图 6—19 所示，开始校验。

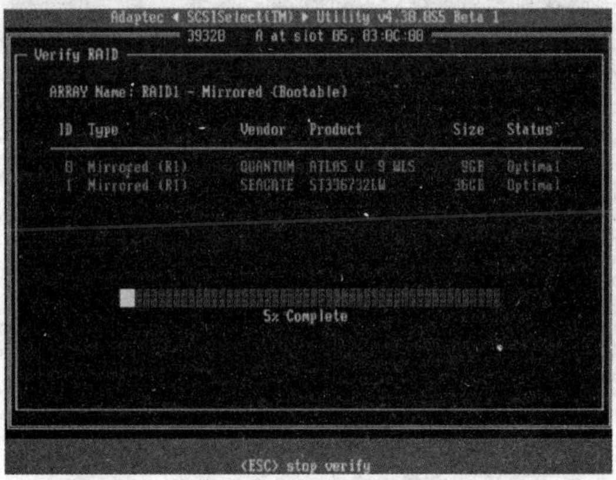

图 6—19 开始校验

步骤 5：当校验完成或者被中断，出现图 6—20，将会显示错误数量以及修复的数量。

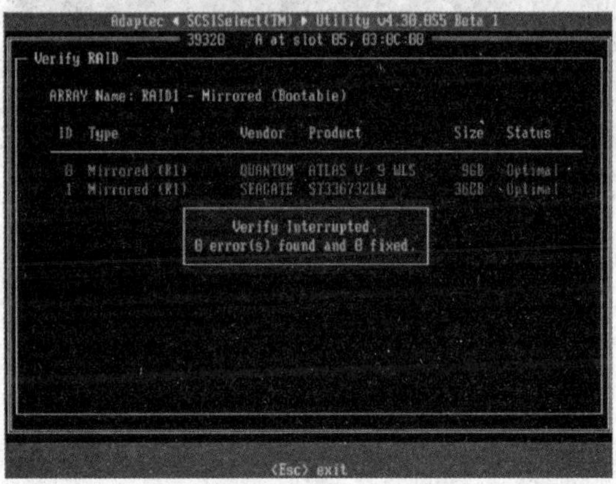

图 6—20 校验结果

步骤 6：最后按“Esc”键退出。

3. RAID 设置启动

步骤 1：从主菜单，选择已经存在的 RAID 1 阵列，如图 6—11 所示，按 Enter 键如图 6—12 所示。

步骤 2：在图 6—12 中按“B”键如图 6—21 所示。

步骤 3：如图 6—21 所示，选择“Mark Bootable”，按 Enter 键，如图 6—22 所示，阵列已经为引导设备，前边显示“B”标识为可引导设备。

步骤 4：最后按“Esc”键退出。

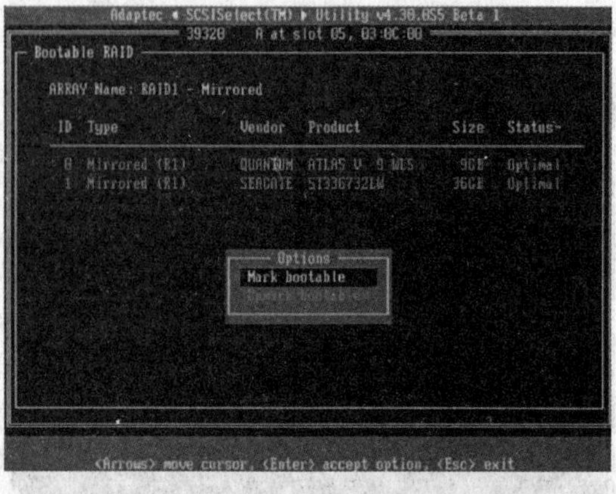

图 6—21　选择是否设置启动

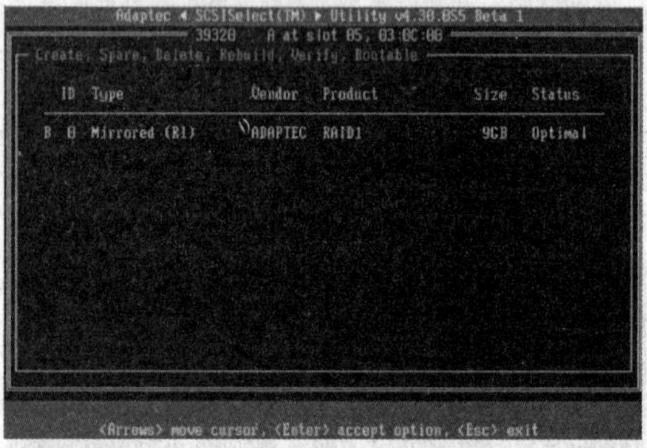

图 6—22　设置成功

4. RAID 删除

步骤 1：从主菜单中选择已经存在的 RAID 1 阵列，如图 6—11 所示，按 Enter 键如图 6—12。

步骤 2：在图 6—12 中按“D”键如图 6—23 所示。

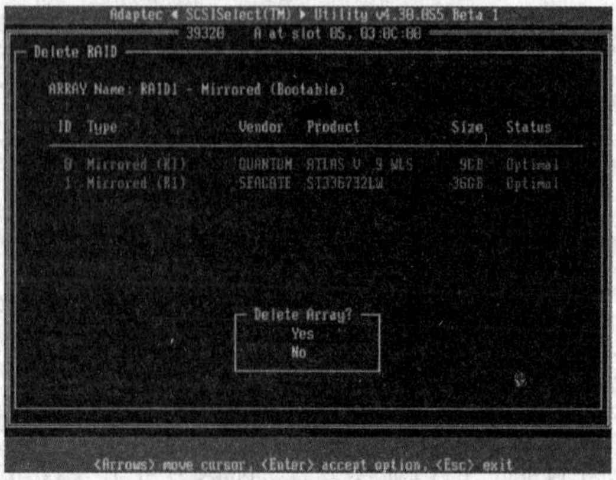

图 6—23　是否删除磁盘阵列

步骤 3：在图 6—23 中选择“Yes”，出现图 6—24，选择要删除的分区。

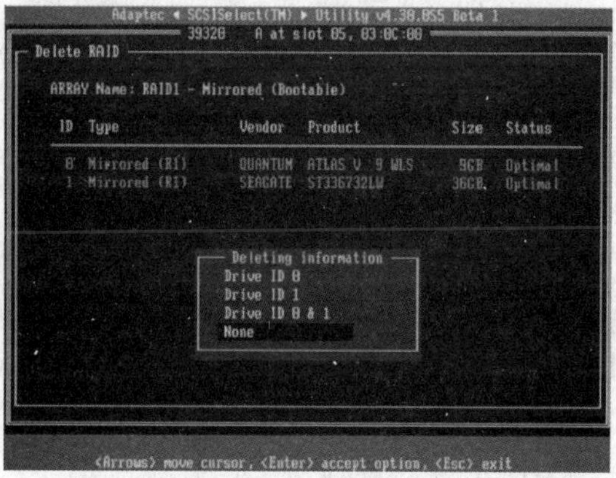

图 6—24　选择删除分区

步骤 4：显示如图 6—25 所示信息，确认按“Yes”继续。

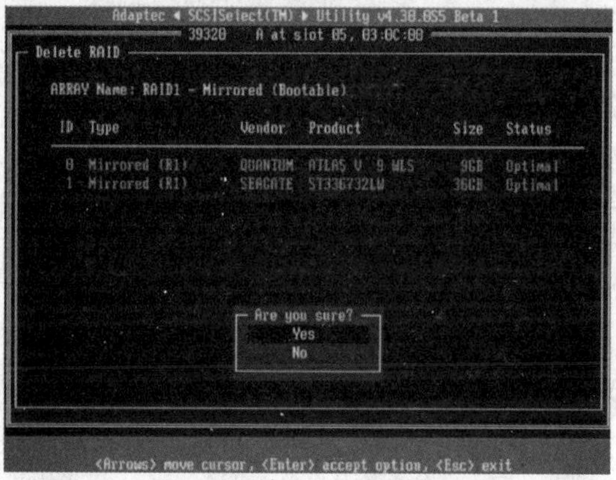

图 6—25　确认删除

步骤 5：删除完毕后，出现图 6—26，显示本机磁盘。

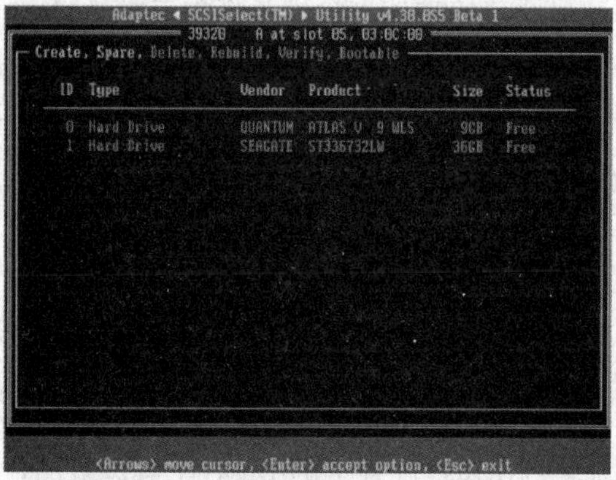

图 6—26　显示本机磁盘

6.2.2 RAID 的容错

学习目标

➤ 能设置 RAID 容错

容错是指系统在其某一组件出现故障时仍继续正常工作的功能，也是一种为使数据避免遭受意外损坏而采取的一种保护措施。容错功能一般通过冗余组件设计来实现。

一、RAID 容错技术

保护数据的方式有许多种，以下介绍的是 Windows NT 所提供的两种容错技术，它非常适合于一般网络用户使用。

1. 带奇偶校验的带区集的使用

数据块仍分散存放在带区集的所有硬盘中，并且每个硬盘都有一个固定区域（约占所使用硬盘分区的 1/3）来存放一个奇偶校验数据。当任何一个硬盘失效时，可利用此奇偶校验数据来推算故障盘中的数据，并且这个恢复操作在不停机的状态下由系统自动完成。

2. 磁盘镜像和双工技术

磁盘镜像和双工是中小型网络中经常使用的另一种容错技术。如果两个硬盘同时接在同一个硬盘控制卡上则称为磁盘镜像，当两个硬盘分别连接在不同的两个硬盘控制卡上时称为磁盘双工。因为在磁盘镜像中存在谁镜像谁的问题，所以应将系统中原有的一个硬盘或已存放数据的一个硬盘作为主盘（Master），而把被镜像的一个硬盘作为从盘（Slaver），在硬件连接时也要注意这一点。磁盘镜像和双工在 Windows NT 中的软件设置方法完全相同，只是在硬件的连接上有所差异，一般情况下建议使用磁盘双工技术。

提示：硬盘下所标的 Master 和 Slaver 表示连接硬盘时，通过跳线方式将其设置成为主盘或从盘方式，而不具体代表这里所讲的镜像关系。

二、RAID 的容错配置

RAID 的配置通常是利用磁盘阵列卡的 BIOS 工具进行的，也有使用第三方提供的配置工具软件去实现的，如 Dell Array Manager。下面介绍的是在 DELL 服务器中如何利用阵列卡的 BIOS 工具进行 RAID 容错配置的方法（在 Adaptec 磁盘阵列控制器上创建 Raid）。

步骤 1：首先当系统在自检的过程中出现如图 6—27 所示的提示时，按 Ctrl+A 键，进入如图 6—28 所示的磁盘阵列卡的配置程序界面。

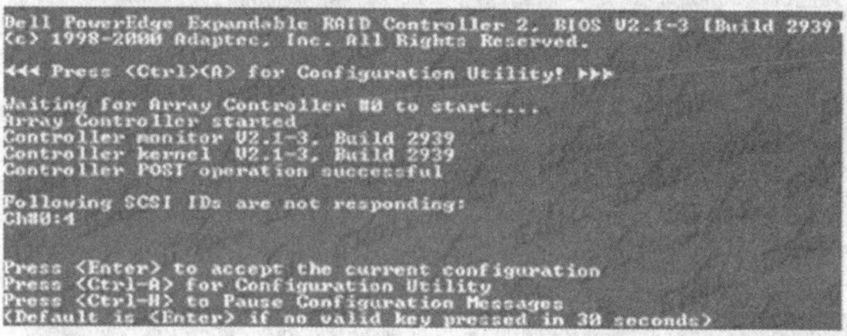

图 6—27　系统自检界面

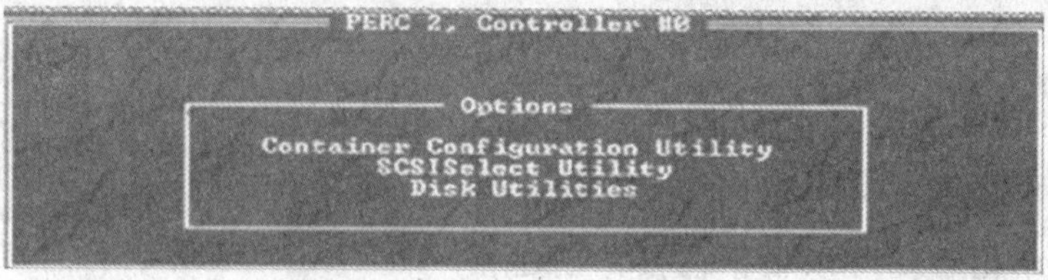

图 6—28　进入 raid 配置界面

步骤 2：然后选择“Container configuration utility”，进入图 6—29 所示配置界面。

图 6—29　配置界面

步骤 3：选择“Initialize Drivers”选项，对新的或是需要重新创建容器的硬盘进行初始化（注意：初始化硬盘将删去当前硬盘上的所有数据），按 Enter 键后进入图 6—30 所示界面。在这个界面中出现了 RAID 卡的通道和连接到该通道上的硬盘，使用“Insert”键选中需要被初始化的硬盘（具体的使用方法参见界面底部的提示，下同）。

步骤 4：全部选择完成所需加入阵列的磁盘后，按 Enter 键，系统将弹出如图 6—31 所示警告提示框。提示框中提示进行初始化操作将全部删除所选硬盘中的数据，并中断所有正在使用这些硬盘的用户。

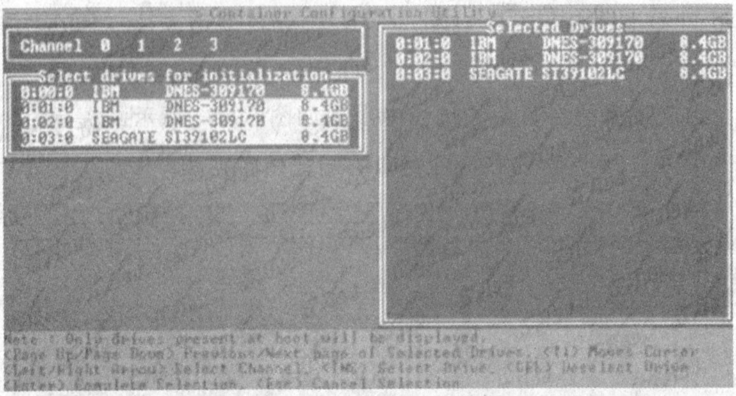

图 6—30　选择格式化的硬盘

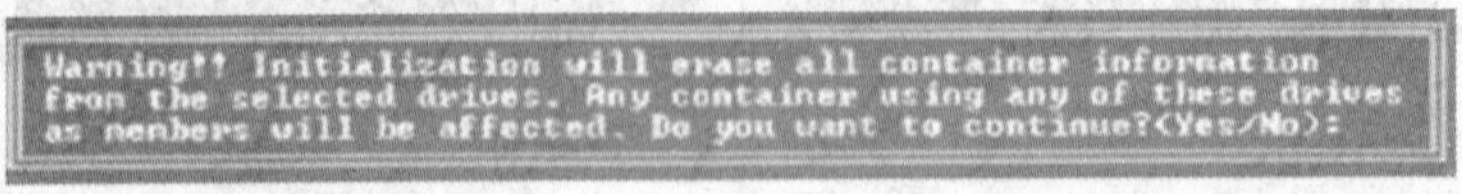

图 6—31　提示界面

步骤 5：按“Y”键确认即可，进入图 6—32 所示，配置主菜单（Main Menu）界面。硬盘初始化后就可以根据需要，创建相应阵列级别（RAID1，RAID0 等）的容器。这里以 RAID 5 为例进行说明。在主菜单界面中选择“Create Container”选项。

图 6—32　选择创建磁盘阵列

步骤 6：按 Enter 键后进入图 6—33 所示配置界面，用“Insert”键选中需要用于创建 Container（容器）的硬盘到右边的列表中去。然后按 Enter 键。在弹出来的图 6—34 所示配置界面中按 Enter 键选择 RAID 级别，输入 Container 的卷标和大小。其他均保持默认不变。然后在“Done”按钮上单击确认即可。

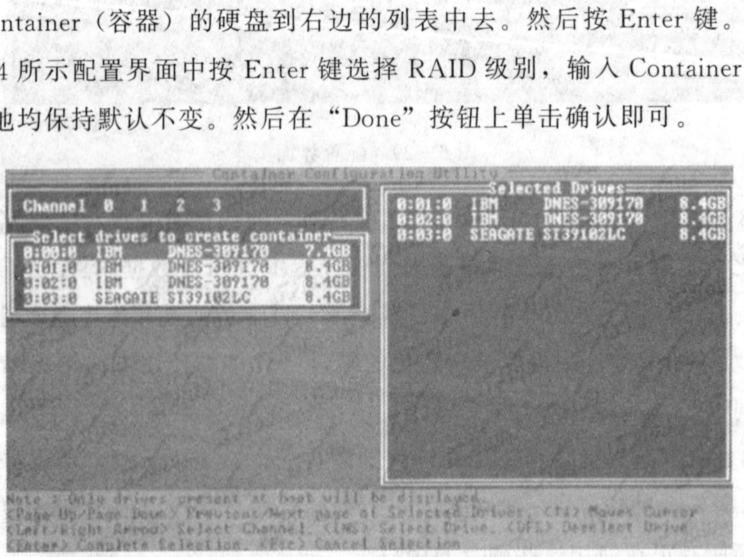

图 6—33　选择硬盘

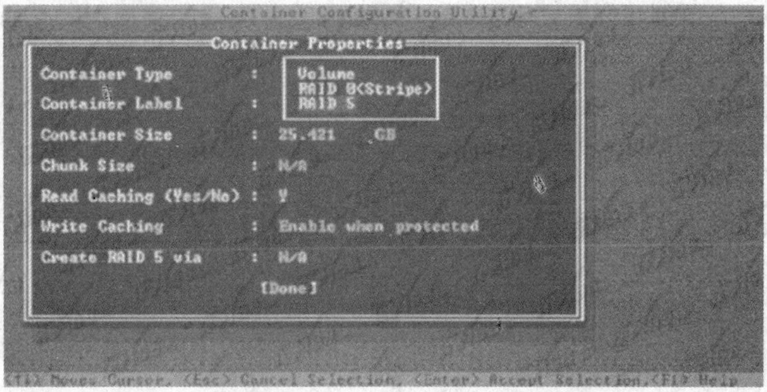

图 6—34 选择 raid 级别

步骤 7：这时系统会出现如图 6—35 所示提示，提示用户当所创建的容器没有被成功完成“Scrub（清除）”之前，这个容器是没有冗余功能的。

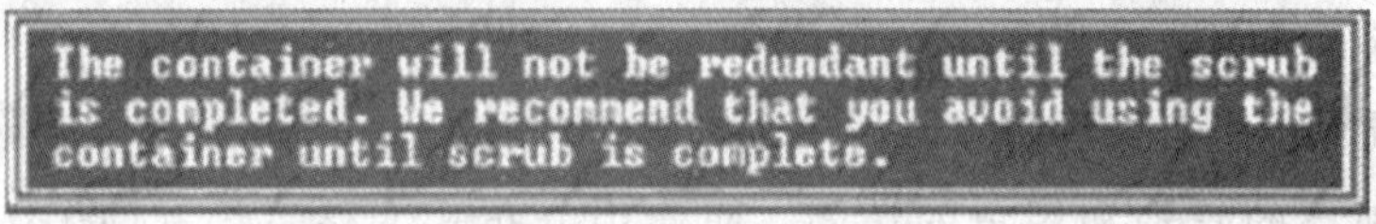

图 6—35 提示信息

步骤 8：按 Enter 键后返回到如图 6—36 所示主菜单配置界面，选中“Manage Containers”选项，按 Enter 键后即弹出当前的容器配置状态，选中相应的容器，检查这个容器的“Container Status”选项中的“Scrub”进程百分比。当变为“OK”后，这个新创建的 Container 便具有冗余功能。

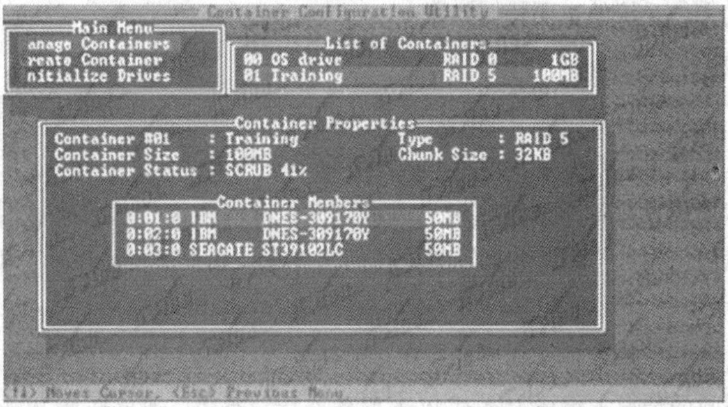

图 6—36 容器创建成功

步骤 9：容器创建好后，按“Esc”键退出磁盘阵列配置界面，重新启动计算机即可。

6.3 分布式文件系统的配置与应用

6.3.1 分布式文件系统的配置

学习目标

➤ 能配置分布式文件系统

如果局域网中有多台服务器，并且共享文件夹也分布在不同的服务器上，这就不利于管理员的管理和用户的访问。而使用分布式文件系统（Distribution File System，简称 DFS），系统管理员就可以把不同服务器上的共享文件夹组织在一起，构建成一个目录树。这在用户看来，所有共享文件仅存储在一个地点，只需访问一个共享的 DFS 根目录，就能够访问分布在网络上的文件或文件夹，而不必知道这些文件的实际物理位置。

一、分布式文件系统的特性

分布式文件系统的主要特性如下：

1. 容易访问文件

分布式文件系统使用户可以更容易地访问文件。即使文件可能在物理上跨越多个服务器，用户也只需要转到网络上的某个位置即可访问文件。而且，当更改共享文件夹的物理位置时，不会影响用户访问文件夹。因为文件的位置看起来仍然相同，所以他们仍然以与以前相同的方式访问文件夹。用户不再需要多个驱动器映射来访问文件。

计划文件服务器维护、软件升级和其他任务（一般需要服务器脱机）可以在不中断用户访问的情况下完成。这对 Web 服务器特别有用。通过选择 Web 站点的根目录作为 DFS 根目录，可以在分布式文件系统中移动资源，而不会断开任何 HTML 链接。

2. 可用性

基于域的 DFS 有两种方法确保用户保持对文件的访问：

（1）Windows 2000 自动将 DFS 拓扑发布到 Active Directory。这确保 DFS 拓扑对域中所有服务器上的用户总是可见的。

（2）管理员可以复制 DFS 根目录和 DFS 共享文件夹。复制意味着可以在域中的多个服务器上复制 DFS 根目录和 DFS 共享文件夹。这样，即使这些文件驻留的一个物理服务器不可用，用户将仍然可以访问文件。

3. 服务器负载平衡

DFS 根目录可以支持物理上通过网络分布的多个 DFS 共享文件夹。这一点很有用，例如，当有一个用户将大量访问文件时，并非所有的用户都在单个服务器上物理地访问此文件，这将会增加服务器的负担，DFS 确保访问文件的用户分布于多个服务器。然而，在用户看来，文件驻留在网络上的相同位置。

4. 提供文件夹冗余

一个 DFS 共享目录可以指向多个目录，DFS 会将所指向的多个目录进行同步，即保证每个文件夹中的文件都是一样的。当其中一个目的文件夹掉线或移除都不会影响到 DFS 共享目录的完整性，以此达到冗余的作用。

二、分布式文件系统的类型

1. 域的 DFS

需要 AD 的支持，支持自动复制，DFS 的配置信息存储在 AD 中。

2. 独立的 DFS

不需要 AD，不支持自动复制，DFS 的配置信息只保存在一台服务器上。

目前，支持分布式文件系统的服务有分布式事务协调服务（Distribution Transcation Coordinator，简称 DTC）和文件复制服务（File Replication Service，简称 FRS）。

三、分布式文件系统的配置操作

下面以 Windows Server 2003 R2 下 DFS 配置操作步骤为例，介绍配置分布式文件系统操作步骤。

1. 配置步骤（以域 DFS 为例）

步骤 1：创建一个共享文件，可取共享名为 DFS 或 Root 等，作为 DFS 根。

步骤 2：打开“管理工具”→“分布式文件系统”，创建一个域的 DFS 根，指向 DFS 或 Root 共享文件。

步骤 3：为 DFS 根创建链接，也就是将不同位置的共享文件链接到 DFS 根下。

步骤 4：重复步骤 3，直到将所有需要客户访问的共享都链接到 DFS 根下。

步骤 5：如果需要保证 DFS 根配置信息的容错，可以配置第 2 台 DFS 服务器也作为 DFS 的根的存放主机。

步骤 6：配置 DFS 复制拓扑和复制优先级等。

2. 操作实例

步骤 1：安装分布式文件系统组件

选择控制面板中的“添加或删除程序”，然后单击“添加/删除 Windows 组件”，勾选分布式文件系统（在分布式文件系统中包含有 DFS 复制服务、DFS 复制诊断和配置工具、DFS 管理三个子组件，可以根据需要来选择），再单击“下一步”按钮，最后单击“完成”按钮即可。

提示：需要在每一台（如果有三台机器 Server1、Server 2、Server 3）具有相应功能的服务器上安装对应的组件。

步骤 2：创建共享文件夹

建立 Server2 与 Server3 中的两个目标文件夹 C：\ PictureS，并将其设置为共享文件夹，假设共享名为 PictureS。

步骤 3：创建新的命名空间

Server1 上选择“开始”→“管理工具”→“DFS 管理”，如图 6—37 所示。单击“命名空间”，在右方单击“新建命名空间”，出现图 6—38。

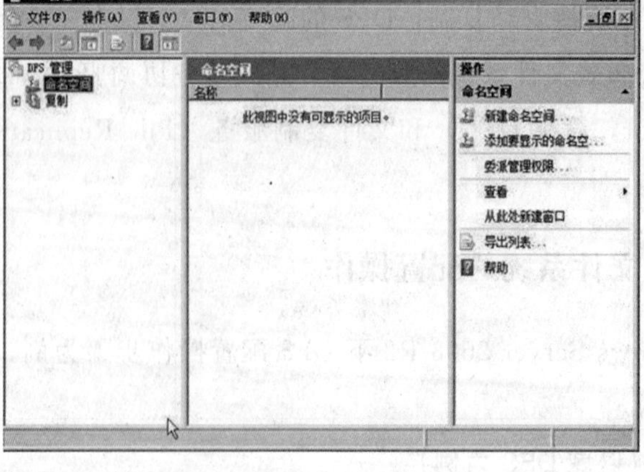

图 6—37　打开 DFS 管理器

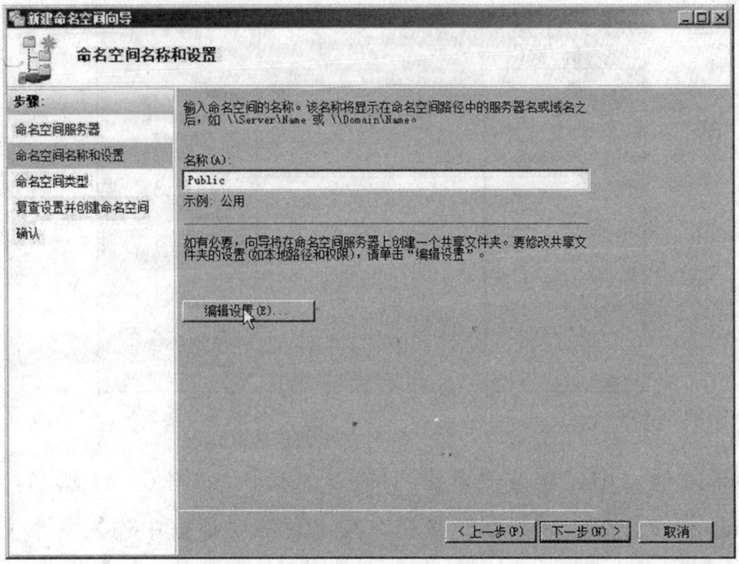

图 6—38　建立命名空间

在图 6—38 中首先选择用来作为命名空间服务器的计算机，如 Server1。单击“下一步”按钮。设置命名空间的名称，例如 Public，由于是创建基于域的命名空间，如果域名是 abc. com，因此完整的名称将是 \ \ abc. com \ Public。完成后单击“下一步”按钮。在命名空间类型中选择“基于域的命名空间”，然后单击“下一步”按钮。出现图 6—39，确认所有设置都成功后单击“关闭”按钮，出现图 6—40。

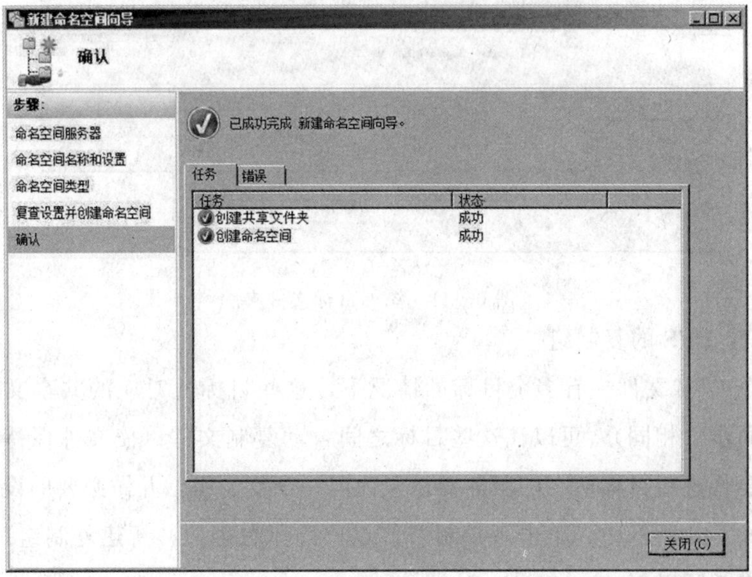

图 6—39　命名空间检查

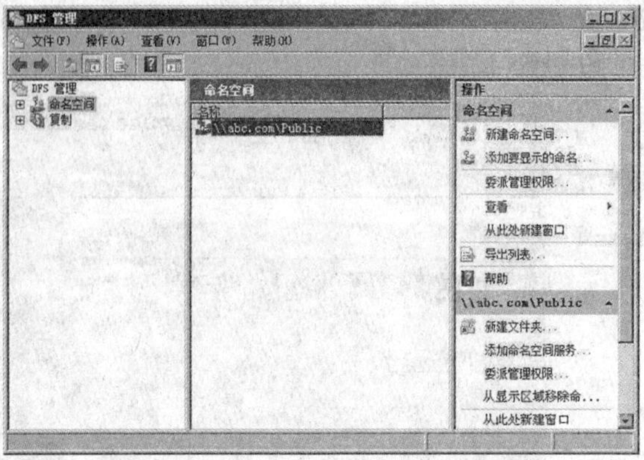

图 6—40　命名空间创建成功

在图 6—40 所示中，单击“新建文件夹”按钮，如图 6—41 所示，创建 DFS 文件夹“PictureS”，单击“添加”按钮，在出现的对话框中输入共享文件夹的路径（如\\Server2\PictureS），然后单击“确定”按钮，添加另一个目标，并将其对应到\\Server3\PictureS 上。

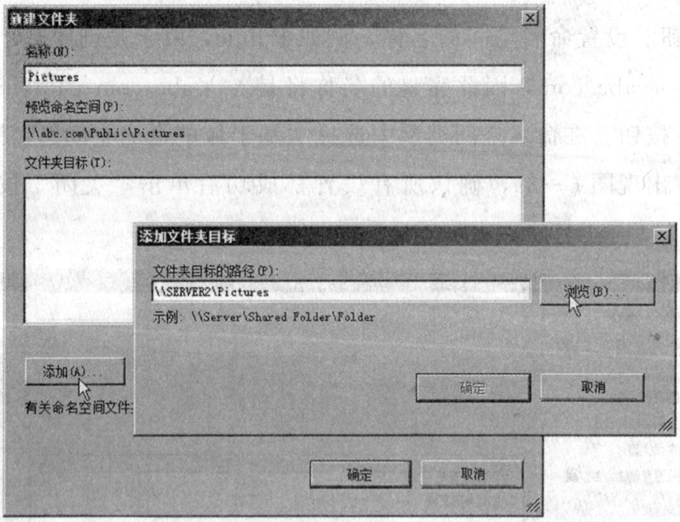

图 6—41　添加目标文件夹

步骤 4：DFS 的复制组

在一个 DFS 文件夹有多个目标的情况下，这些目标所对应的共享文件夹内的文件必须同步（相同），可以让这些目标之间自动复制文件以使文件保持同步，不过用户需要将这些目标所在的服务器设置为同一个复制组，并做必要的设置。

在图 6—40 所示中，单击“复制”节点，选择右边的“新建复制组”，按照向导指示操作就可以了。

步骤 5：复制拓扑

若要修改复制的设置，在图 6—40 所示中单击“复制”，选择右方的“添加要显示的复制组”，如图 6—42 所示，选择域或服务器，选择复制组，单击“确定”按钮。

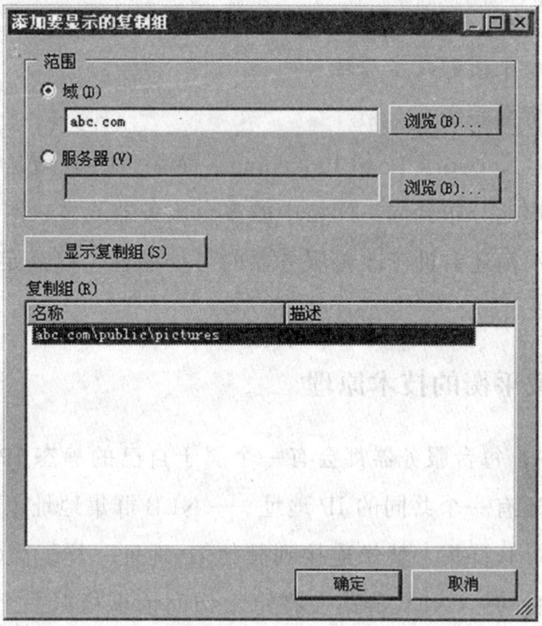

图 6—42　添加复制组

然后通过图 6—43 所示右方的操作窗口来变更与复制有关的设置。

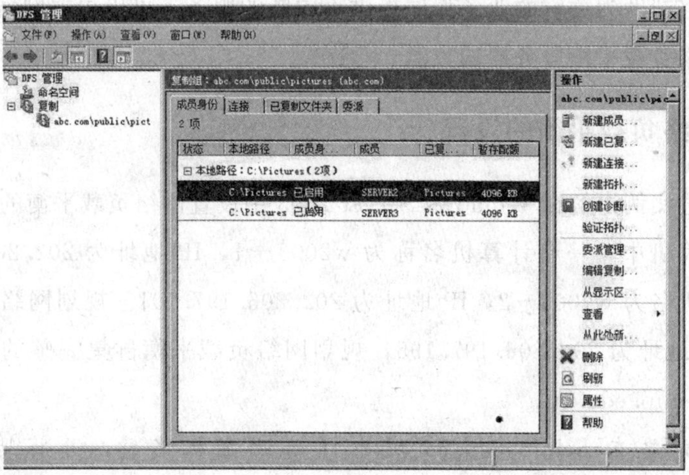

图 6—43　复制选项

6.3.2 网络负载平衡的应用

学习目标

➢ 了解网络负载平衡的技术原理

➢ 能设置网络负载平衡

网络负载平衡（Network Load Balancing，简称 NLB）就是能将大量的客户端请求负载，比较平均地分布到同一网络中的多台服务器或多块网卡来进行处理的一种技术。网络负载平衡还有助于改善服务器的可伸缩性，以满足不断增长的 Internet 型客户端的需求。

一、网络负载平衡的技术原理

在 NLB 群集中，每台服务器都会有一个属于自己的静态 IP 地址，但 NLB 群集中的所有服务器还有一个共同的 IP 地址——NLB 群集地址。客户端可以通过这个 IP 地址连接到 NLB 群集，就像连接到其他 IP 地址一样。当有客户端请求连接到这个共享的 IP 地址时，NLB 群集会将每个访问请求指派一个具体的群集成员。当部署一个使用网络负载平衡的群集时，每个服务器都需要对所有的用户可用。如果网络负载平衡中的一台或几台服务器不可用时，服务不会中断，网络负载平衡自动检测到服务器不可用时，能够迅速地在剩余的服务器中重新指派客户机通信。此保护措施能够帮助为关键的业务程序提供不中断的服务。可以根据网络访问量的上升来增加网络负载平衡服务器的数量。

二、网络负载平衡的设置

下面通过实例讲解在 Windows Server 2003 中设置网络负载平衡的操作步骤。

两台计算机中，一台计算机名称为 w2003－1，IP 地址为 202.206.197.190，另一台计算机名为 w2003－2，IP 地址为 202.206.197.191。规划网络负载平衡群集使用的 IP 地址为 202.206.197.195，规划网络负载平衡群集完整的计算机名称为 cluster.heinfo.edu.cn。

提示：需要在 heinfo.edu.cn 域中注册此主机名称，并将地址设置为 202.206.197.195。如果没有 DNS，可以在需要访问网络负载平衡的客户机（包括网络负载平衡主机）上编辑%systemroot%system32/drivers/etc 目录下的 hosts 文件，添加一条信息“202.206.197.195 cluster.heinfo.edu.cn”，即可解决DNS域名解析的问题。

具体步骤如下：

步骤1：先进入第一台计算机，以管理员身份登录，从“管理工具”中运行“网络负载平衡管理器”，用鼠标右键单击“网络负载平衡群集”，在出现的菜单中选择“新建群集”，进入“群集参数”界面，在“IP地址”后面输入规划的群集参数地址202.206.197.195，在子网掩码处使用默认值，在“完整Internet名称”后面输入cluster.heinfo.edu.cn（也可以是其他的名称，但输入的DNS名称必须与输入的IP地址相符）。如果允许远程控制，请选中“允许远程控制”，并在“远程密码”和“确认密码”处输入可以进行远程控制的密码。

步骤2：单击“下一步”按钮，进入群集IP地址页面后再进入“端口规则”界面，单击“下一步”按钮，进入“连接”界面。

步骤3：在“连接”界面的“主机”栏中输入当前计算机的名称w2003－1，然后单击“连接”按钮，将在“对配置一个新的群集可用的接口”框中显示连接的计算机的网卡及IP地址。选择与群集IP地址同一网段的地址（用于对外提供网络应用的网卡），然后单击“下一步”按钮，进入设置“主机参数”界面，单击“完成”按钮，系统将自动开始网络负载平衡群集的配置。几分钟后，网络负载平衡群集配置完成。

步骤4：打开第二台计算机，并以管理员的身份登录进入。

提示：在网络负载平衡中的每个节点上，管理员账号的用户名和密码最好一致。

步骤5：然后在第一台计算机上，用鼠标右键单击新创建的群集，从出现的菜单中选择“添加主机到群集”。将出现“连接”界面，在“主机”中输入第二台计算机的计算机名称，单击“连接”按钮，将会在“对配置群集可用的接口”下面显示出连接的计算机上的网络配置。选择202.206.197.191的网卡，进入主机参数界面，单击“完成”按钮，即可返回网络负载平衡管理器。

步骤6：关闭网络负载平衡管理器后再进入网络负载平衡管理器。用鼠标右键单击“网络负载平衡群集”，从出现的菜单中选择“连接到现存的”，弹出“连接”界面。

输入第一台计算机的名称，单击“连接”按钮，在“群集”下面将列出群集的IP地址，选择此IP地址，并单击“完成”按钮，连接群集即可完成。

以后，如果这两台服务器不能满足需求，可以按以上步骤添加第3台、第4台计算机到网络负载平衡中以满足要求。

步骤 7：用 IIS 服务验证网络负载平衡。进入第一台计算机的 inetpub/wwwroot 文件夹，新建一个文本文件，输入“This win2003－1”，然后将它保存为 default. htm 文件。这个网页在 IE 中将显示如下内容：This w2003－1。

在第二台计算机的 inetpubwwwroot 目录，新建一个文本文件，并输入：This win2003－2，这个网页在 IE 浏览器中将显示“This w2003－2”，随后将这个文件以 default. htm 名称保存。

然后，在其他计算机上的 IE 浏览器中键入 http：//cluster. heinfo. edu. cn，将显示为“This win2003－1”或“This win2003－2”，根据网络的负载，网络负载平衡会自动转发到第一台计算机或第二台计算机。

6.4 制定备份策略及数据备份方法分析

6.4.1 制定备份策略

学习目标

- 能根据实际情况制定备份策略
- 能利用备份工具进行数据自由选择备份

一、制定备份策略时要考虑的因素

在实际工作中，需要根据实际工作情况，制定切实可行的备份策略，一般要考虑以下因素。

1. 决定备份哪些文件和文件夹

对于使用的关键数据要一直备份，比如销售和财政记录以及每台服务器的注册表等重要数据。

2. 决定备份介质类型

备份介质可以是硬盘驱动器，也可以是单独的存储设备（例如磁带驱动器）。选用介质时应考虑：

（1）最好使用磁带进行备份。因为用户可以创建备份并将磁带存储到计算机之外的位置。这样可以预防硬盘故障以及火灾或其他灾难性事件所引起的数据丢失。对于较大的备份作业来说，使用磁带进行备份很方便。因为磁带具有很高的存储容量，但是，磁带的寿命较短，而且容易损坏。

（2）如果选择备份到硬盘，请确保该硬盘与主硬盘是相互独立的，以免主硬盘发生故障。备份到硬盘驱动器虽然很方便，但不能预防灾难性事件。

（3）可以将备份后的数据存储到文件上，创建的文件中包含选择进行备份的文件和文件夹，这个文件具有 .bkf 的扩展名。

3. 决定采用网络备份还是本地备份

网络备份可以包含多台计算机上的数据，可以将多台计算机上的数据备份合并到一个可以移动的备份介质上，通过网络备份，管理员还可以对整个网络进行备份。如果决定采用本地备份，那么备份需要在每台计算机上进行。

还可以将网络备份和本地备份相结合进行备份，关键的数据保存在客户机和服务器上。不是每台计算机都有一个可以移动的存储设备的时候，可以采用这种方式。

4. 决定备份类型的组合

将不同的备份类型组合起来使用是一种很有效的备份策略。有些备份类型在备份数据的时候需要耗费很多时间，而在恢复数据的时候则速度很快。相反，有些备份类型在进行数据备份的时候花费的时间很少，而在数据恢复的时候需要较多时间，在日常的备份实践中，经常采用以下两种组合类型：

（1）普通＋差异备份

普通备份将复制用户选择的所有文件，并将每个文件标记为已备份。差异备份复制自上次普通备份以来创建和更改的文件（“差异”）。因为它未将文件标记为已备份，所以已更改的文件仍将在下次普通备份时进行备份。

提示：差异备份比普通备份的时间短。如果用户要执行普通备份和差异备份的结合，则恢复数据要求用户具有最近的普通备份和差异备份。

以备份一周的数据为例，可以在星期一进行普通备份，星期二至星期五进行差异备份。差异备份不会清除文件的存档属性，这就意味着每次备份都能将从星期一开始的所有变化包括在内。如果数据在星期五被损坏，只要恢复星期一进行的普通和星期四进行的差异备份即可。这种策略在备份的时候耗费的时间较长，但是还原数据时间较短。

（2）普通＋增量备份

星期一进行普通备份，星期二至星期五进行增量备份。增量备份会清除文件的存档属性，这就意味着在每次备份的时候，只能将上次备份以后发生过变化的文件包含进来。如果数据在星期五损坏，那么就需要将星期一进行的普通备份和以后从星期二到星期五的增量备份统统恢复，这种策略在备份的时候耗费的时间较少，但是还原数据时间较长。

5. 决定备份间隔

如果数据是非常关键的，就需要每天备份一次。如果用户每周、每月创建或者修改一次报表，将报表每周、每月备份一次就足够了。在进行数据备份的时候，只要和它变化的频率相辅就行了。建议安排进行每周普通备份，对每周不进行普通备份的日期进行差异备份。

6. 选择适当的备份时间

最好选择在夜晚、周末或不使用服务器的时候进行备份。用户可以备份打开的或正在使用的文件；但是备份可能会跳过其他进程正在使用的一些文件。

提示：备份时应关闭所有应用程序，以便尽量减少未备份的文件数。

二、使用“备份”工具进行数据备份和还原的操作

1. 使用“备份”工具进行数据备份

步骤 1：运行备份工具。单击“开始”→“程序”→“附件”→“系统工具”→“备份”，如图 6—44 所示。

步骤 2：进入“备份”程序界面，如图 6—45 所示。

步骤 3：选择要备份的文件、文件夹和驱动器。如图 6—46 所示，在“备份”程序界面，选择“备份”选项卡，在“单击复选框，选择要备份的驱动器、文件夹和文件”处，本例选择要备份的驱动器是“E 盘”，要备份的文件夹是“07 建设方案”“07 试点专业 1”。

提示：备份程序为用户提供了计算机中驱动器、文件和文件夹的目录树视图，可以使用该视图来选择要备份的文件和文件夹。用户可以像使用 Windows 资源管理器一样使用此目录树视图来打开驱动器和文件夹并选择文件。

步骤 4：为备份数据选择存储媒体或文件位置。如图 6—46 所示，在“备份媒体或文件名”处，本例输入 F：\ 建设方案备份 . bkf。单击“开始备份”按钮。

步骤 5：选择有关该备份作业的信息。选择“用备份替换媒体上的数据”选项，如图 6—47 所示，单击“高级”按钮。

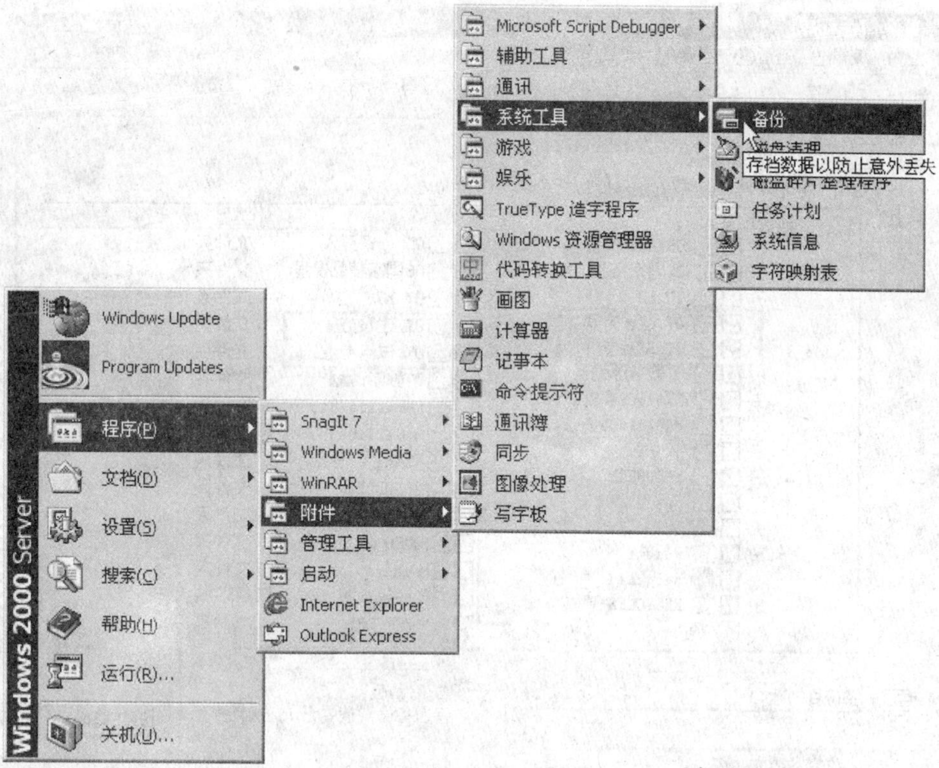

图 6—44　运行备份工具

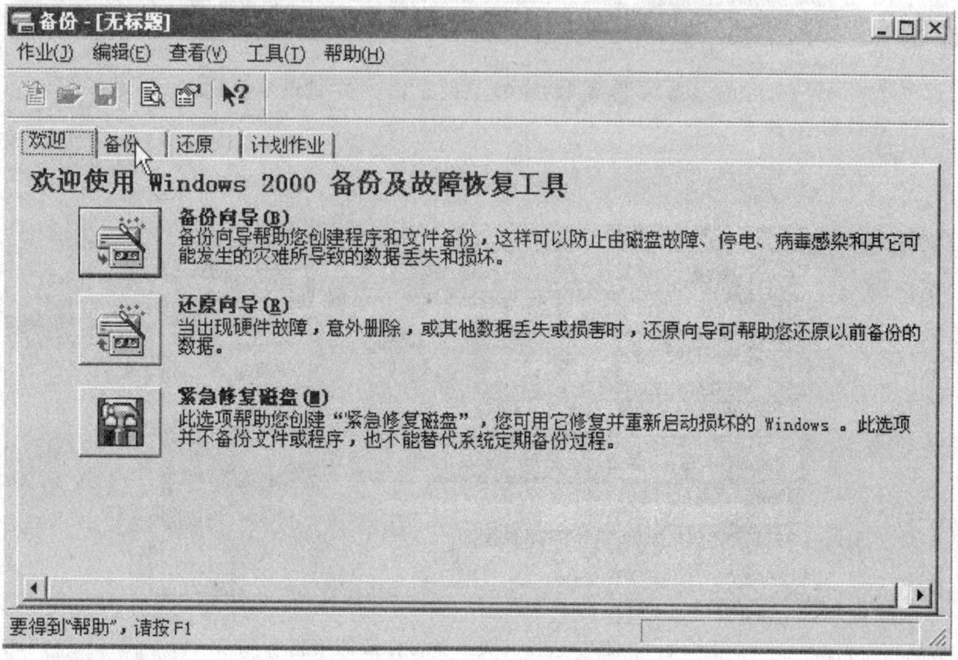

图 6—45　“备份”程序界面

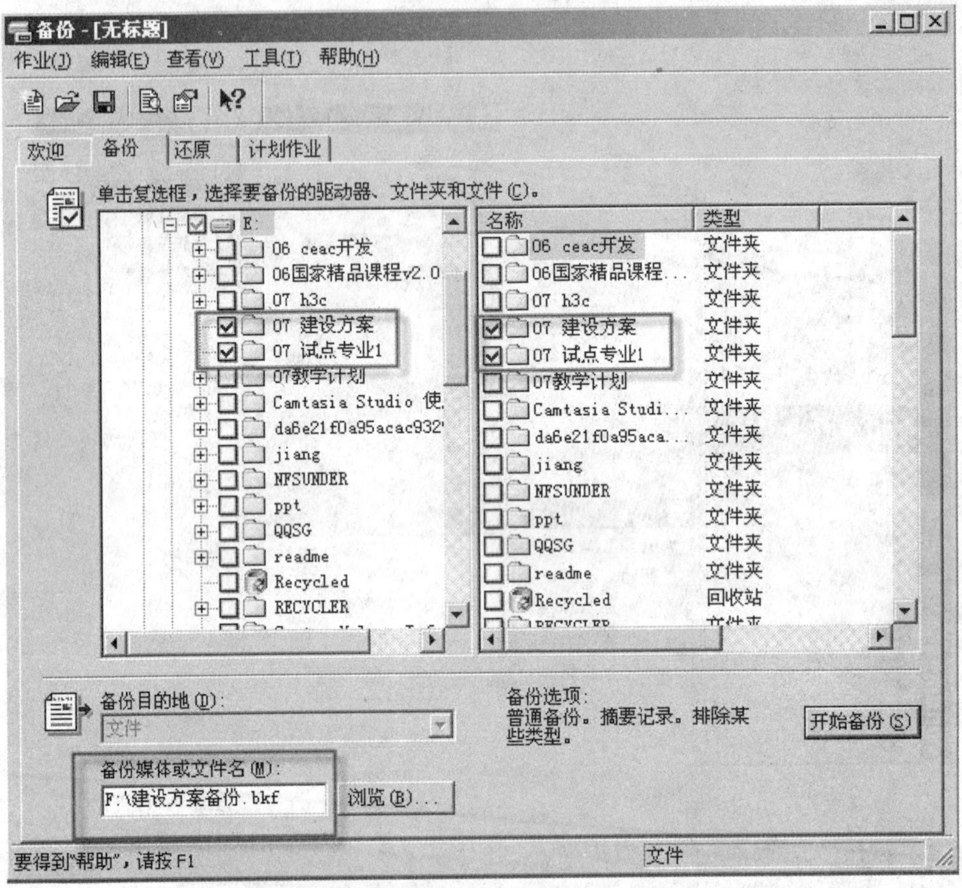

图 6—46　备份文件夹“07 建设方案”“07 试点专业 1”

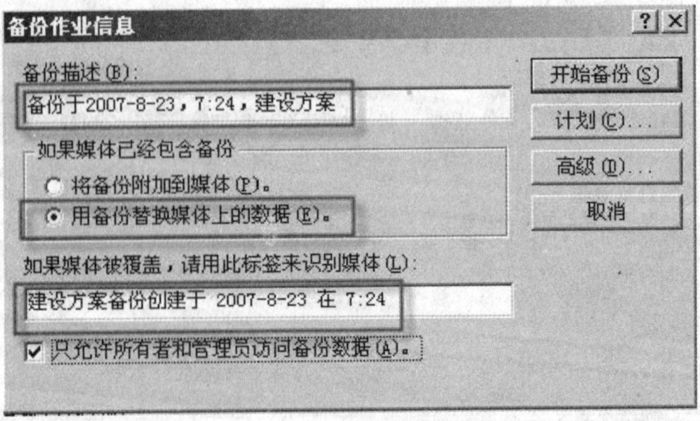

图 6—47　选择有关该备份作业的信息

提示：开始备份操作时，备份程序会提示用户输入有关该备份作业的信息，并允许用户设置高级备份选项。在提供了信息或更改了备份选项之后，备份程序将开始备份选定的文件和文件夹。

步骤 6：设置备份选项。如图 6—48 所示，选择备份类型为“普通”。单击“确定”按钮。

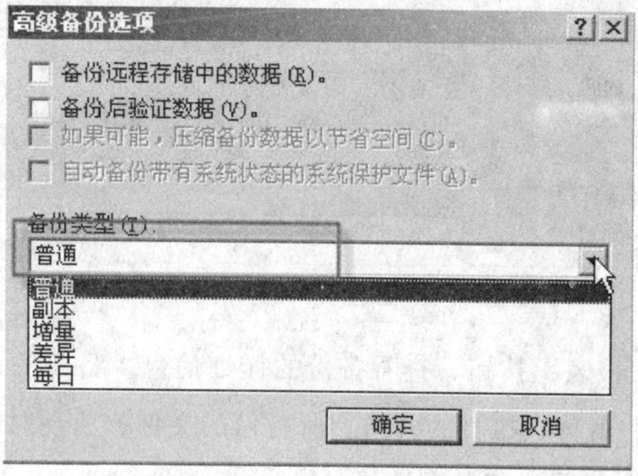

图 6—48　设置备份选项

步骤 7：开始备份。弹出“备份进度”界面，如图 6—49 所示。

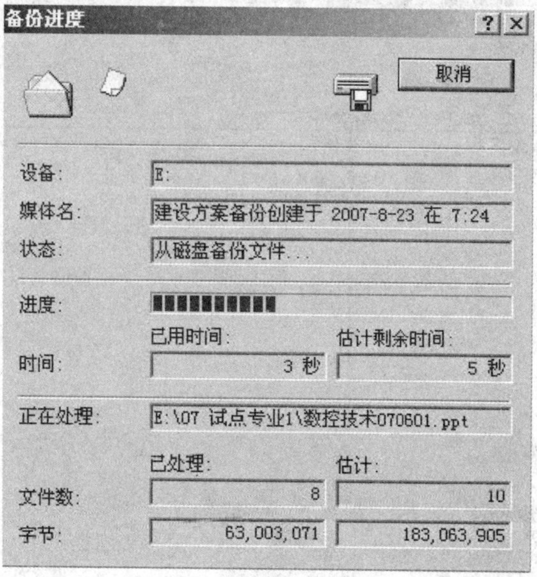

图 6—49　“备份进度”界面

步骤 8：完成备份。如图 6—50 所示。

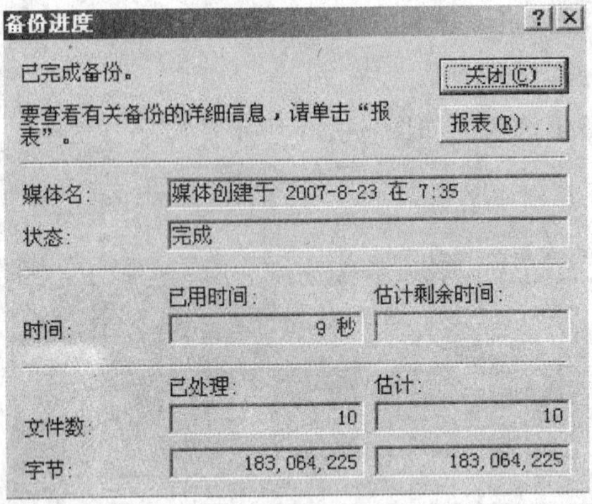

图 6—50　完成备份

步骤 9：单击“报表”按钮，查看备份的详细信息。备份的详细信息包括本次备份的设置、备份的名称、执行的时间、所备份的文件、所耗时间等。

2. 使用“还原”工具进行数据还原

步骤 1：运行备份工具。单击“开始”→“程序”→“附件”→“系统工具”→“备份”，进入“备份”程序界面，选择“还原”选项卡，如图 6—51 所示。

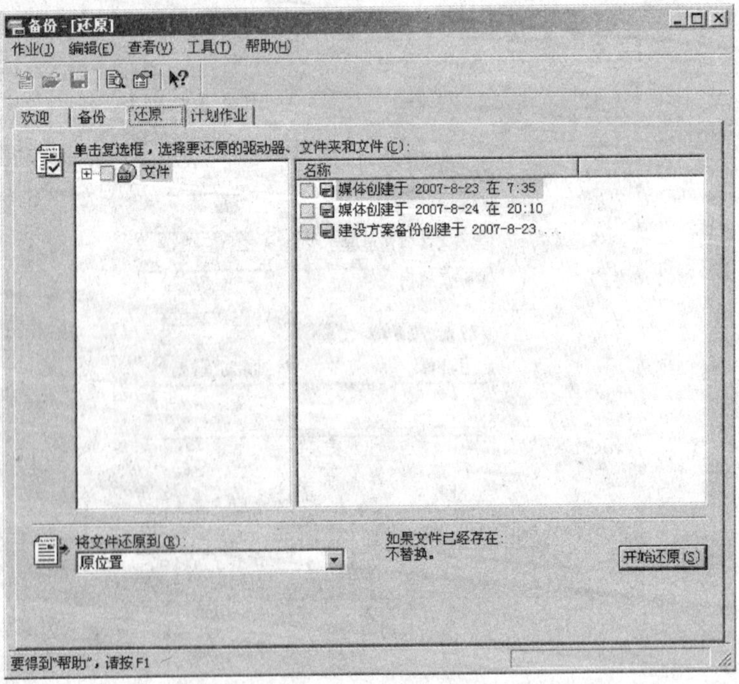

图 6—51　“还原”界面

步骤 2：选择要还原的驱动器和文件夹。本例选择要还原的驱动器是“E:”，文件夹是“07 教学计划”，如图 6—52 所示。

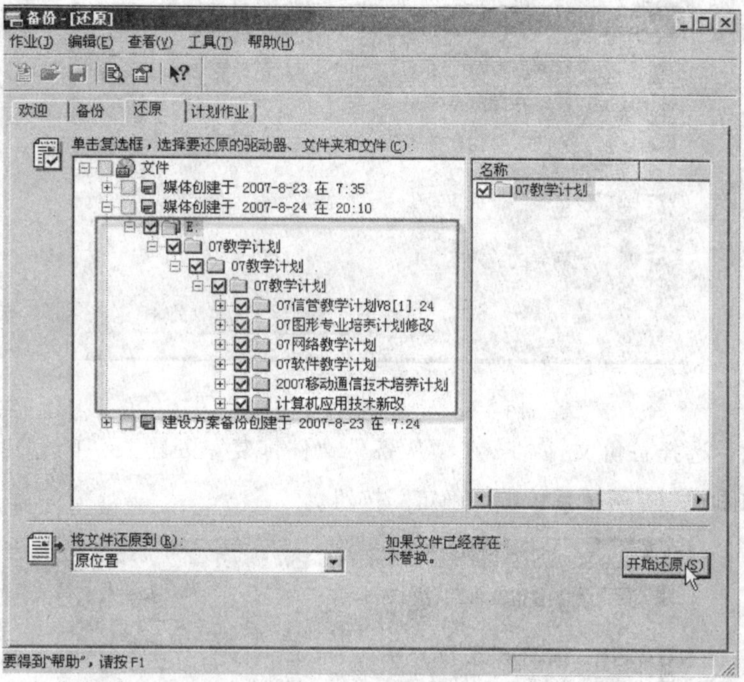

图 6—52　选择要还原的驱动器和文件夹

步骤 3：选择备份文件和文件夹要还原到的位置。本例选择将文件还原到“原位置”，单击“开始还原”按钮。

提示：被还原文件“将文件还原到”可选择三个目的地中的一个。“原位置”是将文件或文件夹还原到备份时所在的文件夹。“替换位置”是将文件或文件夹还原到指派位置，并保留备份数据文件夹结构。“单个文件夹”是将文件或文件夹还原到指派位置，不保留备份数据文件夹结构。

步骤 4：进入“确认还原”界面。如图 6—53 所示，单击“高级”按钮。

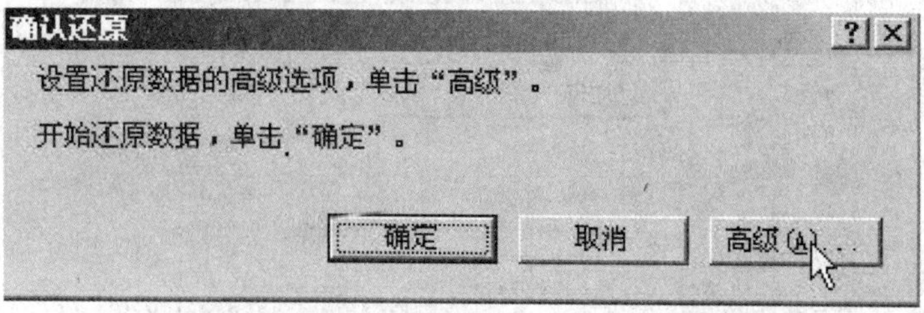

图 6—53　“确认还原”界面

步骤 5：选择高级还原选项。进入“高级还原选项”界面，选择还原选项，本例选择如图 6—54 所示，单击“确定”按钮。

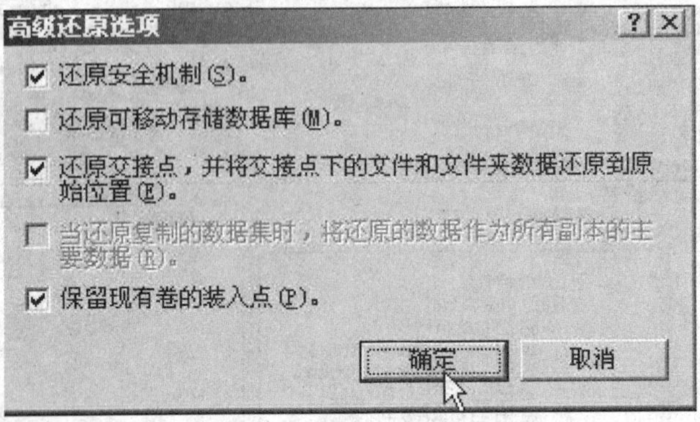

图 6—54　选择高级还原选项

步骤 6：选择备份文件名。在“从备份文件恢复”处输入“F：/建设方案备份 . bkf”如图 6—55 所示，单击“确定”按钮。

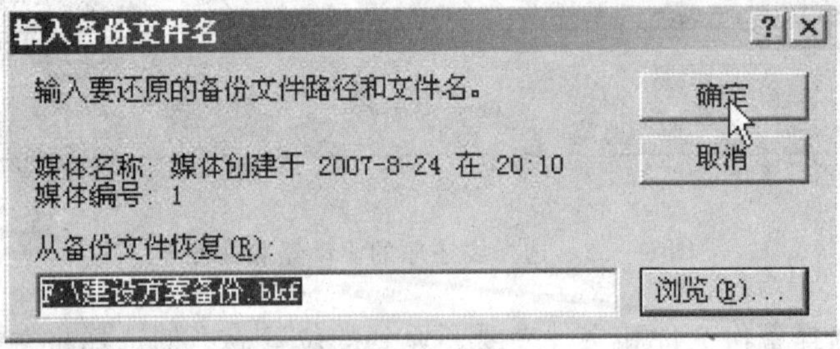

图 6—55　选择备份文件名

步骤 7：进行还原。还原时，将显示进度，如图 6—56 所示。

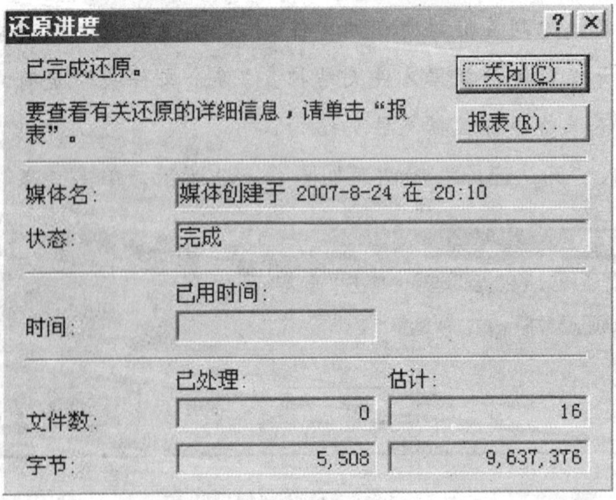

图 6—56　“还原进度”界面

步骤 8：查看还原详细报告，如图 6—57 所示。

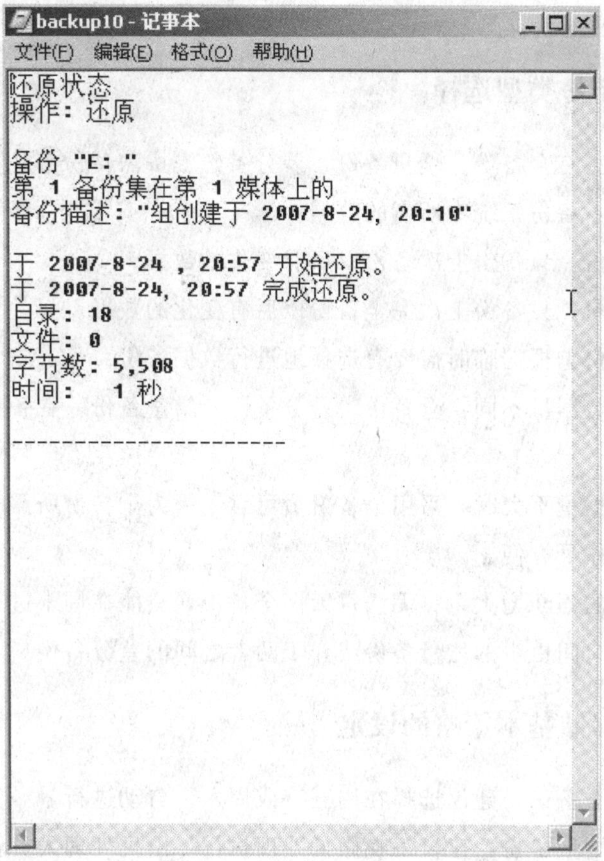

图 6—57　还原报告

6.4.2　数据备份方法分析

学习目标

➢ 了解计划备份基本内容

➢ 掌握计划备份操作方法

一、计划备份

可以使用计划备份进行自动备份。计划备份，描述了每天的备份以什么方式、使用什么备份介质进行，是系统备份方案的具体实施细则。在制订完计划备份后，要按照计划进行日常备份，否则将无法达到备份方案的目标。计划备份可以安排每天、每周或每月执行的备份任务，也可以更改执行任务的时间表或自定义在预定的时间如何运行任务。

二、数据备份类型选择

数据备份类型有全备份、增量备份、差分备份、按需备份等几种方式。

（1）全备份：备份系统中所有的数据。

（2）增量备份：只备份上次备份以后有变化的数据。

（3）差分备份：只备份上次完全备份以后有变化的数据。

（4）按需备份：根据临时需要有选择地进行数据备份。

各种备份的数据量不同：全备份＞差分备份＞增量备份。在备份时要根据它们的特点灵活使用。

当系统中数据量不大时，采用全备份最可靠。因为全备份所需时间最长，但恢复时间最短，操作最方便。

随着数据量的不断增大，将无法每天做全备份，只能在周末进行全备份，其他时间可采用所用时间更少的增量备份或介于两者之间的差分备份。

三、数据存储基本策略的设定

（1）数据库全备份：建议选择在周五（或周六）自动进行。

（2）数据库增量备份：建议每晚做批处理执行。由批处理人员触发或系统自动执行。

（3）文件全备份：建议将主机系统和其他服务器的数据做全备份，选择在周日自动进行。

（4）文件增量备份：建议在周一至周四（或周五）之间备份文件的增量。

（5）系统全量：建议在月初的周日备份系统及数据库的全量。

（6）系统增量：建议在其余的时间仅备份系统和数据库配置的增量。

（7）跟踪备份：建议实时备份系统增量（事务日志备份）。

四、进行每月差异数据备份操作步骤

步骤 1：启动备份向导。单击“开始”→“程序”→“附件”→“系统工具”→“备份”，选择“备份向导”菜单项，进入“备份向导”界面，如图 6—58 所示。单击“下一步”按钮。

步骤 2：选择要备份的文件、驱动器或文件夹。如图 6—59 所示。

图 6—58　“备份向导”界面

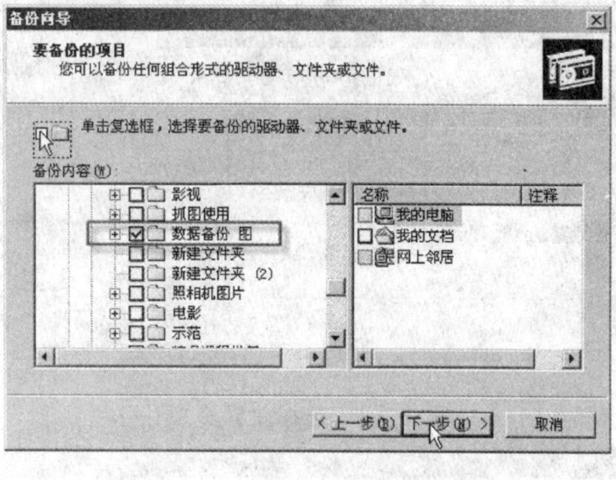

图 6—59　选择备份项目

步骤 3：选择备份要保存的位置。如果要备份到文件，则在备份媒体或文件名框中指定文件名和文件夹。如果要备份到磁带上，则单击要使用的磁带。本例选择如图 6—60 所示。

步骤 4：选择备份类型。如图 6—61 所示，本例选择“差异”类型。

步骤 5：选择备份后验证数据。如图 6—62 所示。

步骤 6：选择备份媒体。如图 6—63 所示。

步骤 7：输入备份和媒体标签，如图 6—64 所示。

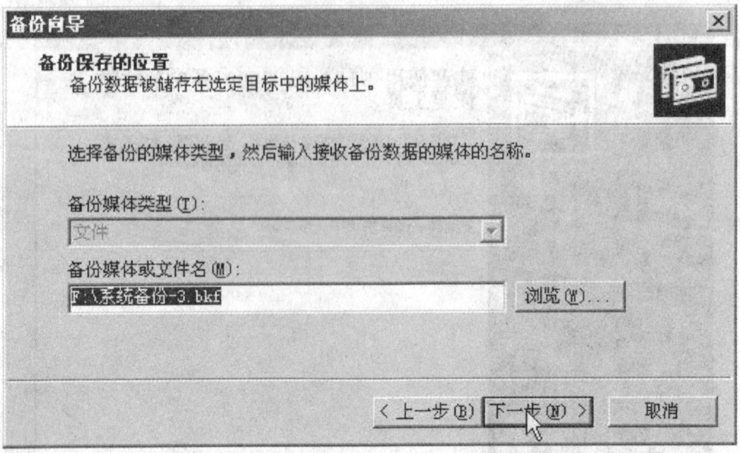

图 6—60　选择备份要保存的位置

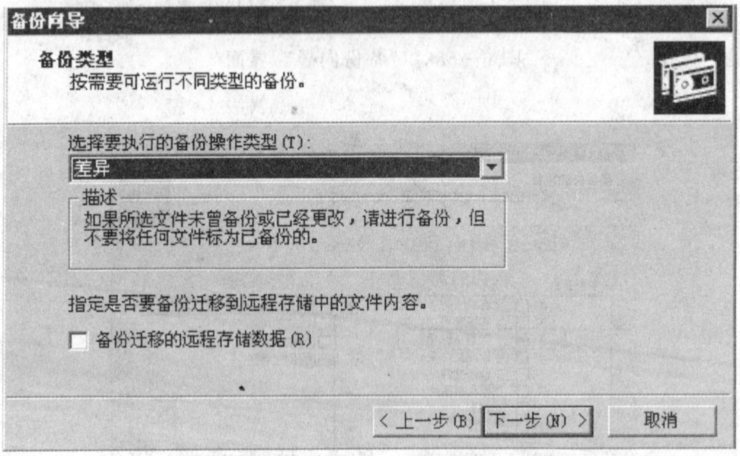

图 6—61　选择差异类型

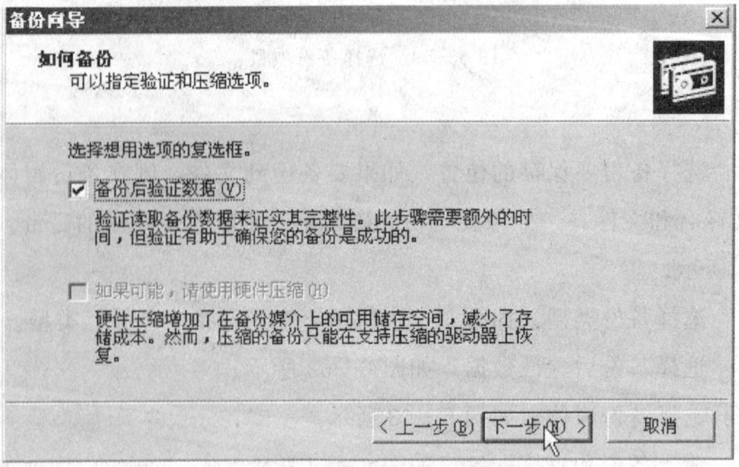

图 6—62　选择备份后验证数据

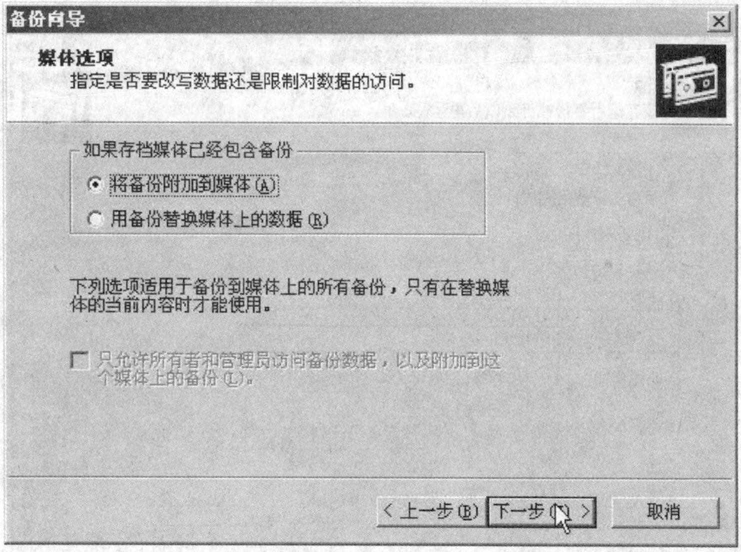

图 6—63　选择备份媒体

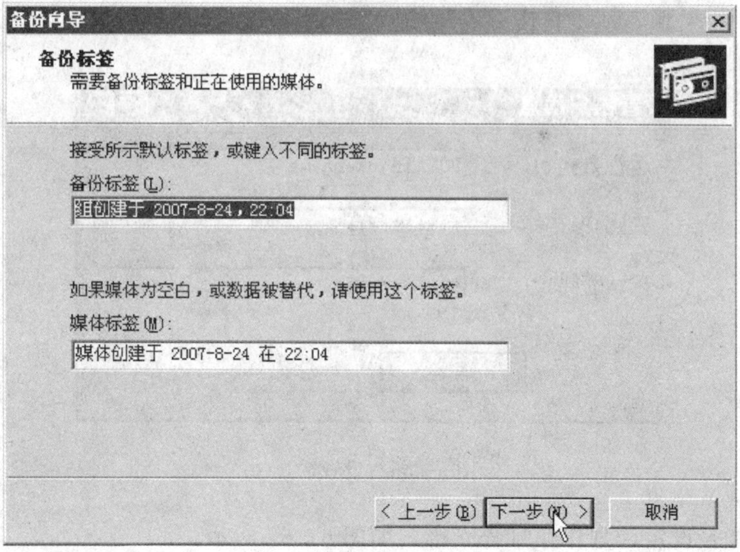

图 6—64　输入备份媒体和标签媒体

步骤 8：选择备份时间。本例选择“以后”，如图 6—65 所示。在“计划项”的作业名中输入描述性名称，本例为“备份作业”，单击“设定备份计划”按钮。

步骤 9：设置账户。如图 6—66 所示，在“设置账户信息”对话框的“运行方式”中，输入已授权执行备份和还原操作的账户的域、工作组和用户名。使用 domain \username 或 workgroup \ username 格式。在密码中输入用户账户的密码。

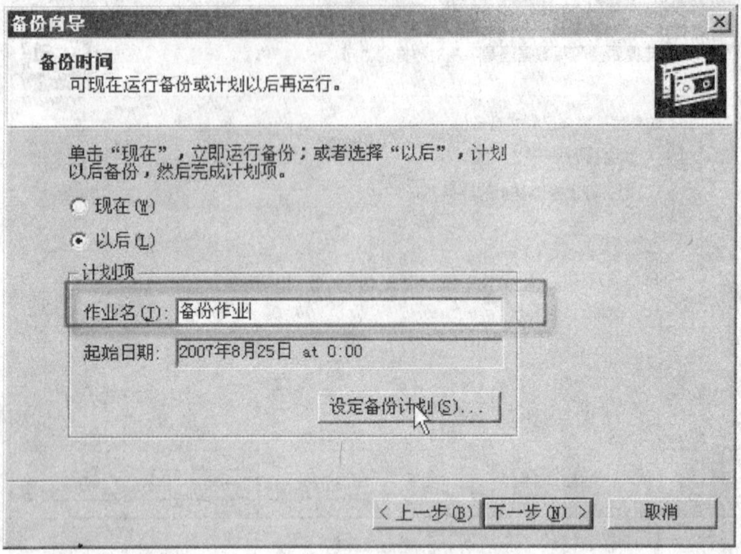

图 6—65　选择备份时间

在“确认密码”输入框中再次输入密码，然后单击“确定”按钮。

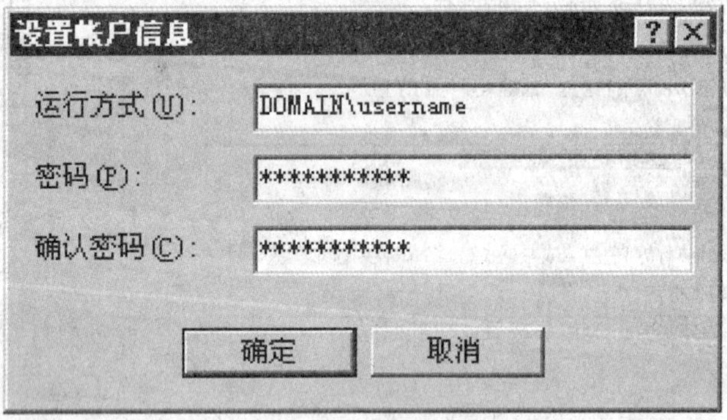

图 6—66　设置账户

步骤 10：设定计划作业日程安排，如图 6—67 所示。

在“计划任务”对话框中单击下拉菜单中的“每月”，在“每月计划任务”对话框中设置“每月 1 号”，在“开始时间”中，使用向上和向下箭头键选择开始备份的适当时间。单击“高级”按钮。

提示：用户可在系统使用率较低时运行备份操作。

步骤 11：指定计划任务的开始日期和结束日期，或指定计划任务是否按照特定时间间隔重复运行，如图 6—68 所示。

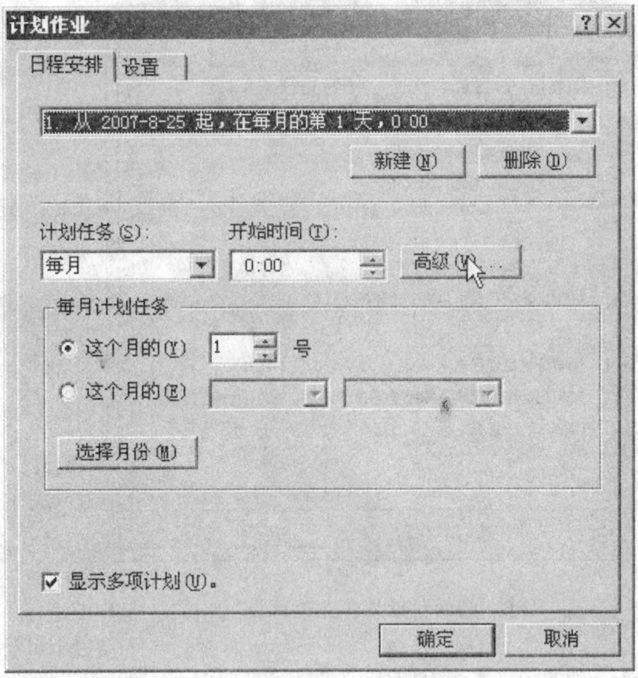

图 6—67　设定计划作业日程安排

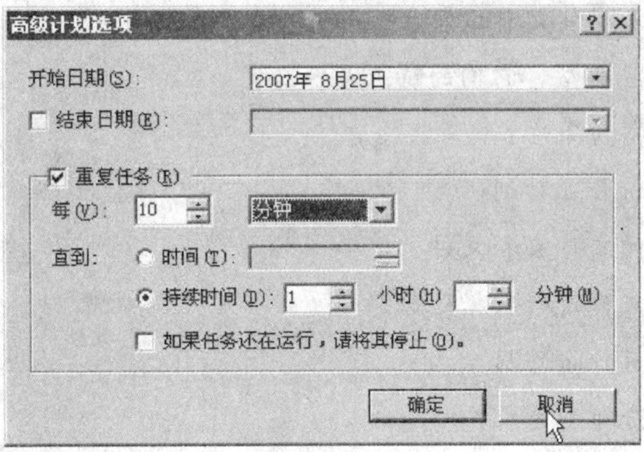

图 6—68　高级计划选项

步骤 12：对计划作业进行设置，如图 6—69 所示。

步骤 13：在“备份时间”页面中单击“下一步”按钮。

步骤 14：在“完成备份向导”页面中，确认设置，单击“完成”按钮。

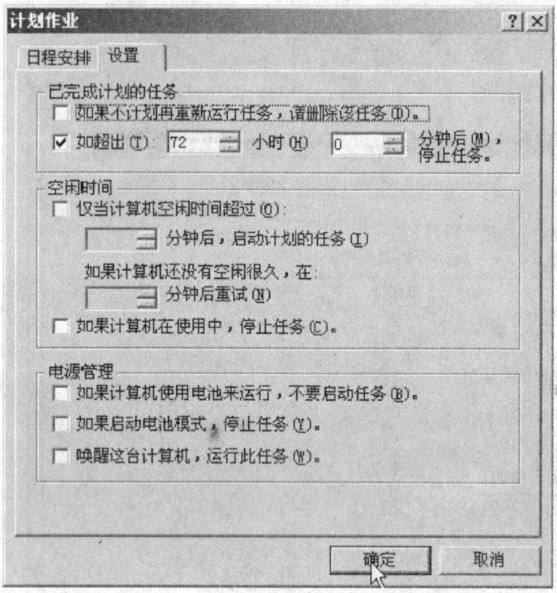

图 6—69　对计划作业进行设置

本章思考题

1. 数据备份的基本功能是什么？
2. 数据备份有哪些类型，它们的特点是什么？
3. 如何制定数据备份策略？
4. 试制定一份备份作业计划。
5. 试备份所选定的文件夹和文件。
6. 试对所备份的文件进行数据还原。
7. 网络负载平衡有什么作用？
8. 为什么要实施分布式系统？

第7章 网络安全管理

7.1 网络防病毒的安装、配置与使用

7.1.1 杀毒软件的安装和设置

学习目标

- 了解计算机病毒的定义、种类和特性
- 熟悉常见的杀毒软件
- 能进行瑞星杀毒软件的安装、升级和设置

一、计算机病毒的基本知识

1. 计算机病毒的定义

计算机病毒不是天然存在的，而是某些人利用计算机软、硬件所固有的脆弱性编制出的具有特殊功能的程序。计算机病毒有很多种定义，国外将其定义为：计算机病毒是一段附着在其他程序上的可以实现自我繁殖的程序代码。

2. 计算机病毒的种类

计算机病毒种类众多，其分类如下：

（1）按感染方式分为引导型、文件型和混合型病毒。

（2）按连接方式分为源码型、入侵型、操作系统型和外壳型病毒。

（3）按破坏性可分为良性病毒和恶性病毒。

（4）网络病毒。

3. 计算机病毒的特性

根据对计算机病毒的产生、感染和破坏行为的分析，可以总结出病毒的几个主要特点：

（1）刻意编写，人为破坏

给人类进步带来严重危害的计算机病毒的制造者正是人类自己。制造病毒又有各种各样的动机。

（2）自我复制能力

即传染性，传染性是病毒的基本特征。

（3）隐蔽性

病毒一般是具有很高编程技巧且短小精悍的程序，通常附着在正常程序中或磁盘较隐蔽的地方，也有个别病毒是以隐含文件的形式出现，目的是不让用户发现它的存在。

（4）潜伏性

大部分的病毒感染系统之后不会马上发作，而是长期隐藏在系统中。只有在满足其特定条件时才启动其表现（破坏）模块，继而进行广泛地传播。

（5）不可预见性

任何病毒只要侵入系统，都会对系统及应用程序产生不同程度的影响，轻则会降低计算机工作效率，占用系统资源，重则可导致系统崩溃。

二、常用杀毒软件简介

1. 瑞星杀毒软件

北京瑞星科技股份有限公司成立于 1991 年 11 月，是我国最早从事计算机病毒防治与研究的专业软件公司，目前已自主研发成功基于多种操作系统的瑞星杀毒软件单机版、网络版、企业级防火墙、入侵检测、漏洞扫描等系列信息安全产品。

2. 金山毒霸杀毒软件

金山软件股份公司开发的金山毒霸网络版杀毒软件，是一套集病毒查杀、黑客防范、硬盘救护多种安全方案于一体的软件，拥有先进分布式计算技术，成功实现了智能安装、组策略管理、统一升级、远程查杀毒、远程设置、统一设置等功能。

金山毒霸提供了定制“杀毒强度”方案，可以让用户来选择防毒、杀毒的安全级别。在防御外界攻击方面，金山毒霸也有不俗的表现。金山毒霸杀毒套装含防杀病毒、防杀间谍软件、隐私保护、防黑客和木马入侵、防网络钓鱼、文件粉碎器、抢先加载、垃圾邮件过滤、主动漏洞修复、安全助手等功能，配合主动实时升级技术、按月更新功能以及每周至少 17 次升级病毒库，全面防护用户的计算机安全。

3. 诺顿杀毒软件

在全世界五大杀毒引擎中，第一个就是诺顿。诺顿的产品线很长，病毒库是全世界最多的，可以对邮件进行实时监测，占用内存资源较少，清除病毒的速度效果令人满意。诺顿杀毒软件企业版本，能够带来较低的系统资源占用，使性能更可靠；它的数位免疫系统可提供企业级保护、集中化管理，易于安装和部署，而且提供自动病毒防护周期的先进技术，使得系统时刻受到保护。诺顿首创了实时监控技术，引擎很强大，从最底层保护计算机。它主要以隔离为主，防止企业文件被删除。

业界认为诺顿最适合企业用户选择。

4. 卡巴斯基杀毒软件

卡巴斯基杀毒软件是世界第一款能杀带壳病毒的杀毒软件。卡巴斯基的引擎在文件标识比对病毒库的时候被认为有着很好的性能；卡巴斯基充分利用了处理器的处理能力，但它比较占内存，机器配置好的用户比较喜欢选用。

卡巴斯基单机版（Kaspersky Anti－Virus Personal），是专为我国个人用户量身订制的反病毒产品。这款产品功能包括病毒扫描、驻留后台的病毒防护程序、脚本病毒拦截器以及邮件检测程序，时刻监控一切病毒可能入侵的途径。

单从某些方面评论，卡巴斯基的引擎代表着业界最高水准，但并不是全部。卡巴斯基是一款很好的杀毒软件，它与诺顿等杀毒软件都占据杀毒软件的顶峰。

三、杀毒软件的安装、升级与设置

下面以瑞星杀毒软件为例，介绍杀毒软件的安装、升级与设置。

1. 瑞星杀毒软件的安装

（1）环境准备

1）软件环境。Windows 操作系统：Windows 98/Me 或 Windows NT4.0/2000/XP/2003。

2）硬件环境。建议配置为：CPU 为奔腾 500MHz 以上，内存 64MB 以上，显卡为标准 VGA、24 位真彩色，其他硬件包括光驱、鼠标。

3）语言支持。瑞星杀毒软件支持简体中文。

（2）安装步骤

现在以光盘安装为例。

提示：从市场上买来的瑞星杀毒软件安装盘一般是自动运行的，直接单击安装程序即可。瑞星杀毒软件的安装包也可从互联网上免费下载，但要记住下载安装时需要的 ID 号码。

步骤 1：启动计算机，进入 Windows 操作系统，关闭其他应用程序。

步骤 2：启动安装程序。将瑞星杀毒软件光盘放入光驱内。若自动安装程序没有启动，则运行光盘根目录下的 Autorun. exe 程序。在安装界面中，选择“安装瑞星杀毒软件”，此时会出现安装界面。

步骤 3：选择语言。在语言选择对话框中，可以选择“中文简体”“中文繁體”“English”和“日本語”四种语言版本中的一种，进行安装，按“确定”按钮便开始安装。本例选择“中文简体”。

步骤 4：进入安装欢迎界面，选择“下一步”继续。

步骤 5：进入“最终用户许可协议”界面，选择“我接受”，可进入下一步，选择“我不接受”则退出安装程序。

步骤 6：输入序列号和用户 ID。在“验证产品序列号和用户 ID”界面中，正确输入产品序列号和用户 ID（产品序列号与用户 ID 见用户身份卡），如图 7—1 所示，单击“下一步”按钮继续。

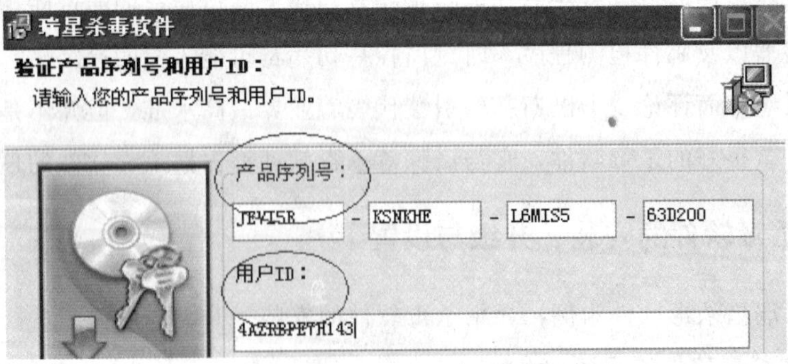

图 7—1　验证序列号

步骤 7：选择需要安装的组件。在“定制安装”界面中，选择需要安装的组件，单击“下一步”按钮继续安装；也可以单击“完成”按钮，直接按照默认方式进行安装。如图 7—2 所示。

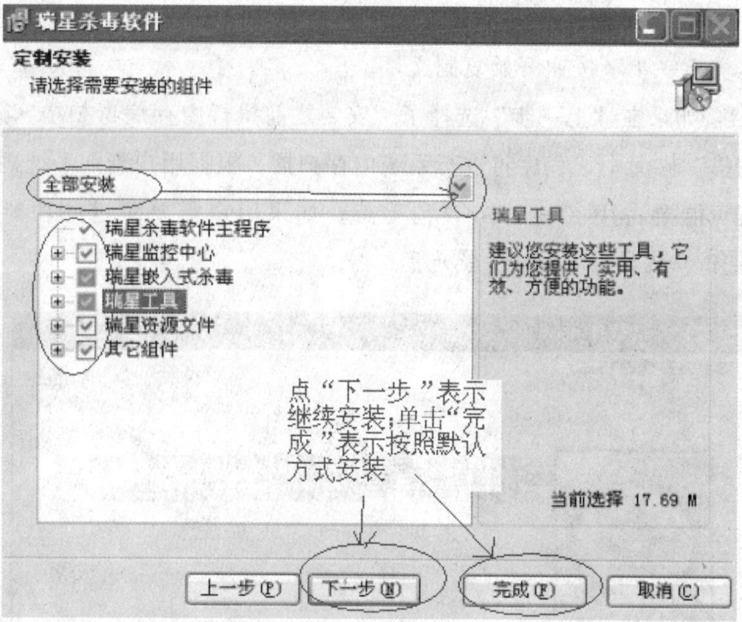

图 7—2　定制安装

步骤 8：选择目标文件夹。在“选择目标文件夹”界面中，单击“浏览”按钮，自定义瑞星杀毒软件的安装目录，也可以按照默认的路径操作，如图 7—3 所示。接着，单击“下一步”按钮继续安装。

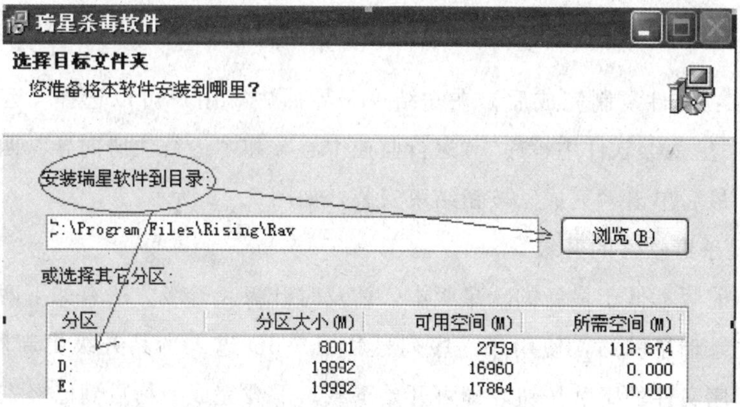

图 7—3　选择目标文件夹

步骤 9：在“选择开始菜单文件夹”界面中，在“开始菜单文件夹”框中输入名称，也可以不做改动，默认名称是“瑞星杀毒软件”。然后单击“下一步”按钮继续安装。

步骤10：在“安装信息”界面中，显示了安装路径和所选程序组件等信息，确认后单击“下一步”按钮开始复制文件。

步骤11：如果在“上一步”选择了“安装之前执行内存病毒扫描”，在“瑞星内存病毒扫描”界面中，程序将进行系统内存扫描。根据用户当前系统内存占用情况，此过程可能要占用3～5 min，请等待；如果用户需要跳过此功能，可单击“跳过”按钮继续安装。如图7—4所示。

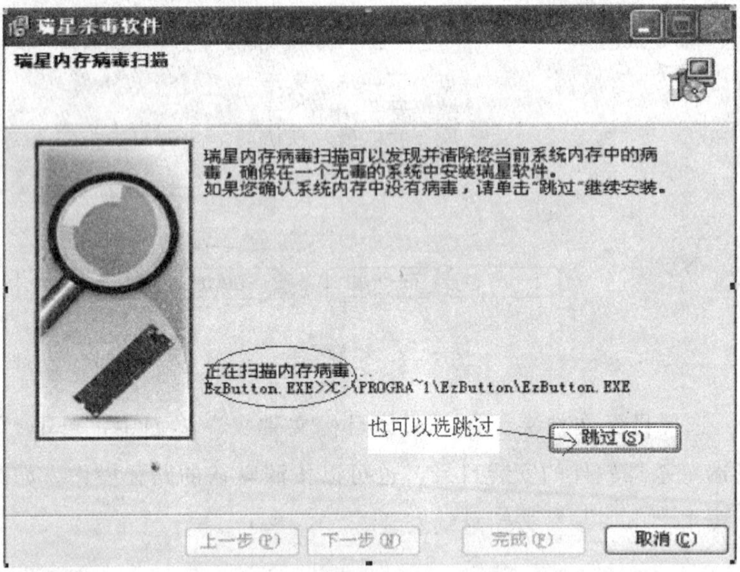

图7—4　内存病毒扫描

步骤12：文件复制完成后，在“结束”界面中，用户可以选择“运行设置向导”“运行瑞星杀毒软件主程序”“运行监控中心”和“运行注册向导”四项来启动相应程序，最后单击“完成”按钮结束安装，如图7—5所示。

2. 瑞星杀毒软件的升级

如果当前版本低于最新的瑞星版本，请及时升级。升级方法有如下两种：

(1) 登录瑞星网站，使用产品序列号和用户ID进入产品升级更新服务页面。单击升级程序文件的下载按钮，即可开始下载，下载完成后拷贝到已经安装有瑞星杀毒软件的计算机上直接运行，根据提示操作即可完成对当前计算机中瑞星杀毒软件的升级。

(2) 为了更为方便、快捷、自动化的完成升级，用户还可以设定定时升级。操作方法见“瑞星杀毒软件设置”中的“定时升级”。

提示：官方默认的安装地址是C：\ Program Files \ Rising \ Rav，升级时，

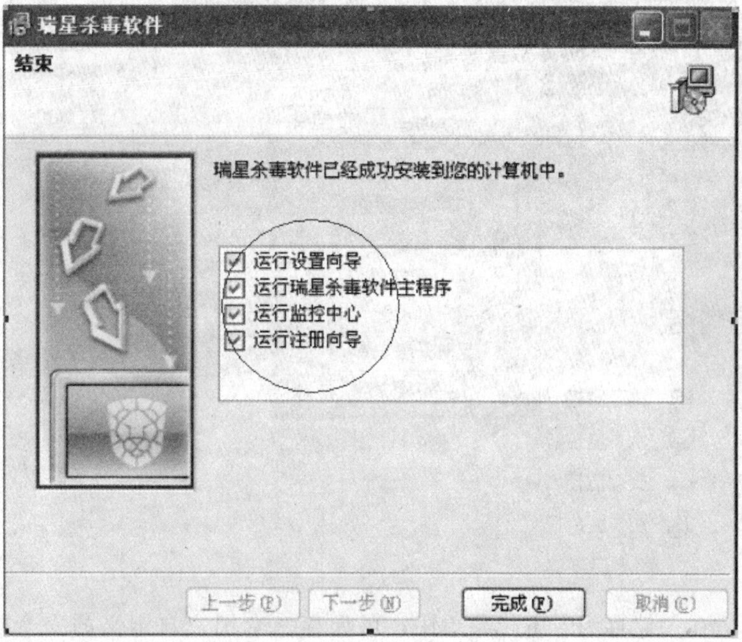

图 7—5　结束安装

如果用户的安装路径有改变，一定在增量升级包出现路径提示时改变地址，但最后一个\Update 字段不要改变。例如，用户的瑞星安装在 D：\Rising\Rav，那么增量升级包的安装地址是 D：\Rising\Rav\Update，只有这样才能升级。

3. 瑞星杀毒软件的设置

瑞星杀毒软件设置的主要内容有：安全防护级别、手动扫描、快捷扫描、定制任务、瑞星监控中心、嵌入式杀毒、定时升级、硬盘备份、其他设置等。所有的设置都是在选择“设置”菜单中的“详细设置”后，可以进行选择，如图 7—6 所示。下面依次简单介绍：

（1）设置安全防护级别

瑞星杀毒软件为用户设定了高、中、低三个安全防护级别，用户可以根据自己的实际情况设定不同的级别。此外，为了让用户更方便、更灵活地使用计算机资源，还可以自定义三套安全防护级别。高、中、低三个级别是软件预先设置好的，其中各项设置用户不可更改，只有在用户自定义的状态下，才可以对各项设置进行修改。用户保存好安全防护级别后，以后程序在扫描时即根据此级别的相应参数进行扫描病毒。设定安全防护级别的步骤是：

步骤 1：在瑞星杀毒软件主界面中，选择“设置”→“详细设置”。

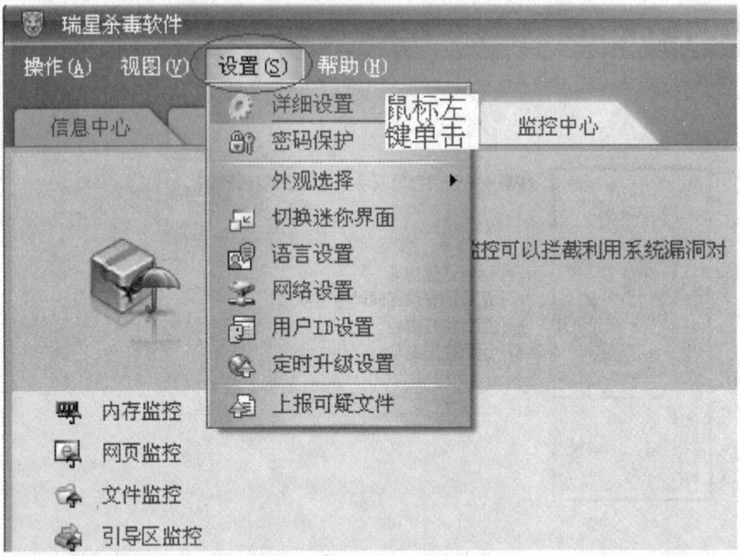

图 7—6 “设置”菜单

步骤 2：在“储存为”下拉菜单中，可保存三套用户自定义的安全防护级别，如图 7—7 所示 。

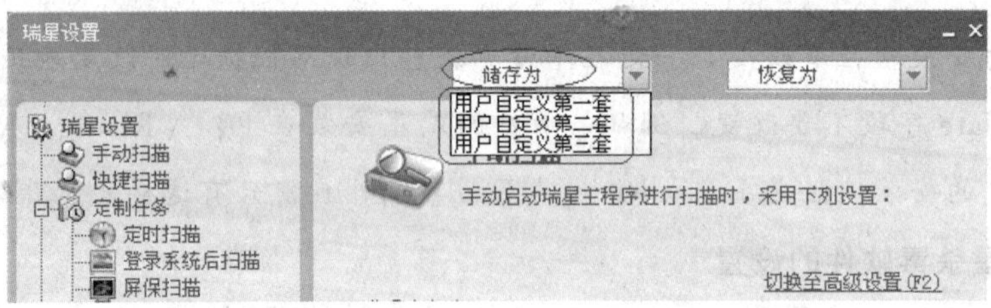

图 7—7 “储存为”菜单

步骤 3：在“恢复为”下拉菜单中可选择“高安全级别”“中安全级别”“低安全级别”“用户自定义第一套”“用户自定义第二套”“用户自定义第三套”，如图 7—8 所示。

图 7—8 “恢复为”菜单

(2) 手动扫描

在默认设置下，瑞星杀毒软件是对所有文件进行查杀病毒的。为节约时间，用户可以有针对性地指定文件类型进行查杀病毒。

操作步骤是：在瑞星杀毒软件主程序界面中，选择“设置”→“详细设置”→“手动扫描”，在“查杀文件类型选项”中指定文件类型，单击“确定”按钮，即可对指定文件类型的文件进行查杀，如图 7—9 所示。

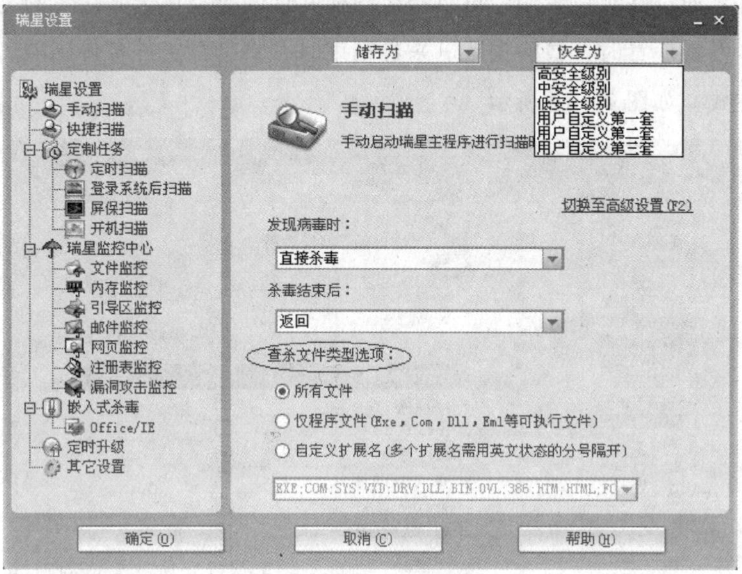

图 7—9　文件类型

“查杀文件类型选项”的含义如下：

1) 所有文件。选择后将扫描任何格式的文件，此时扫描范围最全面，但扫描时间也最多。

2) 仅程序文件。只扫描程序文件，如 exe、com、sys、vxd、drv、dll、bin、ovl、386、src、htm、html、fon、vbs、vbe、doc、dot、xls、xlt、ppt、bat、asp、htt、hta、js、jse、css、wsh、sct、ocx、cpl、lnk 等文件，此时扫描具有一定针对性，可节约部分扫描时间。

3) 自定义扩展名。选择后可在提供的输入栏中输入文件扩展名，瑞星杀毒软件即可对在文件名称中以此类文件扩展名结尾的文件进行杀毒；或在下拉菜单中选择文件扩展名进行杀毒。按扩展名扫描同样具有一定针对性，可节约部分扫描时间。

(3) 快捷扫描

当用户遇到外来陌生文件时，为避免外来病毒的入侵，用户可以启用快捷扫描，选择“设置”→“详细设置”→“快捷扫描”，可以对快捷扫描方式进行详细设置。

1）在“快捷扫描”界面中，用户可以设置发现病毒时如何处理、杀毒结束后的动作，以及查杀什么类型的文件。

2）在“快捷扫描”界面中，单击“切换至基本设置”按钮或按 F2 键，将进入高级设置，通过高级设置用户可以指定扫描文件的类型、未知病毒的类型，设置优化选项和发现病毒时、清除失败、杀毒结束时、将染毒文件备份到隔离系统失败时的处理方式，如图 7—10 所示。

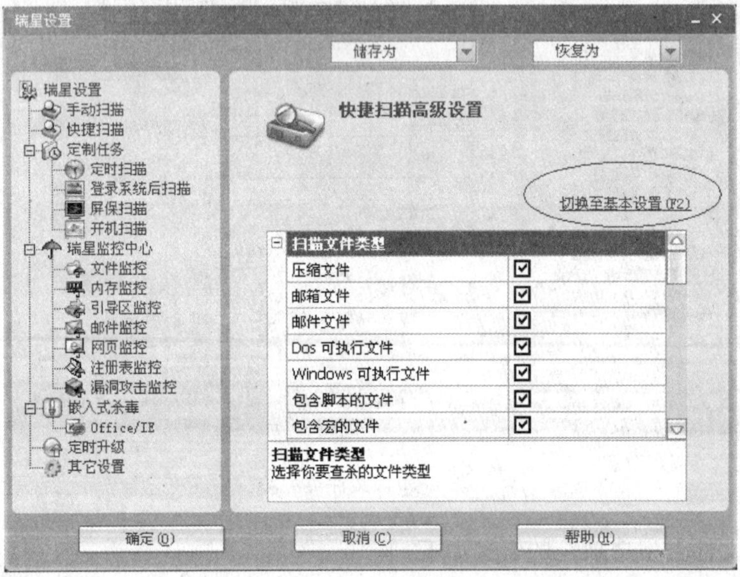

图 7—10　高级设置

（4）定制任务

在瑞星杀毒软件主程序界面中，选择“设置”→“详细设置”→“定制任务”，选择如图 7—11 所示，单击“确定”按钮保存设置。

杀毒软件在计算机开启、用户登录系统前的状态下，在屏幕左上角会显示瑞星杀毒软件的图标，表明瑞星杀毒软件正在保护用户的计算机。当鼠标移动到图标上时会显示提示，说明当前计算机中各个监控的运行状态。

定制任务包括定时扫描、登录系统后扫描、屏保扫描和开机扫描。

1）定时扫描。定时扫描功能是指在设定的时间内瑞星杀毒软件自动启动，对预先设置的扫描目标进行扫描病毒。此功能为用户提供了即使在无人值守的情况下，也能保证计算机防御病毒的安全。

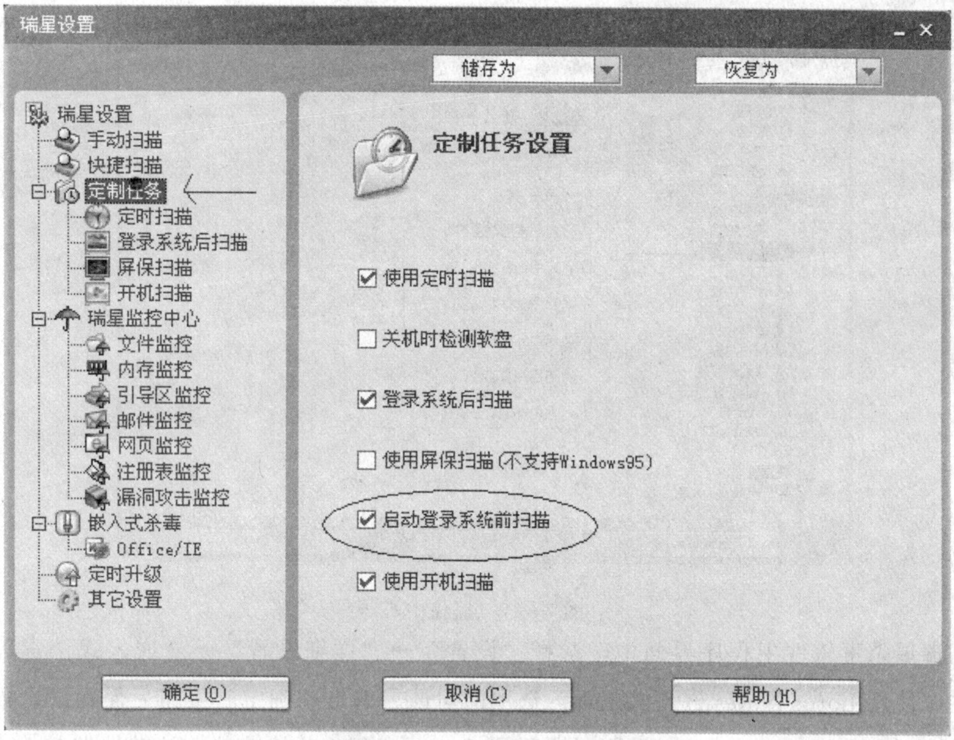

图 7—11 定制任务设置界面

2）登录系统后扫描。发现病毒时，用户可以根据需要选择“询问用户”“直接杀毒”“直接删除”“忽略”。杀毒结束后，用户可以根据需要选择“返回”“退出”。

3）屏保扫描。在 Windows 进入屏幕保护程序时，瑞星杀毒软件随即开始扫描病毒，充分利用计算机的空闲时间。

4）开机扫描。瑞星杀毒软件 2007 版新增开机扫描功能，能够在用户刚开机且 Windows 未启动时，抢先加载瑞星杀毒程序，扫描服务、驱动、系统目录和磁盘等，可以有效地清除 RootKit 和具有自我防护能力的恶意程序、流氓软件。

（5）瑞星监控中心

瑞星监控中心如图 7—12 所示，包括文件监控、内存监控、邮件监控、网页监控、引导区监控、注册表监控和漏洞攻击监控，拥有这些功能，瑞星杀毒软件能在用户打开陌生文件、收发电子邮件和浏览网页时，查杀和截获病毒，全面保护用户的计算机不受病毒侵害，可以随意勾选设置。

（6）嵌入式杀毒

1）使用 Lotus Notes 嵌入式杀毒。如果用户安装了 Lotus Notes，就可以使用瑞星杀毒软件来对 Lotus Notes 进行监控。启用 Lotus Notes 监控功能的方法是：

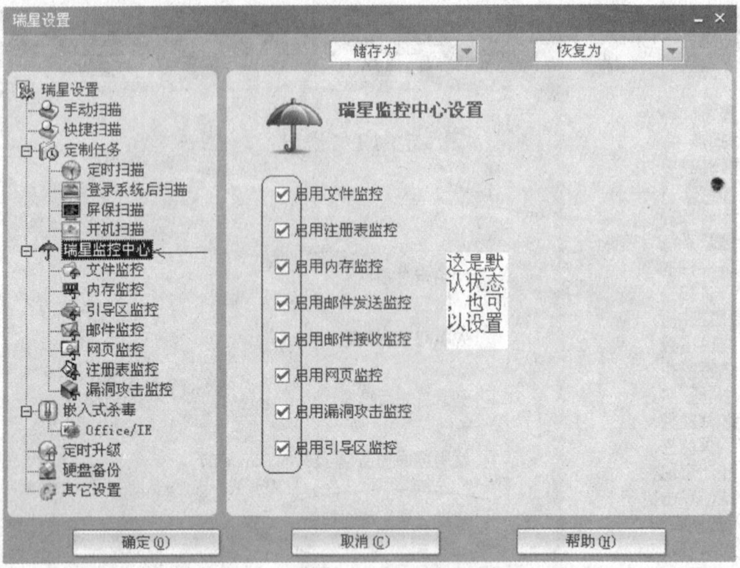

图 7—12　监控中心

在瑞星杀毒软件主程序界面中，选择“设置”→“详细设置”→“嵌入式杀毒”，在“使用 Lotus Notes 嵌入式杀毒”选项前勾选。单击“确定”按钮后保存。设置后，当运行 Lotus Notes 时就同时启用了 Lotus Notes 监控功能，该功能监控 Lotus Notes 邮件附件是否带有病毒。

2）使用 Office/IE 嵌入式杀毒。每次当用户打开 Office 文档时或者用 IE 下载插件程序文件时，Office/IE 嵌入式杀毒可以自动扫描病毒，保护用户系统的安全。

提示： 瑞星 Office/IE 嵌入式杀毒只有在用户使用 Office 2000 及以上版本或者 IE 5 及以上版本时才起作用。

启用 Office/IE 嵌入式杀毒功能的方法是：在瑞星杀毒软件主程序界面中，选择“设置”→“详细设置”→“嵌入式杀毒”，勾选“使用 Office/IE 嵌入式杀毒”选项。在用户安装瑞星杀毒软件完成之后此功能默认有效。

启用 Office/IE 嵌入式杀毒功能后，当用户启动了 Office 2000（及以上版本），或打开 IE 5（及以上版本）从网页上下载某些插件时，会看到瑞星杀毒软件图标的启动画面。如果用户启动的 Office 2000 文件中有病毒存在，会自动弹出提示对话框。用户可以根据自己的需要选择相应的操作，如“直接清除”“删除文件”“忽略”。如果清除病毒失败，程序会让用户选择清除失败后的处理方式。

（7）定时升级

使用定时智能升级能保持用户及时升级到最新版本，从而可以查杀各种新病毒。设置的方法是选择“设置”→“详细设置”→“定时升级”，如图 7—13 所示。

界面中各选项的含义如下：

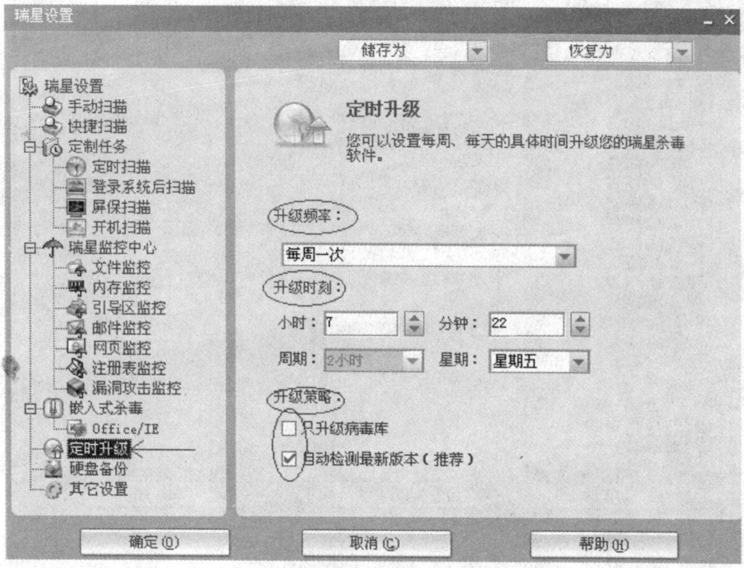

图 7—13　定时升级

1）升级频率。用户可以根据需要选择“不升级”“每周期一次”“每周一次”“每天一次”“每小时一次”。

2）升级时刻。设置定时升级的时间，系统时钟会在到达设定的时间自动升级。

3）只升级病毒库。选中此项，即在升级的时候，只升级病毒库，而不升级其他部分，以减少下载量。

4）自动检测最新版本。升级程序自动连接瑞星网站，检测是否有最新版本（默认每隔 120 分钟检测一次）。

提示：必须在联网条件下才能升级成功。

（8）其他设置

在瑞星杀毒软件主程序界面中，选择“设置”→“详细设置”→“其他设置”，屏幕出现如图 7—14 所示的界面。在界面中可进行如下设置：

1）使用声音报警。在检测到病毒的时候，通过机箱扬声器或计算机外接音箱（由程序自动选择）发出声音，提示发现病毒。

2）保存历史记录。把用户扫描病毒的历史记录保存下来，便于以后查看。

3）向瑞星病毒疫情监测网发送杀毒结果。将用户每次的杀毒结果发送到瑞星病毒疫情监测网。

4）使用瑞星助手。选中此项后，可使用瑞星助手。通过瑞星助手，有助于提高工作效率。

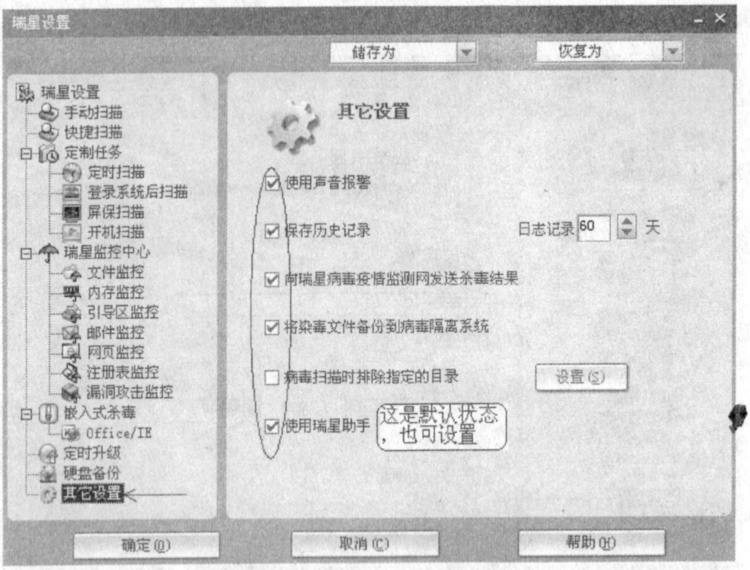

图 7—14　其他设置

5）将染毒文件备份到病毒隔离系统。发现染毒文件时，将其备份到病毒隔离系统，再对染毒文件进行处理。

6）病毒扫描时排除指定的目录。设定哪些目录在查杀病毒时不进行扫描。用户可以单击“设置”按钮打开添加窗口，添加一个或多个目录。建议不要添加 Windows 系统目录。

7.1.2　杀毒软件的使用

学习目标

➢ 掌握瑞星杀毒软件的使用方法及步骤

网络杀毒软件多应用于局域网中。局域网中的服务器既可以进行“网络杀毒软件”的升级，也可以对整个局域网进行查杀病毒。

网络杀毒软件是在局域网中服务器端安装网络版的“服务器端杀毒软件”，局域网中的客户端只要在局域网中单击“安装网络杀毒工具”即可安装“客户端杀毒软件”。“客户端杀毒软件”的使用类似于“单机杀毒软件”的使用，只是在局域网上安装、升级，但是在客户机单机上使用。

下面以瑞星杀毒软件为例，介绍瑞星杀毒软件客户端的使用。

一、启动瑞星杀毒软件

通过以下几种方式，用户可以快速启动瑞星杀毒软件主程序：

（1）双击 Windows 桌面上的瑞星杀毒软件快捷方式图标，如图 7—15 所示。

（2）双击 Windows 任务栏中瑞星杀毒软件的图标，如图 7—16 所示。

（3）单击 Windows 快速启动栏中的瑞星杀毒软件图标，如图 7—17 所示。

图 7—15　快捷方式图标

图 7—16　任务栏图标

图 7—17　启动栏图标

（4）用鼠标左键，单击瑞星杀毒软件图标，在弹出菜单中选择“启动瑞星杀毒软件”，如图 7—18 所示。

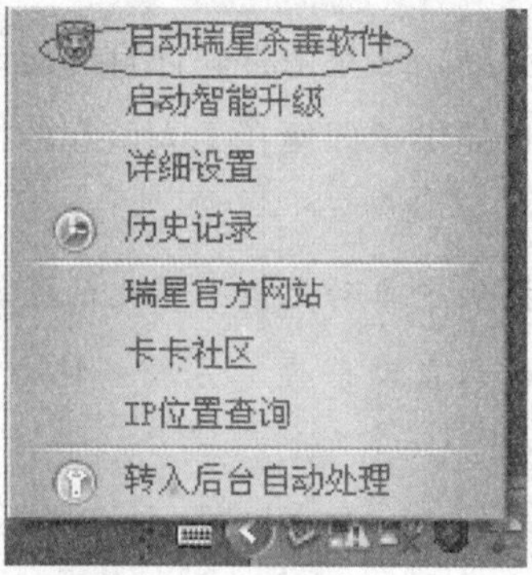

图 7—18　图标弹出菜单

（5）选择“开始”→“程序”→“瑞星杀毒软件”→“瑞星杀毒软件”，如图 7—19 所示。

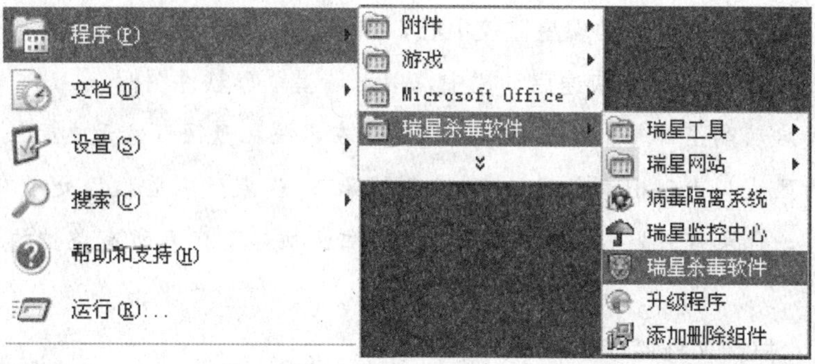

图 7—19　开始菜单

二、手动查杀病毒

步骤 1：启动瑞星杀毒软件。

步骤 2：确定要扫描的文件夹或其他目标，勾选查杀目标。

步骤 3：单击“杀毒”，则开始扫描相应目标，发现病毒立即清除；扫描过程中可随时单击“暂停”按钮停止扫描，按“继续”按钮则继续扫描，或单击“停止”按钮停止扫描。扫描中，带毒文件或系统的名称、所在文件夹、病毒名称将显示在查毒结果栏内，用户可以使用右键菜单对染毒文件进行处理。

步骤 4：扫描结束后，扫描结果将自动保存到杀毒软件工作目录的指定文件中，用户可以通过历史记录来查看以往的扫描结果。

步骤 5：如果用户想继续扫描其他文件或磁盘，重复步骤 2、步骤 3 即可。

三、定时查杀病毒

定时扫描功能是在一定时刻，瑞星杀毒软件自动启动，对预先设置的扫描目标进行扫描病毒。此功能为用户提供了即使在无人值守的情况下，也能保证计算机防御病毒的安全。

提示：定时杀毒为用户提供了自动化、个性化的杀毒方式。例如，对上班族而言，可利用午餐时间对系统进行自动杀毒。另外一种方法就是启动屏保杀毒功能，充分利用计算机的空闲时间。

具体设置详见 7.1.1 中的“定制任务”。

四、使用监控中心

步骤 1：启动监控中心

方法 1：在 Windows 桌面，选择“开始”→“程序”→“瑞星杀毒软件”→“瑞星监控中心”，即可启动瑞星监控中心，如图 7—20 所示。

方法 2：在 Windows 快速启动栏中，单击瑞星杀毒软件图标。

提示：启动瑞星计算机监控中心后，随即在系统托盘区（位于桌面任务栏右侧显示时钟的区域）出现小雨伞图标。“绿色打开”，代表所有监控均处于有效状态；“黄色打开”，代表部分监控处于有效状态；“红色收起”代表所有监控均处于关闭状态。

步骤 2：启动文件监控

启动文件监控用于实时的监控系统文件操作，在操作系统对文件操作之前对文

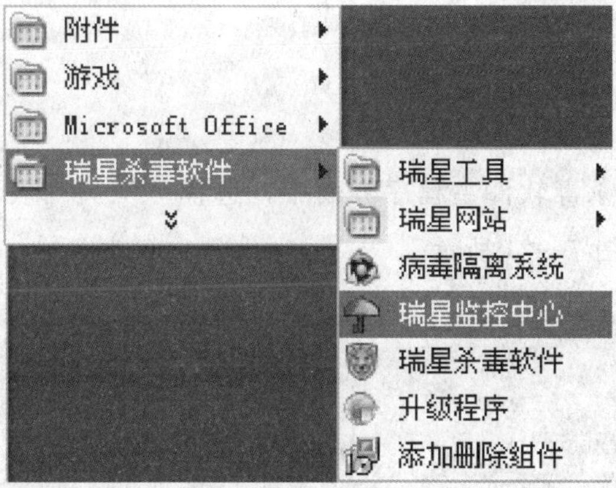

图 7—20　启动“瑞星监控中心”

件查杀毒，从而阻止病毒运行，保护系统安全。

步骤 3：启动或关闭注册表监控

注册表监控，对系统注册表的操作进行监控，发现对于特定的注册表项进行操作时，将提示用户，防止恶意网页和恶意脚本对注册表的修改。

步骤 4：启动内存监控

内存监控用于监控关键的操作系统调用，并判定是不是病毒活动并且阻止病毒活动。内存监控对于通过系统漏洞传播的病毒效果良好。

步骤 5：启动邮件监控

邮件监控分为邮件接收监控和邮件发送监控。

邮件接收监控是在用户接收邮件的时候，抢先截获用户接收的邮件进行查杀毒。邮件接收监控不需要对用户的邮件程序做出任何修改。目前邮件接收监控只支持 POP3 协议，不能监控 IMAP，MAPI 和通过 Web 接收的邮件。

步骤 6：启动网页监控

网页监控是通过脚本控件，在脚本执行之前先检查脚本是否有威胁，若检查到具有威胁的脚本，网页监控会提示用户跳过执行此脚本。

步骤 7：启动漏洞攻击监控

漏洞攻击监控是为防止病毒利用操作系统漏洞进行攻击而提供的解决方案。在某些操作系统没有安装补丁程序的情况下，瑞星漏洞攻击监控可以轻易地化解病毒通过系统漏洞进行攻击的潜在危险。

步骤 8：启动引导区监控

引导区监控是在用户访问能够引导系统介质（如软驱、硬盘、光盘、U 盘）的时候，检查引导区是否感染了引导区病毒，防止引导区病毒通过介质来进行传播。

五、使用瑞星工具

步骤 1：启动病毒隔离系统

方法 1：在瑞星杀毒软件主程序界面中，选择“工具列表”→“病毒隔离系统”→“运行”，如图 7—21 所示。

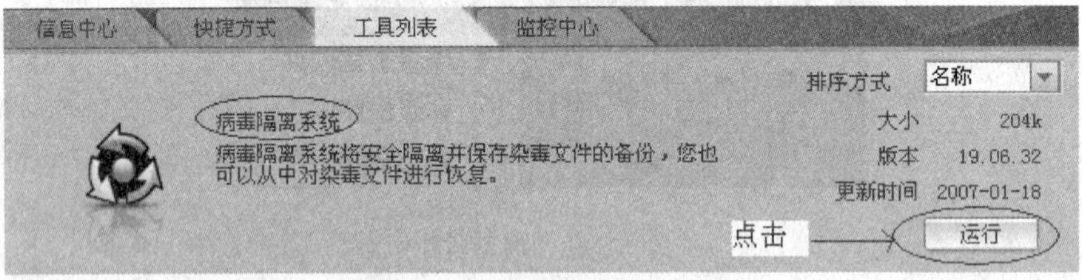

图 7—21　运行病毒隔离系统

方法 2：在 Windows 画面中，选择“开始”→“程序”→“瑞星杀毒软件”→“病毒隔离系统”。

如果用户选择杀毒时备份染毒文件到病毒隔离系统的方式（设置方法：在瑞星杀毒软件主程序界面中，选择“设置”→“详细设置”→“其他设置”，勾选“将染毒文件备份到病毒隔离系统”复选框），则病毒隔离系统将保存染毒文件的备份，并且在必要时，用户可以恢复备份的染毒文件副本，如图 7—22 所示。

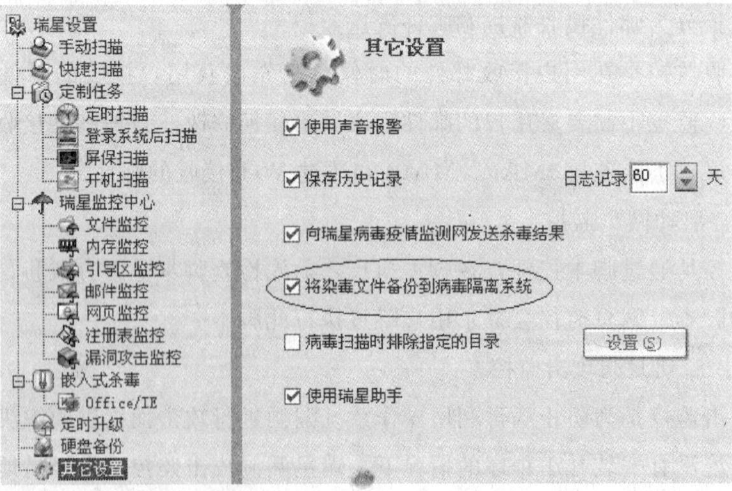

图 7—22　使用病毒隔离系统

为避免由于备份文件过多而占用大量磁盘空间，用户可以设置病毒隔离系统占用存储空间的大小。

当隔离区空间已满时，用户可以选择“空间自动增长”或使用“替换最老的文件”处理。方法是：启动“病毒隔离系统”，选择“工具”→“设置空间”，如图 7—23 所示，在“设置”对话框中选择后，再单击“确认”按钮保存设置，如图 7—24 所示。

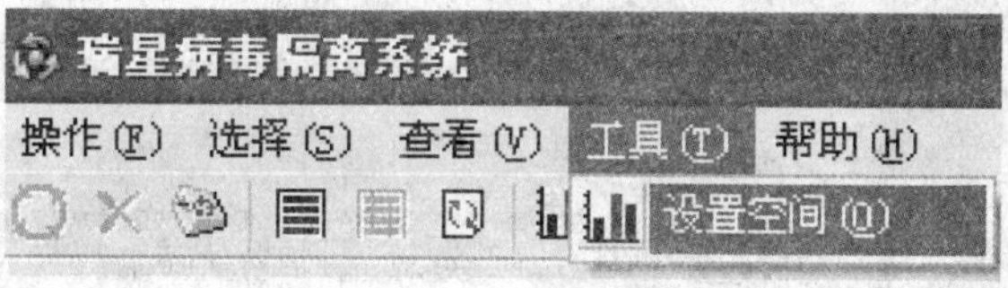

图 7—23　设置隔离空间

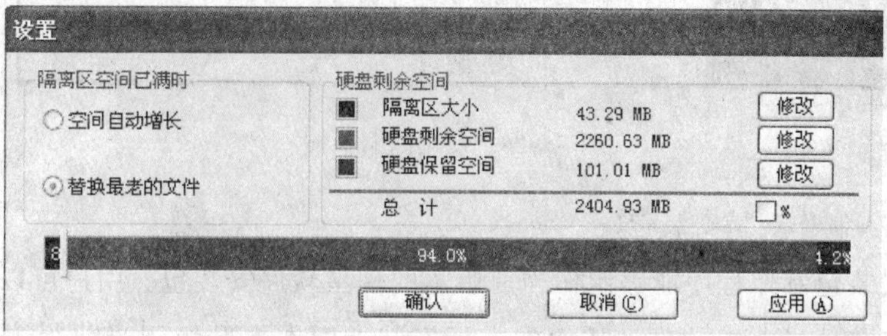

图 7—24　设置剩余空间

步骤 2：启动漏洞扫描

瑞星漏洞扫描工具是对 Windows 系统存在的“系统漏洞”和“安全设置缺陷”进行检查，并提供相应的补丁下载和安全设置缺陷修补的工具。

方法 1：在瑞星杀毒软件主程序界面中，选择“工具列表”→“漏洞扫描”→“运行”，如图 7—25 所示。

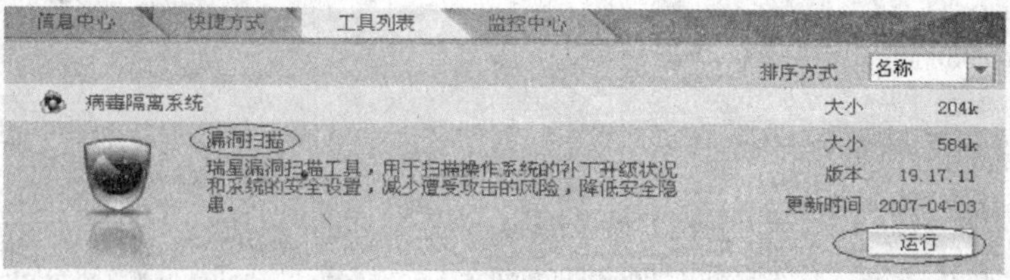

图 7—25　运行漏洞扫描

方法 2：选择“开始”→“程序”→“瑞星杀毒软件”→“瑞星工具”→“瑞星漏洞扫描”，启动系统漏洞扫描程序。

使用漏洞扫描的方法是：勾选“安全漏洞”和“安全设置”选项，单击“开始扫描”进行系统漏洞扫描，如图 7—26 所示。

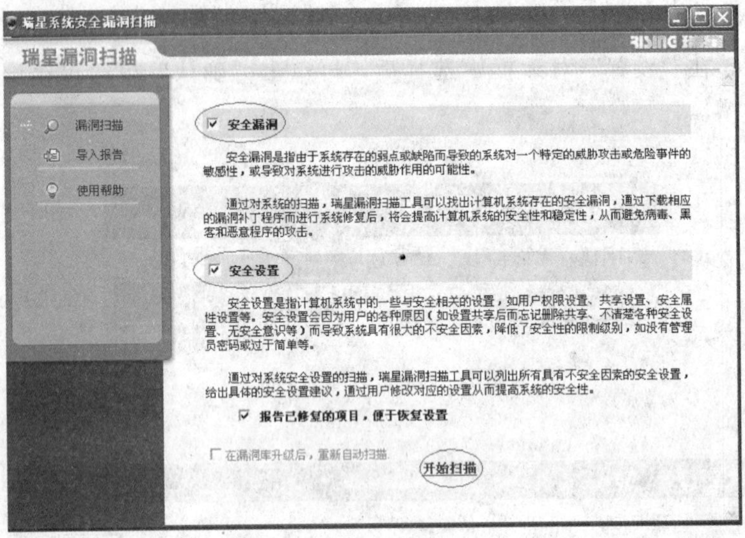

图 7—26　使用漏洞扫描

步骤 3：制作瑞星安装包

瑞星安装包制作程序能够制作当前版本的瑞星软件安装包。用户可以使用制作的安装包安装瑞星杀毒软件，从而省去了安装老版本再升级到当前版本的烦琐过程。

方法 1：在瑞星杀毒软件主程序界面中，选择“工具列表”→“瑞星安装包制作程序”→“运行”，如图 7—27 所示。

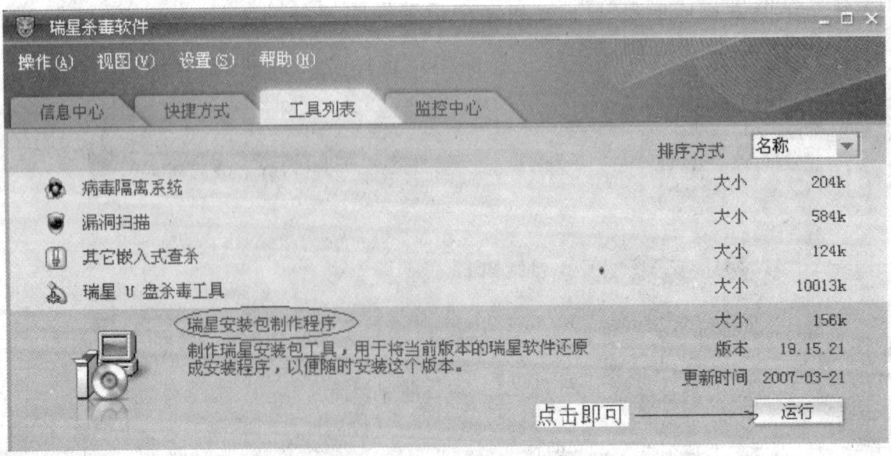

图 7—27　运行安装包制作

方法 2：在 Windows 桌面上，选择“开始”→“程序”→“瑞星杀毒软件”→“瑞星工具”→“瑞星安装包制作程序”，如图 7—28 所示。

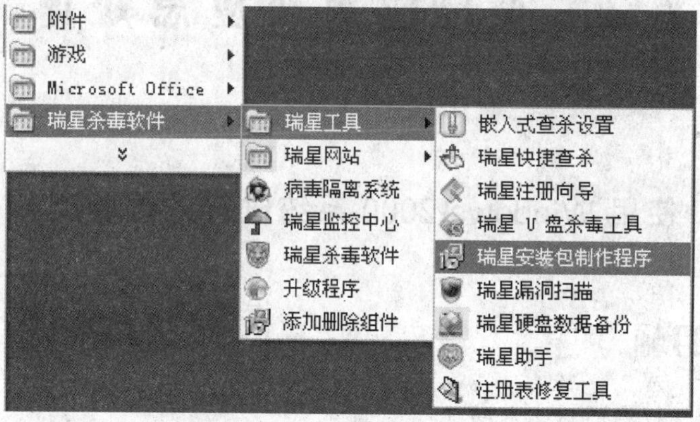

图 7—28　启动制作安装包

选择安装程序的保存路径后，单击“下一步”按钮即开始复制文件。文件复制完成后，今后用户就可以使用此安装包来安装瑞星杀毒软件（默认保存目录为 C 盘根目录）。

六、执行 IE 保护

为防止木马、流氓软件等恶意程序在用户使用浏览器上网时，利用浏览器的漏洞自动执行并对系统造成破坏，瑞星杀毒软件新增了 IE 执行保护功能。

当有可疑程序试图通过浏览器自动执行时，瑞星杀毒软件会弹出提示对话框，显示程序相关信息并询问对此程序的处理方式。用户可以通过选择“拒绝执行”阻止恶意程序自动执行，也可以通过选择“允许执行”放行正常的程序。

若要在以后此程序试图自动执行时不再弹出此提示对话框，并采用同样的处理方式，可以勾选“对该程序采用相同的处理方式，不再提醒”。同时，此程序将被自动加入到 IE 保护黑白名单中。

7.2 入侵检测和应急处理

7.2.1 使用 Windows 2000 系统进行入侵检测

学习目标

- 了解入侵检测的概念和功能
- 了解 Windows 2000 Server 系统中的入侵检测功能
- 掌握堵住 Windows 2000 Server 系统缺口的操作步骤

一、入侵检测的概念

入侵检测是指“通过对行为、安全日志或审计数据或其他网络上可以获得的信息进行操作，检测到对系统的闯入或闯入的企图”。入侵检测主要用来监视和分析用户及系统的活动，实时收集网络中的有关信息和数据，与预先定义的攻击特征进行比较，对其进行分析以发现隐藏在其中的攻击行为，从而实现实时地检测攻击行为，并获取攻击证据、报警和制止攻击者的行为等。

入侵检测技术是为保证计算机系统的安全而设计与配置的一种能够及时发现并报告系统中未授权或异常现象的技术，是一种用于检测计算机网络中违反安全策略行为的技术。进行入侵检测的软件与硬件的组合便是入侵检测系统（Intrusion Detection System，简称 IDS)，它能够对系统资源的非授权使用做出及时地判断、记录和报警。

入侵检测系统已成为抵御网络攻击的一种有效方式，它可以在不影响网络性能的情况下对网络进行检测，可以提供对内部攻击、外部攻击的实时保护，是一种主动的网络访问监控手段。

二、入侵检测的功能

入侵检测系统不但可使计算机网络管理员时刻了解网络系统的变更，还能为网络安全策略的制定提供指南。入侵检测系统的功能应达到能根据网络威胁、系统构造和安全需求的改变而改变，在发现入侵时，及时做出响应，包括切断网络连接、记录事件和报警等，同时系统应易于管理、配置和升级。通常入侵检测系统的主要功能有：

（1）监测并分析用户和系统的活动。

（2）检查系统配置和漏洞。

（3）评估系统关键资源和数据文件的完整性。

（4）识别已知的攻击行为。

（5）统计分析异常行为。

（6）操作系统日志管理，并识别违反安全策略的用户活动。

（7）在线升级功能。

三、Windows 2000 Server 入侵检测功能

Windows 2000 Server 可以防御90％以上的入侵和渗透。但是，系统安全是一个连续的过程，随着新漏洞的出现和服务器应用的变化，系统的安全状况也在不断变化，因此，做好 Windows 2000 Server 入侵检测工作非常必要。Windows 2000 Server 入侵检测功能主要有以下方面：

（1）基于 Web 服务端口入侵的检测。

（2）基于安全日志的检测。

（3）文件访问日志与关键文件保护。

（4）进程监控。

（5）注册表校验。

（6）端口监控。

（7）终端服务的日志监控。

四、堵住 Windows 2000 Server 系统缺口的操作步骤

根据网络安全防范，需要堵住黑客常用缺口，就要从禁止端口和禁用服务入手。下面介绍堵住 Windows 2000 Server 系统缺口的操作步骤。

1. 禁用不必要的端口和协议

端口是计算机和外部网络相连的逻辑接口，也是计算机的第一道屏障，所以端口配置正确与否直接影响主机的安全。一般来说，仅打开需要使用的端口会比较安全，不过关闭端口意味着减少功能，所以需要在安全和功能上做一些平衡。对于那些用不着的功能，就没必要将端口开放了。

步骤 1：将不需要的协议删除

在配置系统协议时，对于服务器和主机来说，一般只安装 TCP/IP 协议就足够，将不必要的协议卸载。

（1）鼠标右击“网络邻居”，选择“属性”→“本地连接”，鼠标右击，选择“属性”。

（2）选择“TCP/IP 协议”→“属性”，然后在“属性”窗口中单击“高级”按钮。

（3）如图 7—29 所示，选择“WINS”选项卡，选择“禁用 TCP/IP 上的 NetBIOS”选项，关闭 NetBIOS。

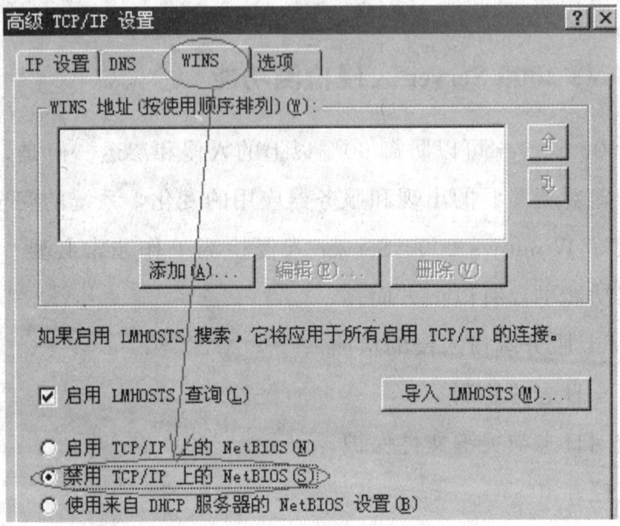

图 7—29　高级 TCP/IP 设置界面

提示： NetBIOS 是很多安全缺陷的源泉，对于不需要提供文件和打印共享的主机，可以将绑定在 TCP/IP 协议的 NetBIOS 给关闭，避免针对 NetBIOS 的攻击。

步骤 2：关闭网络文件和打印共享服务的端口

（1）鼠标右击“网络邻居”，选择“属性”，选择“网络和拨号连接”对话框的“高级”菜单，选择“高级设置”命令，如图 7—30 所示。

（2）进入“高级设置”界面，如图 7—31 所示。选择所需连接，取消“Microsoft 网络的文件和打印机共享”项（保持空选），即可禁止这几个端口。

步骤 3：限制协议和端口

（1）选择“网上邻居”→“属性”，单击“本地连接”，右击鼠标，选择“属性”→“Internet 协议（TCP→IP）”→“属性”→“高级”。

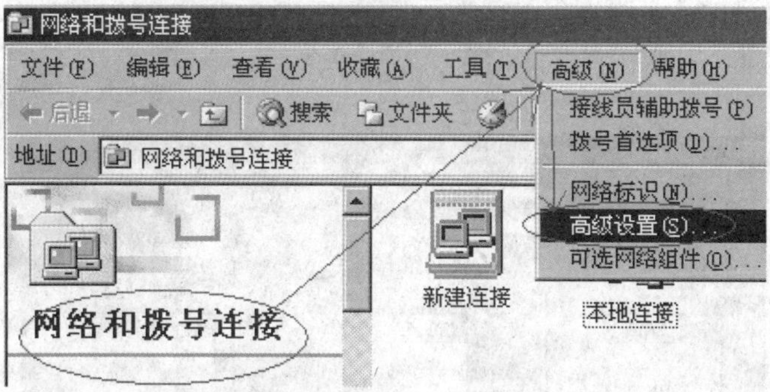

图 7—30 选择“高级设置”

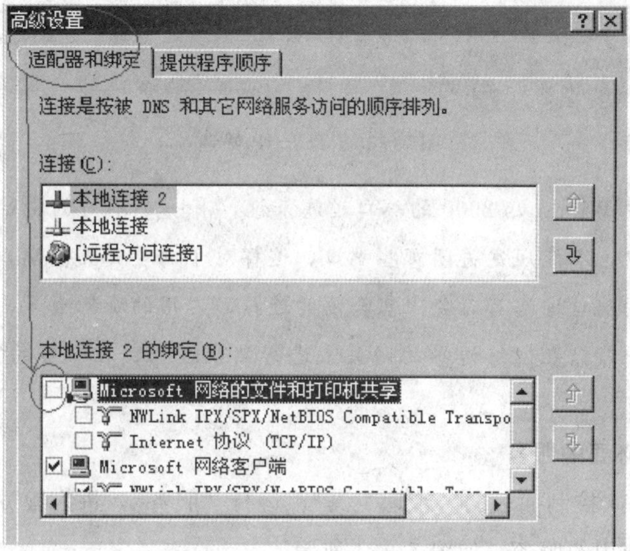

图 7—31 进入“高级设置”界面

（2）如图 7—32 所示，单击“选项”→“TCP→IP 筛选”，勾选“启用 TCP/IP 筛选”，单击“属性”按钮。

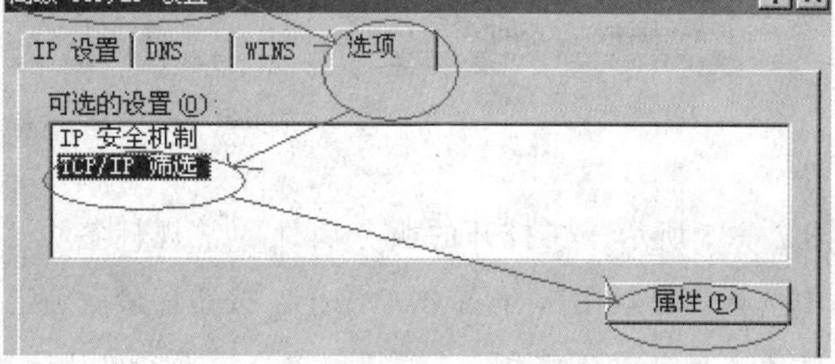

图 7—32 高级 TCP/IP 设置

（3）“TCP/IP 筛选”窗口如图 7—33 所示，只允许需要的 TCP，UDP 端口和 IP 协议即可。

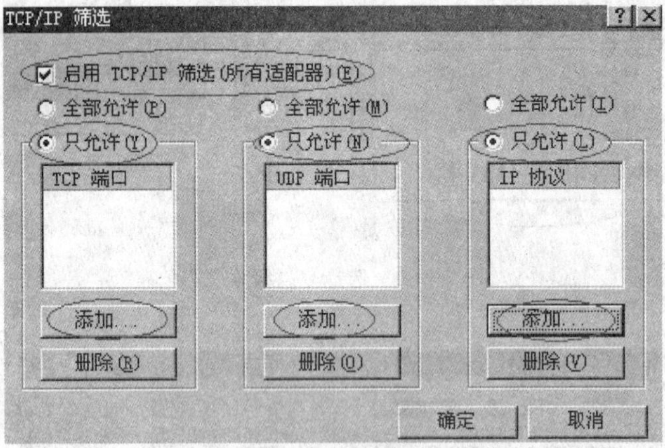

图 7—33　TCP/IP 筛选

提示：对于 Windows 2000 的端口过滤来说，有一个不好的特性就是：只能规定打开哪些端口，不能规定关闭哪些端口，这样对于需要开大量端口的用户就比较麻烦，而且由于端口过滤有时会阻塞合法的连接，占用的资源太多，对主机性能有些影响，所以一般只在网络边界的网关上进行端口过滤，在一般的 Windows 主机上可以不做。

2. 禁用不必要的服务

步骤 1：进入控制面板的“管理工具”，运行“服务”，进入服务界面，双击右侧列表中需要禁用的服务，如图 7—34 所示。

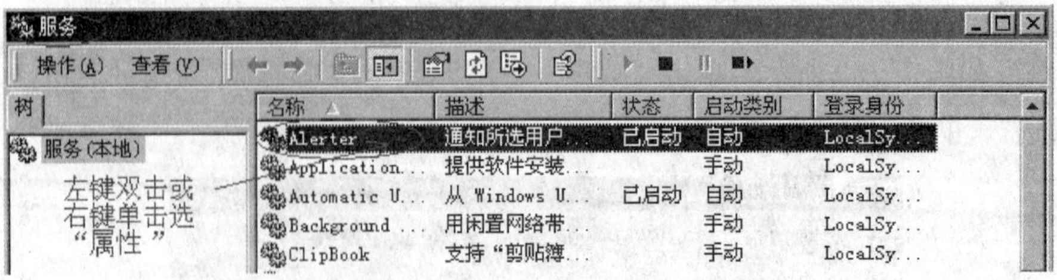

图 7—34　服务界面

步骤 2：如图 7—35 所示，在打开的服务属性的常规标签页“启动类型”一栏，在下拉菜单中选择“已禁用”，再单击“停止”按钮，最后确定即可。

提示：禁用服务不但可以让用户的系统更加安全，也可以让计算机速度运行得更快，一举两得。

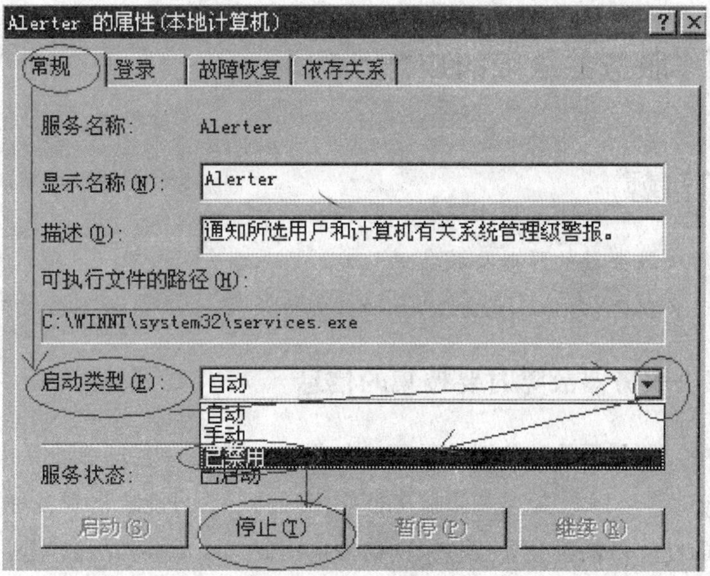

图 7—35　停止服务

Windows 2000 可以禁用的服务见表 7—1。

表 7—1　　可以禁用的服务

服务	用途
alerter	通知所选用户和计算机有关系统管理警报
clipbook	支持“剪贴簿查看器”，以便可以从远程剪贴簿查阅剪贴页面
computer	维护网络上计算机的最新列表以及提供这个列表给请求的程序
dhcp client	通过注册和更改 IP 地址以及 dns 名称来管理网络配置
messenger	发送和接收系统管理员或者“警报器”服务传递的消息
net logon	支持网络上计算机 pass－through 账户登录身份验证事件
network dde	提供动态数据交换（dde）的网络传输和安全特性
network dde dsdm	管理网络 dde 的共享动态数据交换
runas service	在不同凭据下启用启动过程
remote registry service	允许远程注册表操作
server	提供 rpc 支持、文件、打印以及命名管道共享
task scheduler	允许程序在指定时间运行
TCP/IP NetBIOS helper service	允许对“TCP/IP 上 NetBIOS（netbt）”服务以及 NetBIOS 名称解析的支持
telnet	允许远程用户登录到系统并且使用命令行运行控制台程序
workstation	提供网络链接和通信

7.2.2 服务器故障的应急处理

学习目标

➢ 了解解决服务器故障时要搜集的信息

➢ 掌握服务器无法启动和无法共享的处理方法

一、解决服务器故障时要搜集的信息

在网络中，服务器的地位至关重要。如果一台或几台客户端计算机出现问题，影响的范围还不算太大。但是如果服务器端出现问题，可能会出现各种状况，严重时影响网络的性能，甚至会导致整个网络的瘫痪。排除服务器故障需要搜集服务器中的记录、服务器的性能状态、服务器的硬件完好状态等信息。

1. 服务器中的记录

在计算机中，有“事件查看器”可以查看到近期计算机的一些情况。通过使用事件查看器（见图 7—36），用户可以收集有关硬件、软件、系统问题的信息并监视 Windows 2000 安全事件。Windows 2000 以应用程序日志、安全日志、系统日志三种方式记录事件，如图 7—37 所示。

图 7—36 打开“事件查看器”

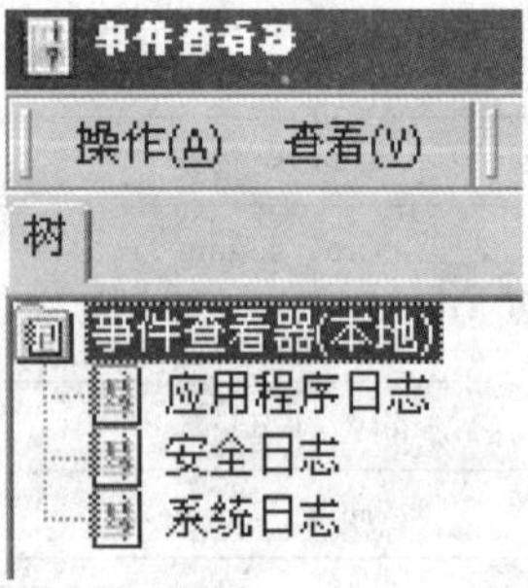

图 7—37 三种日志

2. 服务器的性能状态

检测服务器的性能状态，可使用“性能日志和警报”。使用“性能日志和警报”可以自动从本地或远程计算机搜集性能数据。可以使用“系统监视器”查看记录的计算机数据，也可将数据导出到电子表格程序或数据库进行分析并生成报告。

3. 服务器的硬件完好状态

计算机网络管理员应经常查看服务器的硬件设施。内容包括：使用的 UPS 是

否正常工作，电源线连接是否正常（有时机房中的老鼠会咬断电线），服务器的机箱是否松动（如有人潜入机房，开启机箱）等。

二、服务器无法启动的处理方法

1. 系统死机

故障现象：桌面被锁定，鼠标不能动，严重时连热启动（Alt＋Ctrl＋Del）都不行，有时是蓝屏现象。

故障分析：Windows 系统自身的 BUG 及各软件间的兼容性问题是该故障的原因，也可能是同一时间运行了过多的大程序，从而导致进程阻塞，引发死机。

故障排除：死机分真死和假死两种。区分二者的最简单方法是按下小键盘区的 Numlock 键，观察其指示灯有无变化。若有变化，则为假死；反之，则为真死。若是假死可以同时按下 Alt＋Ctrl＋Del，在出现的任务列表里，选定程序名后标注没有响应的项，单击“结束任务”按钮。若为真死，则只能冷启动。对于蓝屏现象，在按下 ESC 键无效后，选择重启，按机箱面板上的复位键。对于兼容性问题，可以从卸载“问题”软件和更新主板 BIOS 和相关主板驱动程序上来解决。

2. Windows 2000 停止时恢复

故障现象：Windows 2000 停止。

故障分析：如果以前曾用 CrashOnAuditFail＝1 配置注册表，并且安全日志已满，Windows 2000 将停止响应并显示“审核失败”的消息。

故障排除：

步骤 1：重新启动计算机并用系统管理员组中的账户登录。

步骤 2：打开“事件查看器”，存档目前记录的安全事件（如果需要），然后从安全日志中清除全部事件。

步骤 3：打开注册表编辑器并找到以下注册表项：

HKEY_LOCAL_MACHINE \ SYSTEM \ CurrentControlSet \ Control \ Lsa

步骤 4：用数据类型 REG_DWORD 和数值 1，删除并替换 CrashOnAuditFail 值。

步骤 5：退出注册表编辑器，并重新启动计算机。

3. 自动关机

故障现象：计算机在正常运行过程中，突然自动关闭系统或重启系统。

故障分析：如今的主板对 CPU 有温度监控功能，一旦 CPU 温度过高，超过了主板 BIOS 中所设定的温度，主板就会自动切断电源，以保护相关硬件。另一方面，系统中的电源管理和病毒软件也会导致这种现象发生。

故障排除：上述突然关机现象如果一直发生，先确认 CPU 的散热是否正常。打开机箱目测风扇叶片是否工作正常，再进入 BIOS 选项看风扇的转速和 CPU 的工作温度。如发现是风扇的问题，就对风扇进行相关的除尘维护或更换质量更好的风扇。如果排除硬件的原因，进入系统，从 Windows 的安装光盘中覆盖安装电源管理，再彻底查杀病毒。当这些因素都排除时，故障的起因就可能是电源老化或损坏，可以通过替换电源法来确认，电源坏掉必须换新的，切不可继续使用，否则会烧毁硬件。

三、服务器无法共享的处理方法

当服务器无法共享时，会让网络中的用户不能实现网络的最基本操作，原因主要有两大方面：缺少必要的协议和文件共享配置不当。

1. 缺少必要协议的处理方法

右键单击“桌面”上的“网上邻居”，选择“属性”，或是右键单击“本地连接”，选择“属性”，如图 7—38 所示。查看其中的组件是否缺少。必要的组件有：网络客户端，网络的文件和打印机共享，NWLink IPX，TCP/IP 等。

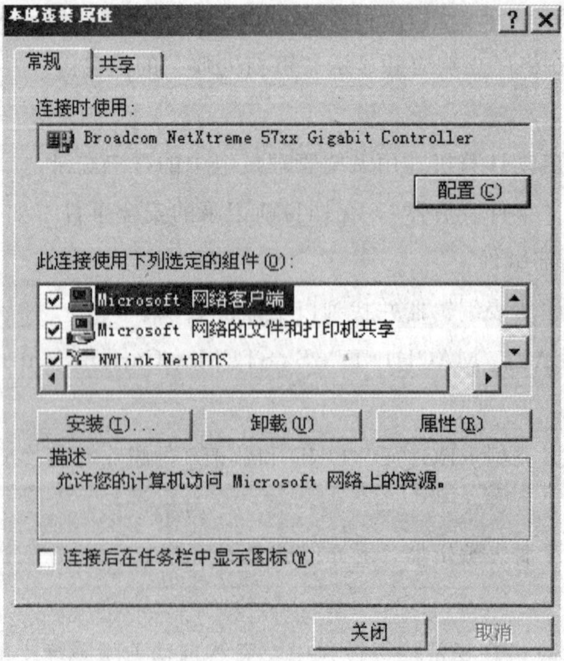

图 7—38　本地连接属性

2. 配置不当的文件共享的处理方法

配置不当的文件共享将影响多种操作系统，将重要的系统文件暴露，甚至为连接到网络上的“敌人”提供完全的文件系统访问权限。处理方法是对 Windows 系统，只在必要的情况下才共享。

7.3 防火墙的安装、配置与使用

7.3.1 防火墙的安装和配置

学习目标

- 了解防火墙的定义、分类和特点
- 能安装和设置防火墙

一、防火墙的基本知识

1. 防火墙的定义

防火墙的英文名为“FireWall”，是目前一种最重要的网络防护设备。从专业角度讲，防火墙是位于两个（或多个）网络间，实施网络之间访问控制的一组组件集合。

在网络中，所谓“防火墙”，是指一种将内部网和公众访问网（如 Internet）分开的方法，它实际上是一种隔离技术。防火墙是在两个网络通信时执行的一种访问控制尺度，它能允许“同意”的人和数据进入网络，同时将“不同意”的人和数据拒之门外，最大限度地阻止网络中的黑客来访问你的网络。换句话说，如果通不过防火墙，公司内部的人就无法访问 Internet，Internet 上的人也无法和公司内部的人进行通信。

2. 防火墙的分类

目前市场的防火墙产品非常之多，划分的标准也比较多。主要分类如下：

（1）按软、硬件形式分

1）软件防火墙。软件防火墙就像其他的软件产品一样需要先在计算机上安装并做好配置才可以使用。使用这类防火墙，需要网管对所工作的操作系统平台比较熟悉。

2）硬件防火墙。这种防火墙和普通的家庭用的PC没有太大区别。在这些PC架构计算机上运行一些经过裁剪和简化的操作系统。值得注意的是，这种防火墙会受到OS（操作系统）本身的安全性影响。

传统硬件防火墙一般至少应具备三个端口，分别接内网、外网和DMZ区（非军事化区），现在一些新的硬件防火墙往往扩展了端口，常见的四端口防火墙一般是将第四个端口作为配置口、管理端口。很多防火墙还可以进一步扩展端口数目。

3）芯片级防火墙。芯片级防火墙基于专门的硬件平台，没有操作系统。专有的ASIC芯片促使它们比其他种类的防火墙速度更快，处理能力更强，性能更高。做这类防火墙最出名的厂商有NetScreen、FortiNet、Cisco等。这类防火墙由于是专用操作系统，因此本身的漏洞比较少，不过价格相对比较高。

（2）按防火墙的技术分

防火墙技术虽然出现了许多，但总体来讲可分为“包过滤型”和“应用代理型”两大类。两者以美国NAI公司的Gauntlet防火墙为代表。

1）包过滤（Packet filtering）型防火墙。包过滤方式是一种通用、廉价和有效的安全手段。通用，是因为它不是针对各个具体的网络服务采取特殊的处理方式，适用于所有网络服务；廉价，是因为大多数路由器都提供数据包过滤功能，所以这类防火墙多数是由路由器集成的；有效，是因为它能在很大程度上满足了绝大多数企业安全要求。

包过滤型防火墙工作在OSI网络参考模型的网络层和传输层，它根据数据包头源地址，目的地址、端口号和协议类型等标志确定是否允许通过。只有满足过滤条件的数据包才被转发到相应的目的地，其余数据包则被从数据流中丢弃。以以色列的Checkpoint防火墙和美国Cisco公司的PIX防火墙为代表。

2）应用代理（Application Proxy）型防火墙。应用代理型防火墙是工作在OSI的最高层，即应用层。其特点是完全“阻隔”了网络通信流，通过对每种应用服务编制专门的代理程序，实现监视和控制应用层通信流的作用。

代理类型防火墙的最突出的优点就是安全。由于它工作在最高层，所以可以对网络中任何一层数据通信进行筛选保护，而不是像包过滤那样，只是对网络层的数据进行过滤。另外代理型防火墙采取的是一种代理机制，它可以为每一种应用服务建立一个专门的代理，所以内外部网络之间的通信不是直接的，而都需先经过代理服务器审核，通过后再由代理服务器代为连接，根本没有给内、外部网络计算机任何直接会话的机会，从而避免了入侵者使用数据驱动类型的攻击方式入侵内部网。

代理防火墙的最大缺点就是速度相对比较慢，当用户对内外部网络网关的吞吐量要求比较高时，代理防火墙就会成为内外部网络之间的瓶颈。因为防火墙需要为不同的网络服务建立专门的代理服务，在自己的代理程序为内、外部网络用户建立连接时需要时间，所以给系统性能带来了一些负面影响，但通常不会很明显。

（3）按防火墙结构分

1）单一主机防火墙。它是最传统的防火墙，独立于其他网络设备，且位于网络边界。这种防火墙其实与一台计算机结构差不多，同样包括 CPU、内存、硬盘等基本组件，它与一般计算机最主要的区别就是单一主机防火墙都集成了两个以上的以太网卡，因为它需要连接一个以上的内、外部网络。其中的硬盘就是用来存储防火墙所用的基本程序，如包过滤程序和代理服务器程序等，有的防火墙还把日志记录也记录在此硬盘上。

随着防火墙技术的发展及应用需求的提高，原来作为单一主机的防火墙现在已发生了许多变化。最明显的变化就是现在许多中、高档的路由器中已集成了防火墙功能，还有的防火墙已不再是一个独立的硬件实体，而是由多个软、硬件组成的系统，这种防火墙，俗称“分布式防火墙”。

2）路由器集成式防火墙。现在许多中、高档路由器中集成了防火墙功能。但这种防火墙通常是较低级的包过滤型。这样企业就不用再同时购买路由器和防火墙，大大降低了网络设备购买成本。

3）分布式防火墙。不只是位于网络边界，而是渗透于网络的每一台主机，对整个内部网络的主机实施保护。在网络服务器中，通常会安装一个用于防火墙系统管理软件，在服务器及各主机上安装有集成网卡功能的 PCI 防火墙卡，这样一块防火墙卡不仅同时兼有网卡和防火墙的双重功能，还可以彻底保护内部网络。各主机把任何其他主机发送的通信连接都视为“不可信”的，都需要严格过滤。而不是传统边界防火墙那样，仅对外部网络发出的通信请求“不信任”。

（4）按防火墙的应用部署位置分

1）边界防火墙。边界防火墙是最为传统的一种，它们处于内、外部网络的边界，所起的作用是对内、外部网络实施隔离，保护边界内部网络。这类防火墙一般都是硬件类型的，价格较贵，性能较好。

2）个人防火墙。个人防火墙安装于单台主机中，防护的也只是单台主机。这类防火墙应用于广大的个人用户，通常为软件防火墙，价格最便宜，但性能也最差。

3）混合式防火墙。混合式防火墙，也称“分布式防火墙”或者“嵌入式防火墙”，它是一整套防火墙系统，由若干个软、硬件组件组成，分布于内、外部网络边界和内部各主机之间，既对内、外部网络之间通信进行过滤，又对网络内部各主机间的通信进行过滤。它属于最新的防火墙技术之一，性能最好，价格也最贵。

（5）按防火墙性能分

防火墙按性能可分为百兆级防火墙和千兆级防火墙两类。因为防火墙通常位于网络边界，所以不可能只是十兆级的。这主要是指防火的通道带宽（Bandwidth），或者说是吞吐率。当然通道带宽越宽，性能越高，这样的防火墙因包过滤或应用代理所产生的延时也越小，对整个网络通信性能的影响也就越小。

3. 防火墙的特点

（1）广泛的服务支持

通过将动态的、应用层的过滤能力和认证相结合，可实现 WWW 浏览器、HTTP 服务器、FTP 等。

（2）对私有数据的加密支持

保证通过 Internet 进行虚拟私人网络和商务活动不受损坏。

（3）客户端认证只允许指定的用户访问内部网络或选择服务

企业本地网与分支机构、商业伙伴和移动用户间安全通信的附加部分。

（4）反欺骗

欺骗是从外部获取网络访问权的常用手段，它使数据包好似来自网络内部。防火墙能监视这样的数据包并能扔掉它们。

（5）C/S 模式和跨平台支持

能使运行在一平台的管理模块，控制运行在另一平台的监视模块。

二、防火墙软件的安装和设置

1. 安装防火墙

安装瑞星防火墙的步骤和安装瑞星杀毒软件的步骤基本一致，在这里简要介绍安装瑞星防火墙的步骤。

步骤 1：双击“瑞星防火墙”的安装包，如图 7—39 所示。

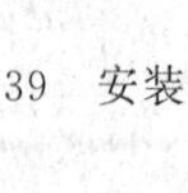

图 7—39　安装包

步骤 2：单击安装对话框中的“下一步”按钮。

步骤 3：阅读最终用户许可协议（EULA），然后单击“我同意”。

步骤 4：根据需要，选择其中一个安装选项，如图 7—40 所示。

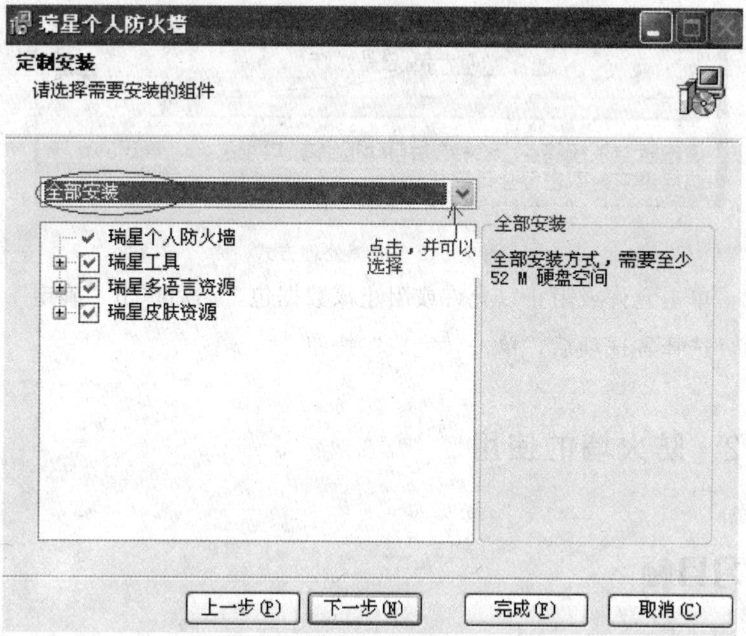

图 7—40　安装选择

步骤 5：单击“完成”按钮可以结束安装。或者单击“下一步”进行进一步选择。

步骤 6：依次单击“下一步”按钮后，进入结束窗口。

2. 设置防火墙

步骤 1：运行完安装步骤后，可直接进行防火墙的设置，如图 7—41 所示。

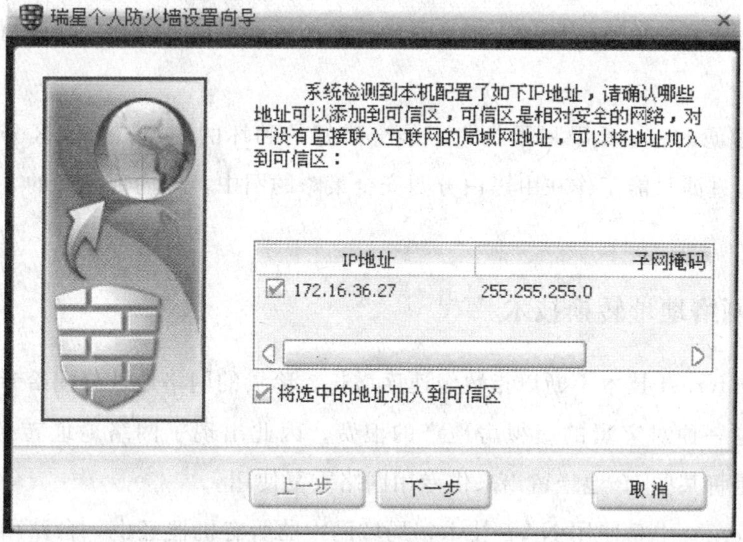

图 7—41　设置向导

步骤 2：单击“下一步”按钮，出现提示窗口，如图 7—42 所示。

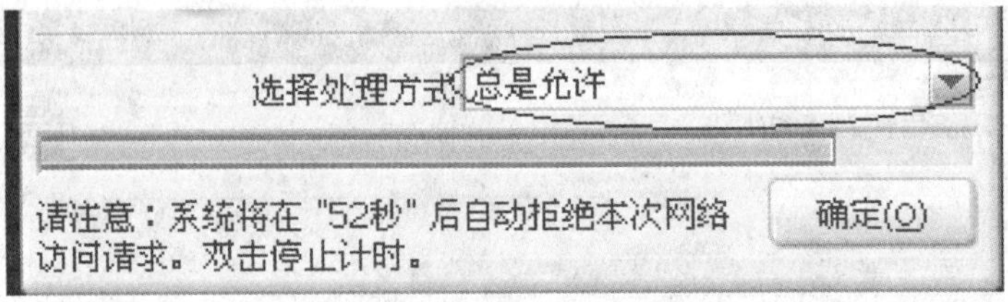

图 7—42　选择处理方式

步骤 3：单击允许或阻止以允许或阻止该数据包，然后单击“确定”按钮。

步骤 4：选择各选项后，单击“完成”按钮。

7.3.2　防火墙的使用

学习目标

- 了解 IP 包过滤的内容
- 了解网络地址转换的方法
- 掌握应用瑞星防火墙的步骤

一、IP 包过滤

IP 包的过滤一直是一种传递数据包简单而有效的方法，它通过将包头信息和管理员设定的规则表进行比较，读出并拒绝那些不符合标准的包，过滤掉不应入站的信息。

IP 包过滤的一个重要局限是它不能分辨好的和坏的用户，只能区分好的包和坏的包。包过滤只能工作在由黑白分明安全策略的网中，即内部是好的，外部是可疑的。

二、网络地址转换技术

随着 Internet 技术不断以指数级速度增长，珍贵的网络地址分配给专用网络终于被视作是一种对宝贵的虚拟房地产的浪费。因此出现了网络地址转换（NAT）标准，就是将某些 IP 地址留出来供专用网络重复使用。

在 Internet 中，使用 NAT 技术，局域网中的所有机器经由一台路由器通往外网，所以只需要注册该路由器的一个外部 IP 就够了。最简单的 NAT 设备由两条网络连接：一条连接到 Internet，另一条连接到专用网络。专用网络中使用私有 IP 地址（有时也被称为 Network 10 地址，地址使用留做专用的从 10.0.0.0 开始的地址）的主机，通过直接向 NAT 设备发送数据包连接到 Internet 上。与普通路由器不同，NAT 设备实际上对包头进行修改，将专用网络的源地址变为 NAT 设备自己的 Internet 地址；而普通路由器仅在将数据包转发到目的地前读取源地址和目的地址。

三、防火墙软件的应用

步骤 1：启动瑞星防火墙

双击桌面上的快捷图标，如图 7—43 所示；或使用“开始”菜单中的瑞星防火墙的选项，即可进入瑞星防火墙的应用界面，如图 7—44 所示。还可以用鼠标单击任务栏“快速启动”上的“瑞星个人防火墙”快捷图标；或者在系统托盘中，用鼠标双击“瑞星个人防火墙”图标，都可以启动瑞星防火墙，进入应用界面。

图 7—43　图标

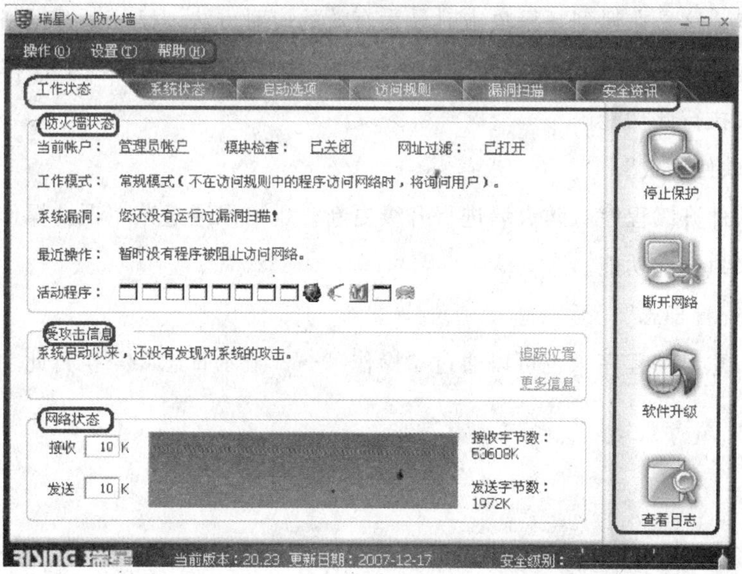

图 7—44　应用界面

在应用界面中，主要分为三大部分，一是最上面的菜单项；二是各项标签页，每一页对应不同的状态内容；三是右边的功能按钮。

（1）菜单栏用于进行菜单操作，包括“操作”“设置”“帮助”三个菜单。

（2）操作按钮位于主界面右侧，包括“启动/停止保护”“连接/断开网络”“软件升级”“查看日志”。

（3）标签页位于主界面上部，包括“工作状态”“系统状态”“启动选项”“访问规则”“漏洞扫描”“安全资讯”六个标签。

（4）安全级别位于主界面右下角，拖动滑块到对应的安全级别，修改立即生效。

（5）当前版本及更新日期位于主界面下方，显示防火墙当前版本及更新日期。

步骤2：选择操作按钮

操作按钮位于主界面右侧，包括“启动/停止保护”“连接/断开网络”“软件升级”和“查看日志”。功能如下：

（1）“启动/停止保护”

停止防火墙的保护功能，执行此功能后，计算机将不再受瑞星防火墙的保护，已处于停止保护状态时，此按钮将变为“启用保护”，单击将重新启用防火墙的保护功能。也可以通过菜单项“操作”→“停止保护”来执行此功能。

（2）“连接/断开网络”

将计算机完全与网络断开，其他人都不能访问用户的计算机，但是用户也不能再访问网络。这是在遇到频繁攻击时最为有效的应对方法。已经断开网络后，此项将变为“连接网络”，单击后将恢复网络连接。也可以通过菜单项“操作”→“断开网络”来执行此功能。

（3）“软件升级”

启动软件升级程序对防火墙进行升级更新。也可以通过菜单项“操作”→“软件升级”来执行此功能。

（4）“查看日志”

启动日志显示程序，也可以通过“操作”→“显示日志”来执行此功能。

7.4　漏洞扫描

7.4.1　系统漏洞的扫描

学习目标

➢ 了解系统漏洞的概念

➢ 了解漏洞扫描器的种类

➢ 了解漏洞扫描软件的特点

➢ 掌握扫描系统漏洞的方法

一、系统漏洞的基本知识

1. 系统漏洞的概念

漏洞即某个程序（包括操作系统）在设计时未考虑周全，当程序遇到一个看似合理，但实际无法处理的问题时，引发的不可预见的错误。

系统漏洞又称安全缺陷，系统漏洞是在硬件、软件、协议的具体实现或系统安全策略上存在的缺陷，从而可以使攻击者能够在未授权的情况下访问或破坏系统。

2. 漏洞扫描器的种类

任何系统都有漏洞，为防止攻击者借此漏洞攻击系统，一般采用扫描器来扫描漏洞。漏洞扫描器通常以三种形式出现：

（1）单一的扫描软件

安装在计算机或掌上计算机上，例如 ISS Internet Scanner。

（2）基于客户机（管理端）/服务器(扫描引擎）模式或浏览器/服务器模式

通常为软件，安装在不同的计算机上，也有将扫描引擎做成硬件的，例如 Nessus。

（3）其他安全产品的组件

例如防御安全评估就是防火墙的一个组件。在安全扫描中，硬件设备的资源能够承受多数量的主机。由于承载的硬件嵌入系统平台经过特别优化，其扫描效率远远高于一般的安全扫描软件。

大型网络需多台扫描器跨地域及跨防火墙协同工作，选择正确的隐患扫描工具，对于提高系统的安全性，非常重要。

3. **漏洞扫描软件的特点**

不同的漏洞扫描软件有各自不同的特点，但是一般都具有如下特点：

（1）扫描的漏洞数量多。

（2）集中化管理。

（3）网络流量负载小。

（4）通信过程中的加密机制。

二、扫描系统漏洞的方法

下面介绍使用瑞星防火墙中的漏洞扫描工具来进行扫描系统漏洞的方法。

步骤 1：打开瑞星防火墙，单击“漏洞扫描”标签页，如图 7—45 所示。在此处可以检查系统漏洞与不安全设置，并进行修复。

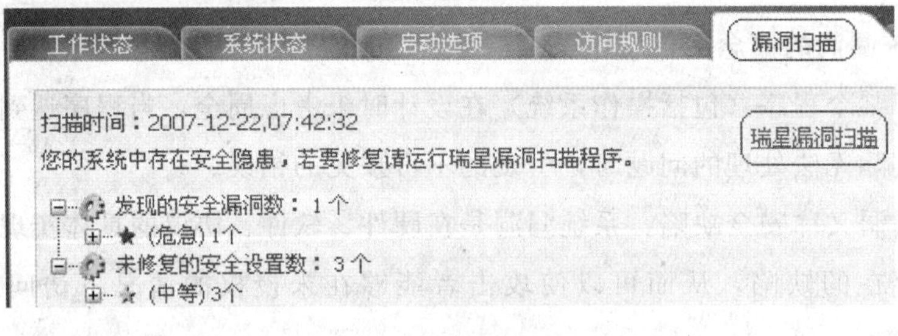

图 7—45　“漏洞扫描”标签页

步骤 2：单击“瑞星漏洞扫描”标签页后，如图 7—46 所示。

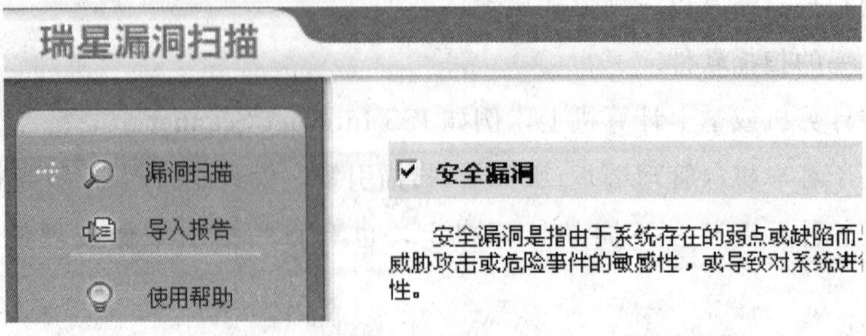

图 7—46　开始扫描

基本功能在页面左侧列出，包括漏洞扫描、导入报告和使用帮助。此处可以对要扫描的项目进行选择。其中：

（1）“安全漏洞”是指计算机系统中存在的可被攻击者利用的安全弱点或缺陷。选中表示对安全漏洞进行扫描。

（2）“导入报告”是将以前保存的扫描日志文件导入扫描工具，可对结果继续进行处理。

（3）“使用帮助”是显示漏洞扫描工具的简单帮助。

步骤 3：单击页面下方的“开始扫描”，开始对选中的项进行检查，之后转入扫描报告页，可以查看结果，如图 7—47 所示。

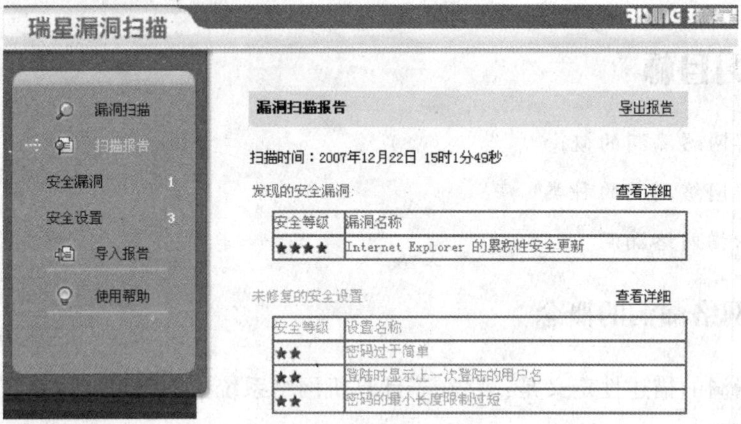

图 7—47　漏洞扫描报告

本页中出现“扫描报告”，此项仅在执行完扫描或导入报告后才可见，分类列出安全漏洞及不安全的设置的安全等级与名称。

还有左边的提示内容：安全漏洞、安全设置、导入报告和使用帮助。右边还可以选择“导出报告”和“查看详细”。其中，安全设置是指计算机系统中存在的一些与安全相关的设置，如用户权限设置、共享设置等。选中表示对安全设置进行扫描。

步骤 4：单击“安全漏洞”和“安全设置”。

步骤 5：此时勾选“登录时显示上一次登录的用户名”，单击“修复选择的设置”后，可以进行修复，如图 7—48 所示。

步骤 6：单击位于页面右上方的“导出报告”，单击可将扫描结果存为日志文件（*.slo）。

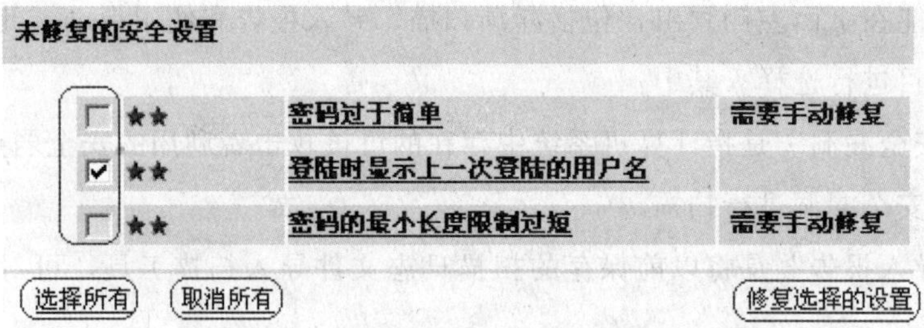

图 7—48　安全设置

7.4.2　网络漏洞的扫描

学习目标

- 了解网络漏洞的概念
- 了解网络漏洞的种类
- 能扫描网络漏洞

一、网络漏洞的概念

网络漏洞的描述性定义是：存在于计算机网络系统中的、可能对系统中的组成和数据造成损害的一切因素。

网络中有许多的漏洞都是由于设计人员和程序员的疏忽或失误及对网络环境的不熟悉造成的。进行网络开发时，许多设计开发者并不重视网络的安全情况，也不完全了解程序的内部工作机理，致使程序不能适应所有的网络环境，造成网络功能与安全策略发生冲突，最终导致漏洞的产生。另一部分漏洞则是网络用户刻意为之的。计算机网络管理员为了更好地监管和控制网络，往往预留秘密通道，以保证对网络的绝对控制。而部分网络用户或黑客也许会出于好奇而在网络中秘密种下木马、逻辑炸弹或是陷门。

二、网络漏洞的种类

网络漏洞的种类很多，根据其产生的原因、存在的位置和利用漏洞攻击的原理等进行分类，如图 7—49 所示。

- 网络漏洞的种类
  - 漏洞产生原因
    - 故意
      - 恶意
      - 非恶意
    - 无意
  - 漏洞存在位置
    - 软件
      - 应用软件漏洞
      - 系统漏洞
      - 服务器漏洞
    - 硬件
  - 漏洞攻击原理
    - 拒绝服务
    - 缓冲区溢出
    - 欺骗攻击
    - 后门攻击
    - 程序错误

图 7—49　网络漏洞的种类

三、扫描网络漏洞的方法

网络漏洞扫描方式通过远程检测目标主机 TCP/IP 不同端口的服务，记录目标给予的回答。通过这种方法，可以搜集到很多目标主机的各种信息，例如是否能用匿名登录，是否有可写的 FTP 目录，是否能用 Telnet 等。在获得目标主机 TCP/IP 端口和其对应的网络访问服务的相关信息后，与网络漏洞扫描系统提供的漏洞库进行匹配，如果满足匹配条件，则视为漏洞存在。

一次完整的网络安全扫描分为 3 个阶段：

第 1 阶段：发现目标主机或网络。

第 2 阶段：发现目标后进一步搜集目标信息，包括操作系统类型、运行的服务以及服务软件的版本等。如果目标是一个网络，还可以进一步发现该网络的拓扑结构、路由设备以及各主机的信息。

第 3 阶段：根据搜集到的信息判断或者进一步测试系统是否存在安全漏洞。

7.5 VLAN 与 VPN 的实施

7.5.1 VLAN 的实施

学习目标

- 掌握 VLAN 的定义
- 了解 VLAN 的分类和作用
- 能规划和设置 VLAN

一、VLAN 的定义

VLAN 是 Virtual Local Area Network 的缩写，中文名为“虚拟局域网”，它是一种将局域网（LAN）设备从逻辑上划分（注意，不是从物理上划分）成独立的网段（或者是更小的局域网 LAN），从而实现虚拟工作组（单元）的数据交换技术。

二、VLAN 的分类

1. 基于端口的 VLAN

这是最常应用的一种 VLAN 划分方法，应用也最广泛、有效，目前绝大多数 VLAN 协议的交换机都提供这种 VLAN 配置方法。这种划分 VLAN 的方法是根据以太网交换机的交换端口来划分的，是将 VLAN 交换机上的物理端口和 VLAN 交换机内部的 PVC（永久虚电路）端口分成若干个组，每个组构成一个虚拟网，相当于一个独立的 VLAN 交换机。

对于不同部门需要互访时，可通过路由器转发，并配合基于 MAC 地址的端口过滤。对某站点的访问路径上最靠近该站点的交换机、路由交换机或路由器的相应端口上，设定可通过的 MAC 地址集。这样就可以防止非法入侵者从内部盗用 IP 地址从其他可接入点入侵。

这种划分方法的优点是定义 VLAN 成员时非常简单，只要将所有的端口都定义为相应的 VLAN 组即可，适合于任何大小的网络。它的缺点是如果某用户离开了原来的端口，到了一个新的交换机的某个端口，必须重新定义。

2. 基于 MAC 地址的 VLAN

这种划分 VLAN 的方法是根据每个主机的 MAC 地址来划分，即对每个 MAC 地址的主机都配置其属于哪个组，它实现的机制就是每一块网卡都对应唯一的 MAC 地址，VLAN 交换机跟踪属于 VLAN MAC 的地址。这种方式的 VLAN 允许网络用户从一个物理位置移动到另一个物理位置时，自动保留其所属 VLAN 的成员身份。

这种 VLAN 的划分方法的最大优点就是当用户物理位置移动时，即从一个交换机换到其他的交换机时，VLAN 不用重新配置，因为它是基于用户，而不是基于交换机的端口。这种方法的缺点是在初始化时，所有的用户都必须进行配置，如果有几百个甚至上千个用户的话，配置则非常麻烦，所以这种划分方法通常适用于小型局域网。而且这种划分的方法也导致了交换机执行效率的降低，因为在每一个交换机的端口都可能存在很多个 VLAN 组的成员，保存了许多用户的 MAC 地址，查询起来相当不容易。另外，对于使用笔记本计算机的用户来说，他们的网卡可能经常更换，这样 VLAN 就必须经常配置。

3. 基于网络层协议的 VLAN

VLAN 按网络层协议来划分，可分为 IP、IPX、DECnet、AppleTalk、Banyan 等 VLAN 网络。这种按网络层协议来组成的 VLAN，可使广播域跨越多个 VLAN 交换机。这对于希望针对具体应用和服务来组织用户的计算机网络管理员来说是非常具有吸引力的。而且，用户可以在网络内部自由移动，但其 VLAN 成员身份仍然保持不变。

这种方法的优点是用户的物理位置改变了，不需要重新配置所属的 VLAN，而且可以根据协议类型来划分 VLAN，这对网络管理者来说很重要，此外，这种方法不需要附加的帧标签来识别 VLAN，则可以减少网络的通信量。这种方法的缺点是效率低，因为检查每一个数据包的网络层地址是需要消耗处理时间的（相对于前面两种方法），一般的交换机芯片都可以自动检查网络上数据包的以太网帧头，但要让芯片能检查 IP 帧头，需要更高的技术，同时也更费时。当然，这与各个厂商的实现方法有关。

4. 根据 IP 组播的 VLAN

IP 组播实际上也是一种 VLAN 的定义，即认为一个 IP 组播组就是一个 VLAN。这种划分的方法将 VLAN 扩大到了广域网，因此这种方法具有更大的灵活性，而且也很容易通过路由器进行扩展，主要适合于不在同一地理范围的局域网用户组成一个 VLAN，不适合局域网，主要是效率不高。

5. 按策略划分的 VLAN

基于策略组成的 VLAN 能实现多种分配方法，包括 VLAN 交换机端口、MAC 地址、IP 地址、网络层协议等。网络管理人员可根据自己的管理模式和本单位的需求来决定选择哪种类型的 VLAN 。

6. 按用户定义、非用户授权划分的 VLAN

基于用户定义、非用户授权来划分 VLAN，是指为了适应特别的 VLAN 网络，根据具体的网络用户的特别要求来定义和设计 VLAN，而且可以让非 VLAN 群体用户访问 VLAN，但是需要提供用户密码，在得到 VLAN 管理的认证后才可以加入一个 VLAN。

三、VLAN 的应用

VLAN 这一新兴技术主要应用于交换机和路由器中，但目前主流应用还是三层以上的交换机。

1. 控制广播风暴

一个 VLAN 即一个逻辑广播域，通过对 VLAN 的创建，隔离了广播，缩小了广播范围，可以控制广播风暴的产生。

2. 提高网络整体安全性

通过路由访问列表和 MAC 地址分配等 VLAN 划分原则，可以控制用户访问权限和逻辑网段大小，将不同用户群划分在不同 VLAN，从而提高交换式网络的整体性能和安全性。

3. 网络管理简单、直观

对于交换式以太网，如果对某些用户重新进行网段分配，需要计算机网络管理员对网络系统的物理结构重新进行调整，甚至需要追加网络设备，增大网络管理的工作量。而对于采用 VLAN 技术的网络来说，一个 VLAN 可以根据部门职能、对象组或者应用将不同地理位置的网络用户划分为一个逻辑网段。在不改动网络物理连接的情况下，可以任意地将工作站在工作组或子网之间移动。利用虚拟网络技术，大大减轻了网络管理和维护工作的负担，降低了网络维护费用。在一个交换网络中，VLAN 提供了网段和机构的弹性组合机制。

四、VLAN 的规划和设置

下面通过实例介绍规划和设置 VLAN 的方法。

某公司有约 100 台计算机，主要使用网络的部门有生产部（20）、财务部（15）、人事部（8）和信息中心（12）四大部分。

网络基本结构为：整个网络中采用 3 台 Catalyst 1900 网管型交换机（分别命名为 Switch1、Switch2 和 Switch3，各交换机根据需要下接若干个集线器，主要用于非 VLAN 用户，如行政文书、临时用户等）、一台 Cisco 2514 路由器，整个网络都通过路由器 Cisco 2514 与外部互联网进行连接。

所连的用户主要分布于四个部分，即生产部、财务部、信息中心和人事部。

1. 规划 VLAN

主要对这四个部分用户单独划分 VLAN，以确保相应部门网络资源不被盗用或破坏。

现为了保证公司相应部分网络资源的安全性，特别是对于如财务部、人事部等部门，其网络上的信息若不想让局外人随便浏览，可采用 VLAN 的方法来解决以上问题。这四个主要部分对应的 VLAN 组名为 Prod、Fina、Huma、Info，各 VLAN 组所对应的网段见表 7—2。

表 7—2　VLAN 号

VLAN 名	端口号
2	Prod Switch 1 2－21
3	Fina Switch2 2－16
4	Huma Switch3 2－9
5	Info Switch3 10－21

提示：把交换机的 VLAN 号从“2”号开始，是因为交换机有一个默认的 VLAN，即“1”号 VLAN，它包括所有连在该交换机上的用户。

2. 设置 VLAN

VLAN 的配置过程分为两部分：（1）为各 VLAN 组命名；（2）把相应的 VLAN 对应到相应的交换机端口。

具体的配置过程：

步骤 1：设置好超级终端，连接上 1 900 交换机，通过超级终端配置交换机的 VLAN，连接成功后出现如下所示的主配置界面（交换机在此之前已完成了基本信息的配置）：

1 user（s）now active on Management Console.

User Interface Menu

[M] Menus

[K] Command Line

[I] IP Configuration

Enter Selection：

提示：超级终端是利用 Windows 系统自带的“超级终端”（Hypertrm）程序进行的，具体参见有关资料。

步骤 2：单击“K”按键，选择主界面菜单中“[K] Command Line”选项，进入如下命令行配置界面：

CLI session with the switch is open.

To end the CLI session，enter [Exit].

>

此时进入了交换机的普通用户模式，就像路由器一样，这种模式只能查看现在的配置，不能更改配置，并且能够使用的命令很有限。所以必须进入“特权模式”。

步骤 3：在上一步“>”提示符下输入进入特权模式命令“enable”，进入特权模式，命令格式为“>enable”，此时就进入了交换机配置的特权模式提示符：

＃config t

Enter configuration commands，one per line. End with CNTL/Z

(config) ＃

步骤 4：为了安全和方便起见，分别给这 3 个 Catalyst 1900 交换机起个名字，并且设置特权模式的登录密码。下面仅以 Switch1 为例进行介绍。配置代码如下：

(config) ＃hostname Switch1

Switch1 (config) ＃ enable password level 15 XXXXXX

Switch1 (config) ＃

提示：特权模式密码必须是 4～8 位字符，需要注意，这里所输入的密码是以明文形式直接显示的，要注意保密。交换机用 level 级别的大小来决定密码的权限。Level 1 是进入命令行界面的密码。

步骤 5：设置 VLAN 名称。因四个 VLAN 分属于不同的交换机，VLAN 命名的命令为“vlan vlan 号 name vlan 名称”，在 Switch1、Switch2、Switch3、交换机上配置 2、3、4、5 号 VLAN 的代码为：

Switch1 (config) ＃vlan 2 name Prod

Switch2（config）＃vlan 3 name Fina

Switch3（config）＃vlan 4 name Huma

Switch3（config）＃vlan 5 name Info

提示：以上配置是按表 7—2 规则进行的。

步骤 6：上一步对各交换机配置了 VLAN 组，现在要把这些 VLAN 对应于表 7—2 所规定的交换机端口号。对应端口号的命令是“vlan－membership static/ dynamic VLAN 号 ”。在这个命令中“static”（静态）和“dynamic”（动态）分配方式两者必须选择一个，不过通常都是选择“static”（静态）方式。

VLAN 端口号应用配置如下：

（1）名为“Switch1”的交换机的 VLAN 端口号配置如下：

Switch1（config）＃int e0/2

Switch1（config－if）＃vlan－membership static 2

Switch1（config－if）＃int e0/3

……

Switch1（config－if）＃int e0/21

Switch1（config－if）＃vlan－membership static 2

Switch1（config－if）＃

提示：“int”是“nterface”命令缩写，是接口的意思。“e0/3”是“ethernet 0/2”的缩写，代表交换机的 0 号模块 2 号端口。

（2）名为“Switch2”的交换机的 VLAN 端口号配置如下：

Switch2（config）＃int e0/2

Switch2（config－if）＃vlan－membership static 3

Switch2（config－if）＃int e0/3

Switch2（config－if）＃vlan－membership static 3

……

Switch2（config－if）＃int e0/16

Switch2（config－if）＃vlan－membership static 3

Switch2（config－if）＃

（3）名为“Switch3”的交换机的 VLAN 端口号配置如下（它包括两个 VLAN 组的配置）：

VLAN 4（Huma）的配置代码：

Switch3（config）＃int e0/2

Switch3（config－if）＃vlan－membership static 4

Switch3（config－if）＃int e0/3

Switch3（config－if）＃vlan－membership static 4

……

Switch3（config－if）＃int e0/9

Switch3（config－if）＃vlan－membership static 4

Switch3（config－if）＃

VLAN5（Info）的配置代码：

Switch3（config）＃int e0/10

Switch3（config－if）＃vlan－membership static 5

……

Switch3（config－if）＃int e0/21

Switch3（config－if）＃vlan－membership static 5

Switch3（config－if）＃

现在，已经按表 7—2 要求把 VLAN 都定义到了相应交换机的端口上。为了验证配置，可以在特权模式使用“show vlan”命令显示出刚才所做的配置，检查一下是否正确。

以上介绍了 Cisco Catalyst 1 900 交换机的 VLAN 配置方法，其他交换机的 VLAN 配置方法基本类似，参照有关交换机的设置说明书即可。

7.5.2 VPN 的实施

学习目标

- 了解 VPN 的概念、原理和特点
- 了解 VPN 的体系结构和隧道原理
- 能规划 VPN
- 能创建 VPN 隧道
- 掌握部署 VPN 的方法

一、VPN 的概念和工作原理

1. VPN 的概念

VPN 的全称是 Virtual Private Network，称为虚拟专用网络。其主要作用就是利用公用网络（主要是互联网）将多个私有网络或网络节点连接起来。通过公用网络进行连接可以大大降低通信成本。

2. VPN 的工作原理

一般来说，两台连接上互联网的计算机只要知道对方的 IP 地址，是可以直接通信的。不过位于这两台计算机之后的网络是不能直接互联的，是因为私有的网络和公用网络使用了不同的地址空间或协议，即私有网络和公用网络之间是不兼容的。

VPN 的原理就是在这两台直接和公用连接的计算机之间建立一条专用通道。两个私有网络之间的通信内容经过这两台计算机或设备打包通过公用网络的专用通道进行传输，然后在对端解包，还原成私有网络的通信内容转发到私有网络中。这样对于两个私有网络来说，公用网络就像普通的通信电缆，而接在公用网络上的两台计算机或设备，则相当于两个特殊的线路接头。

二、VPN 的特点

1. 安全保障

在非面向连接的公用 IP 网络上建立一个逻辑的、点对点的连接，称之为建立一个隧道，可以利用加密技术对经过隧道传输的数据进行加密，以保证数据仅被指定的发送者和接收者了解，从而保证了数据的私有性和安全性。

2. 服务质量保证（QoS）

由于不同的用户和业务对服务质量保证的要求差别较大，VPN 网特别为企业数据提供了不同等级的服务质量保证。在网络优化方面，VPN 的 QoS 通过流量预测与流量控制策略，可以按照优先级分配带宽资源，从而实现带宽管理，使得各类数据能够被合理地先后发送，并预防阻塞的发生。

3. 可扩充性和灵活性

VPN 能够支持通过 Intranet 和 Extranet 的任何类型的数据流，方便了新节点的增加；支持多种类型的传输媒介，可以满足同时传输语音、图像和数据等新应用对高质量传输以及带宽增加的需求。

4. 可管理性

VPN管理主要包括安全管理、设备管理、配置管理、访问控制列表管理、QoS管理等内容。VPN的完善管理系统使VPN具有减小网络风险、具有高扩展性、经济性、高可靠性等优点。

三、VPN的体系结构

1. 通过Internet实现网络互连

虚拟专用网络支持以安全的方式通过公共互联网络远程访问企业资源。有以下两种方式可以使用VPN连接远程局域网。

（1）使用专线连接分支机构和企业局域网

不需要使用价格昂贵的长距离专用电路，分支机构和企业端路由器可以使用各自本地的专用线路通过本地的ISP连通Internet。VPN软件使用与本地ISP建立起的连接和Internet网络在分支机构和企业端路由器之间创建一个虚拟专用网络。

（2）使用拨号线路连接分支机构和企业局域网

不同于传统的使用连接分支机构路由器的专线拨打长途或（1—800）电话连接企业NAS的方式，分支机构端的路由器可以通过拨号方式连接本地ISP。VPN软件使用与本地ISP建立起的连接在分支机构和企业端路由器之间创建一个跨越Internet的虚拟专用网络。

提示：在以上两种方式中，是通过使用本地设备在分支机构和企业部门与Internet之间建立连接。无论是在客户端还是服务器端都是通过拨打本地接入电话建立连接，因此VPN可以大大节省连接的费用。建议作为VPN服务器的企业端路由器使用专线连接本地ISP，VPN服务器一天24小时对VPN数据流进行监听。

2. 连接企业内部网络计算机

在企业的内部网络中，考虑到一些部门可能存储有重要数据，为确保数据的安全性，传统的方式只能把这些部门同整个企业网络断开，从而形成孤立的小网络。这样做虽然保护了部门的重要信息，但是由于物理上的中断，使其他部门的用户无法访问，造成通信上的困难。

采用VPN方案，通过使用一台VPN服务器既能够实现与整个企业网络的连接，又可以保证保密数据的安全性。路由器虽然也能够实现网络之间的互联，但是并不能对流向敏感网络的数据进行限制。企业网络管理人员通过使用VPN服务器，指定只有符合特定身份要求的用户才能连接 VPN 服务器获得访问敏感信息的权利。此外，可以对所有 VPN 数据进行加密，从而确保数据的安全性。没有访问权利的用户无法看到部门的局域网。

四、VPN 的隧道技术原理

隧道技术是 VPN 的基本技术，类似于点对点连接技术，是一种通过使用互联网络的基础设施在网络之间传递数据的方式。使用隧道传递的数据（或负载）可以是不同协议的数据帧或包。隧道协议将这些其他协议的数据帧或包重新封装在新的包头中发送。新的包头提供了路由信息，从而使封装的负载数据能够通过互联网络传递。

被封装的数据包在隧道的两个端点之间通过公共互联网络进行路由。被封装的数据包在公共互联网络上传递时所经过的逻辑路径称为隧道。一旦到达网络终点，数据将被解包并转发到最终目的地。

提示： 隧道技术是指包括数据封装，传输和解包在内的全过程。

隧道技术在经过一段时间的发展和完善之后，目前较为成熟的技术包括：

1. IP 网络上的 SNA 隧道技术

当系统网络结构（System Network Architecture）的数据流通过企业 IP 网络传送时，SNA 数据帧将被封装在 UDP 和 IP 协议包头中。

2. IP 网络上的 Novell NetWare IPX 隧道技术

当一个 IPX 数据包被发送到 NetWare 服务器或 IPX 路由器时，服务器或路由器用 UDP 和 IP 包头封装 IPX 数据包后通过 IP 网络发送。另一端的 IP－TO－IPX 路由器在去除 UDP 和 IP 包头之后，把数据包转发到 IPX 目的地。

五、VPN 的隧道协议原理

为创建隧道，隧道的客户机和服务器双方必须使用相同的隧道协议。

隧道技术可以分别以第 2 层或第 3 层隧道协议为基础。分层按照开放系统互联（OSI）的参考模型划分。

第 2 层隧道协议对应 OSI 模型中的数据链路层，使用帧作为数据交换单位。PPTP、L2TP 和 L2F（第 2 层转发）都属于第 2 层隧道协议。第 2 层隧道协议是先把各种网络协议封装到 PPP 中，再把整个数据包装入隧道协议中。这种双层封装方法形成的数据包靠第 2 层协议进行传输。

第 3 层隧道协议对应 OSI 模型中的网络层，使用包作为数据交换单位。IP

overIP 以及 IPSec 隧道模式都属于第 3 层隧道协议。第 3 层隧道协议是把各种网络协议直接装入隧道协议中，形成的数据包依靠第 3 层协议进行传输。

1. L2TP

PPTP（点到点隧道协议）是在 Window95/98 中支持的，为中小企业提供的一个 VPN 解决方案。但 PPTP 在实现上存在着重大的安全问题，它的安全性甚至比 PPP（点到点协议）还要弱，因为 PPTP 协议存在着重大安全缺陷，因此它基本上已经成为一个过时的隧道协议。

L2TP 提供了一种 PPP 包的机制，特别适合于通过 VPN 拨号进入一个专用网络的用户。L2TP 支持在各种网络连接上提供 PPP 包的封装，支持一个用户同时使用多个并发的隧道。它同样适用于非 IP 协议，支持动态寻址，是目前唯一能够提供全网状 Intranet VPN 连接的多协议隧道。

2. IPSec

IPSec 是一组开放的网络安全协议的总称，提供访问控制、无连接的完整性、数据来源验证、防重放保护、加密以及数据流分类加密等服务。IPSec 在 IP 层提供这些安全服务，包括两个安全协议 AH（报文验证头协议）和 ESP（报文安全封装协议）。AH 主要提供的功能有数据来源验证、数据完整性验证和防报文重放功能。ESP 除提供 AH 协议的功能之外，再提供对 IP 报文的加密功能。

3. MPLS VPN

MPLS 实际上就是一种隧道技术，使用它来建立 VPN 隧道十分容易。同时，MPLS 还是一种完备的网络技术，可以用它来建立起 VPN 成员之间简单而高效的 VPN。MPLS VPN 适用于实现对于服务质量、服务等级划分以及网络资源的利用率、网络的可靠性有较高要求的 VPN 业务。

六、VPN 的规划、创建和部署

1. 规划 VPN

要实现 VPN 连接，企业内部网络中必须配置有一台基于 Windows NT 或 Windows 2000 Server 的 VPN 服务器，VPN 服务器一方面连接企业内部专用网络，另一方面要连接到 Internet，也就是说 VPN 服务器必须拥有一个公用的 IP 地址。当客户机通过 VPN 连接与专用网络中的计算机进行通信时，先由 ISP（Internet 服务提供商）将所有的数据传送到 VPN 服务器，然后再由 VPN 服务器负责将所有的数据传送到目标计算机。

VPN 使用三个方面的技术保证了通信的安全性：隧道协议、身份验证和数据加密。客户机向 VPN 服务器发出请求，VPN 服务器响应请求并向客户机发出身份质询，客户机将加密的响应信息发送到 VPN 服务器，VPN 服务器根据用户数据库检查该响应，如果账户有效，VPN 服务器将检查该用户是否具有远程访问权限，如果该用户拥有远程访问的权限，VPN 服务器接受此连接。在身份验证过程中产生的客户机和服务器公有密钥将用来对数据进行加密。

2. 创建 VPN 隧道

建立隧道有两种主要方式：客户启动（Client－Initiated）或客户透明（Client－Transparent）。

客户启动要求客户和隧道服务器（或网关）都安装隧道软件。隧道服务器通常都安装在公司中心站上。通过客户软件初始化隧道，隧道服务器中止隧道，ISP 可以不必支持隧道。客户和隧道服务器只需建立隧道，并使用用户 ID 和口令或用数字许可证鉴权。一旦隧道建立，就可以进行通信了，如同 ISP 没有参与连接一样。

如果希望隧道对客户透明，ISP 的 POPs 就必须具有允许使用隧道的接入服务器以及可能需要的路由器。客户首先拨号进入服务器，服务器必须能识别这一连接要与某一特定的远程点建立隧道，然后服务器与隧道服务器建立隧道，通常使用用户 ID 和口令进行鉴权。这样客户端就通过隧道与隧道服务器建立直接对话。尽管这一方针不要求客户有专门软件，但客户只能拨号进入正确配置的访问服务器。

3. 部署 VPN

在实际物理网络部署中，网管员首先通过物理线路（可能是光纤、双绞线、电话线等）连接各个路由设备，然后通过在路由器上配置静态路由或者动态路由完成各种规模网络的灵活部署。在 VPN 网络中，将每一条隧道视为连接两台 VPN 设备的虚拟网络线路，隧道建立成功后，虚拟线路连接工作就完成了；基于这些虚拟线路，网管员可以在 VPN 网关上采用同样的方法配置静态、动态路由协议，完成整个 VPN 网络的灵活部署。

7.6 文件加密与传输

7.6.1 文件加密

学习目标

- 了解数据加密的方式
- 掌握数据加密的实现方法
- 能对重要的文件进行加密

20 世纪 60 年代，密码学的研究进入了一个新的发展时期；特别是美国的数据加密标准 DES 和公开密钥密码体制的推出，又为密码学的广泛应用奠定了坚实的基础。

一、数据加密的方式和实现方法

1. 数据加密的方式

把数据信息即明文转换为不可辨识的形式即密文的过程，目的是使不应了解该数据信息的人不能够知道和识别。将密文转变为明文的过程就是解密。加密和解密过程形成加密系统，明文与密文统称为报文。任何加密系统，不论形式如何复杂，实现的算法如何不同，但其基本组成部分是相同的，通常都包括 4 个部分：需要加密的报文（也称为明文），加密以后形成的报文（也称为密文），加密、解密的装置或算法，用于加密和解密的钥匙（称为密钥，可以是数字、词汇或者语句）。

报文加密后，发送方就要将密文通过通信渠道传输给接收方。传输过程中，即密文在通信渠道传输过程中是不安全的，可能被非法用户即第三方截取和窃听，但由于是密文，只要第三方没有密钥，只是得到一些无法理解其真实意义的密文信息，从而达到保密的目的。整个过程如图 7—50 所示。

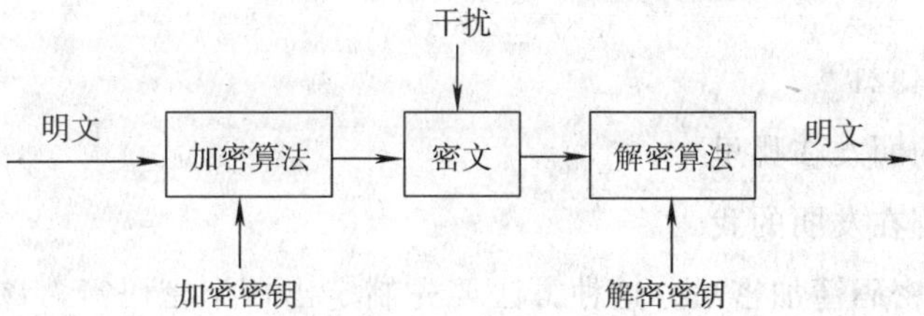

图 7—50　加密解密过程

2. 数据加密的实现方法

加密的方法有很多种，通常把这些方法分为传统加密方法和现代加密方法两大类。传统加密方法的共同特点是采用单钥技术，即加密和解密过程中使用同一密钥，所以也称对称式加密方法；现代加密方法的共同特点是采用双钥技术，也就是加密和解密过程中使用两个不同的密钥，也称非对称式加密方法。下面就简单介绍这些加密方法。

（1）基于单钥技术的传统加密方法

这类方法主要包括代码加密法、替换加密法、变位加密法和一次性密码簿加密法等。

1）代码加密法。通信双方使用预先设定的一组代码表达特定的意义。代码可以是日常词汇、专用名词，也可以是某些特殊用语。例如：

密文：虎虎虎。

明文：开始进攻。

这种方法简单好用，但通常一次只能传送一组预先约定的信息，而且重复使用时是不安全的，因为窃密者会逐渐明白代码含义。

2）替换加密法。这种方法是制定一种规则，将明文中的每个字母或每组字母替换成另一个或一组字母。例如，下面的这组字母对应关系就构成了一个替换加密器：

明文字母：A　B　C　D　E……

密文字母：Z　Y　X　W　V……

虽然说替换加密法比代码加密法应用的范围要广，但使用多了，窃密者就可以从多次搜集的密文中发现其中的规律，而破解密码。

3）变位加密法。与前两种加密方法不同，变位加密法不隐藏原来明文的字符，而是将字符重新排序。比如，加密方首先选择一个用数字表示的密钥，写成一行，然后把明文逐行写在数字下。按照密钥中数字指示的顺序，将原文重新抄写，就形成密文。例如：

密钥：7654321

明文：我的朋友在哪里

密文：里哪在友朋的我

4）一次性密码簿加密法。这种方法要先制定出一个密码簿，该簿每一页都是不同的代码表。加密时，使用一页上的代码加密一些词，用后撕掉或烧毁该页；然后再用另一页上的代码加密另一些词，直到全部的明文都加密成为密文。破译密文的唯一办法就是获得一份相同的密码簿。

一次性密码簿只能使用一次，以保证信息加密的安全性。

（2）改进的传统加密方法

传统加密方法要求加密密钥和解密密钥相同，这样很容易泄露密钥，于是人们又想出了很多算法来加强和改进这些方法。

1）数据加密标准DES。DES（Data Encryption Standard）是美国政府1977年采用的加密标准，美国政府在1981年又将DES进一步规定为ANSI标准。

DES是一个对称密钥系统，加密和解密使用相同的密钥。它通常选取一个64位（bit）的数据块，使用56位的密钥，在内部实现多次替换和变位操作来达到加密的目的。DES有ECB、CBC和CFB三种工作模式，其中ECB采用的是数据块加密模式，CBC与CFB采用的是数据流加密模式。

随着计算机性能的提高，DES的破解难度已经降低，不太实用了。

2）三层DES（Triple－DES）。这种方法是DES的改进加密算法，它使用两把密钥对报文作三次DES加密，效果相当于将DES密钥的长度加倍。三层DES克服了DES的显著缺点，即其56位的短密钥。本来，三层DES是通过三次使用DES算法来对数据进行编码加密，在每一层上都使用不同的密钥，这样就可以用一个3×56＝168位的密钥进行加密；但许多密码设计者认为168位的密钥已经超过实际需要了，所以便在第一层和第三层中使用相同的密钥，产生一个有效的112位的密钥长度。之所以没有直接采用两层DES，是因为第二层DES不是十分安全，它对一种称为“中间可遇”的密码分析攻击形式来说是极为脆弱的，所以还是采用了三层DES操作。

3）RC2和RC4。RC指Rivest Code，它是以发明人美国麻省理工学院的Ron Rivest教授的姓氏命名的，由RSADSI公司发行，是不公开的专有算法。RC2和RC4使用可变长度（1至1024位）的密钥，实现不同级别的保密性。RC2采用的是数据块加密算法，RC4采用的是数据流加密算法。由于它们的具体算法不公开，所以没有人知道它们的可靠性到底能达到何种程度。有名的 Netscape 浏览器从 2.0 版就使用了 RC2 和 RC4 的加密算法。

4）数字摘要（Digital Digest）。该加密方法也是由 Ron Rivest 设计的，也被称为安全 Hash 编码法 SHA（Secure Hash Algorithm）或 MD5（MD Standards for Message Digest）。该编码法采用单向 Hash 函数［1］将需加密的明文"摘要"成一串 128bit（位）的密文，这一串密文也称为数字指纹（Finger Print），它具有固定的长度。而且不同的明文摘要成密文时，其指纹结果也是不同的，而相同明文的摘要必定相同。这串摘要便可以成为验证明文是否是"真身"的"指纹"了。SHA 其实就是 RC 方法的一种实现。

5）国际数据加密算法 IDEA。IDEA（International Data Encryption Algorithm）是 1990 年瑞士的 James Massey、Xuejia Lai 等人发表的一个数据块加密算法。该算法使用 128 位的密钥，能够有效地消除试图穷尽搜索密钥的可能攻击。IDEA 看起来是一个较"强"的算法，但由于出现没多久，所以目前暂还没人知道它是否有漏洞。

6）基于硬件的加密。为克服软件加密算法在容易复制、容易尝试方面的不足，人们又开发了基于硬件的加密算法。如美国国家安全局为使用 Clipper 芯片，就秘密开发了一个民用加密算法 SkipJack，采用 80 位的密钥，使得穷尽搜索密钥不可行。而且由于在 Clipper 芯片的硬件中人为地加进了一些"机关"设置，增加了破解难度。

二、加密的方法

每台计算机的硬盘中都会有一些不适合公开的隐私或机密文件，在上网的时候，这些信息很容易被黑客窃取并非法利用。解决这个问题的根本办法就是对重要文件加密。

1. 利用组策略工具，把存放隐私资料的硬盘分区设置为不可访问

具体方法：首先在开始菜单中选择"运行"，输入 gpedit.msc，按 Enter 键，打开组策略配置窗口。选择"用户配置"中的"管理模板"，选择"Windows 资源管理器"，双击右边的"防止从'我的电脑'访问驱动器"，选择"已启用"，然后在"选择下列组合中的一个"的下拉组合框中选择希望限制的驱动器，单击"确定"按钮即可。

这时，如果双击试图打开被限制的驱动器，将会出现错误对话框，提示"本次操作由于这台计算机的限制而被取消。请与您的系统管理员联系。"这样就可以防

止大部分黑客程序和病毒侵犯隐私了。绝大多数磁盘加密软件的功能都是利用这个方法实现的。

上述加密方法比较实用，缺点是安全系数很低。计算机高手或病毒程序通常都知道怎么修改组策略，也可以把用户设置的组策略限制取消。因此这种加密方法不太适合对保密强度要求较高的用户。对于一般的用户，这种加密方法还是有用的。

2. 利用注册表中的设置，把某些驱动器设置为隐藏

在注册表的 HKEY _ CURRENT _ USER \ Software \ Microsoft \ Windows \ CurrentVersion \ Policies \ Explorer 中新建一个 DWORD 值，命名为 NoDrives，并为它赋上相应的值。例如，想隐藏驱动器 C，就赋上十进制的 4（注意一定要在赋值对话框中设置为十进制的 4）。如果新建的 NoDrives 想隐藏 A、B、C 三个驱动器，那么只需要将 A、B、C 驱动器所对应的 DWORD 值加起来就可以了。同样的，如果需要隐藏 D、F、G 三个驱动器，那么 NoDrives 就应该赋值为 8＋32＋64＝104。目前大部分磁盘隐藏软件的功能都是利用这个小技巧实现的。隐藏之后，Windows 下面就看不见这个驱动器了，就不用担心别人偷窥隐私了。但这种方法加密级别比较低。

3. 利用 Windows 自带的“磁盘管理”组件实现硬盘隐藏

右键单击“我的电脑”选择“管理”，打开“计算机管理”配置窗口。选择“存储”中的“磁盘管理”，选定要隐藏的驱动器，右键选择“更改驱动器名和路径”，在出现的对话框中单击“删除”按钮。如果要取消隐藏驱动器，重复上述过程，最后选择“添加”即可。这种方法的加密强度也较低，不太适合商业级需要。

4. 利用 WinRAR 可以绝对安全地为数据加密

WinRAR 具有强大的压缩功能，其实，WinRAR 的加密功能同样很强大。WinRAR 采用的是单向加密，而单向加密是不可能被破解的。因此，如果需要保护隐私，只要把这些隐私文件压缩成一个包，并且加上密码，就绝对安全了。但是这种方法加密速度很慢，而且每一次使用都要解密，然后再加密，比较麻烦。因此，这种加密方法仅适用于对加密强度要求很高的用户。

5. 利用商业级加密软件进行加密

这一领域的代表性软件有 PGP 和核盾数据卫士。PGP 采用的是虚拟磁盘技术，其特点是用一个大文件模拟一个硬盘驱动器，读写过程中对数据流进行加解密。核盾数据卫士则是直接对硬盘物理扇区进行加密，可以写保护硬盘分区、加密隐藏硬盘分区、锁定 USB 和光驱等世界首创的强大功能。这两种软件的技术原理虽然不同，但安全性和加解密速度都是可以让人放心的。比较适用于个人和企业级用户。

提示：没有任何加密方法可以代替用户自身良好的计算机使用习惯。

6. 命令法

步骤 1：按“Win+R”组合键打开“运行”对话框，输入“cmd”打开命令提示符窗口。然后输入“md g：\jm..\”并按 Enter 键，在 G 盘（根据实际情况输入相应的目录）下新建一个名为“jm.”的文件夹。这个文件夹就是用来存放隐藏文件的文件夹。

步骤 2：再次进入“运行”对话框，输入上面新建的加密文件夹“g:\jm..\”，按 Enter 键后这个文件夹便被打开了。然后，将想要隐藏的文件放到此文件夹中即可完成文件的隐藏。

现在，直接用鼠标双击这个文件夹，会得到一个错误的提示框。当自己想要将文件夹打开的时候，可以通过在“运行”对话框中输入这个文件夹的路径来将其打开。如果想删除此文件夹，只要将其中的内容全部删除，再回到命令提示符窗口中运行“rd g：\jm..\”即可。

7. 在 Windows XP 中直接对文件（夹）进行加密

使用此方法的前提是：要加密的文件（夹）所在的硬盘分区是 NFTS 格式的。选中需要加密的文件（夹），单击鼠标右键，在随后弹出的快捷菜单中，选择“属性”选项，在“常规”标签中，选择“高级”按钮并打开“高级属性”对话框，选中其中的“加密内容以便保护数据”选项后，单击“确定”按钮退出即可。

提示：由于要加密的文件（夹）所在的硬盘分区是 NFTS 格式，因此加密前要转换格式；如果用上述方法对文件（夹）进行了加密，以后重新安装系统之前，最好对它进行解密（解密与加密方法相似）操作，否则系统重装后，可能造成文件（夹）不能正常打开。

7.6.2　加密文件的传输

学习目标

- 熟悉常用加密软件的使用
- 能传输加密文件

一、常用加密软件的使用

下面介绍常用加密软件的使用方法。

1. PGP 加密软件

PGP 是国际上十分流行的加密软件，其功能十分强大，可以对各种文件进行加密，生成 256 位、512 位、1024 位密匙。

步骤 1：首先生成 PGP 密匙。在 DOS 命令行输入：pgp －kg。程序会提示一步步进行密匙生成工作。

（1）选择密匙长度。建议用 1024 位，对安全性相当有保障。

（2）输入用户名。要尽量避免混淆。

（3）选择口令。

现在建立好一对 PGP 密匙了，文件 SECRING PGP 是私匙，PUBRING PGP 是公匙。

步骤 2：加密命令：pgp －e [a] 源文件收件人 ID [其他收件人 ID]

用公匙环中收件人的公匙加密源文件，得到密文。加上 a 参数后将得到 7bits 编码的密文（asc 后缀），否则是二进制形式密文（pgp 后缀）。

步骤 3：解密命令：pgp [－d] [－p] 密文

－d 参数：用来保留密文（缺省删除密文），－p 参数：用来恢复源文件加密时的文件名。

PGP 的命令参数很多，详细用法请参见该软件的 SETUP. TXT 文件。

2. 超白金文件加密

超白金文件加密是一款小巧好用的加密软件，主要功能是加密、伪装，具有很好的方便性和安全性。

使用方法很简单，单击“浏览”按钮，选择要加密或要解密的文件，输入密码，单击“加密”/“解密”即可。

3. 加密文件系统（EFS）

采用加密文件系统（EFS）对敏感数据文件进行加密，可以加强数据的安全性。此解决方案可以有效地减小数据失窃的隐患。

提示：所有用户都必须拥有 EFS 证书，才可以运用 EFS 对数据进行加密和解密。此外，EFS 用户必须拥有在 NTFS 卷中修改文件的权限。工具：Windows 资源管理器。

步骤 1：打开 Windows 资源管理器，如图 7—57 所示。

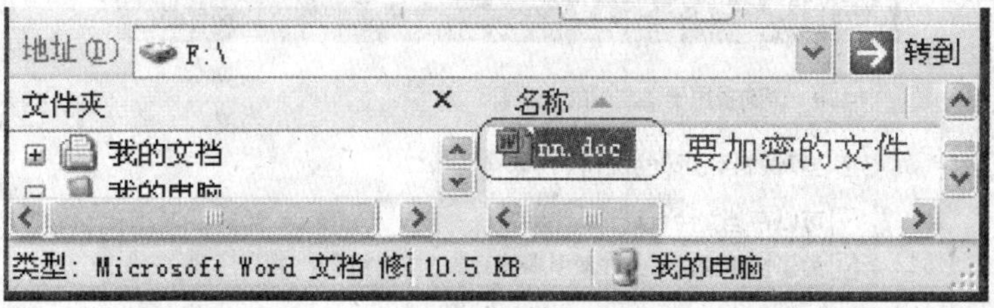

图 7—57　选中要加密的文件

步骤 2：右键单击要加密的文件或文件夹，在弹出的菜单中，选择“属性”项。

步骤 3：在“常规”选项卡中，单击“高级”按钮，如图 7—52 所示。

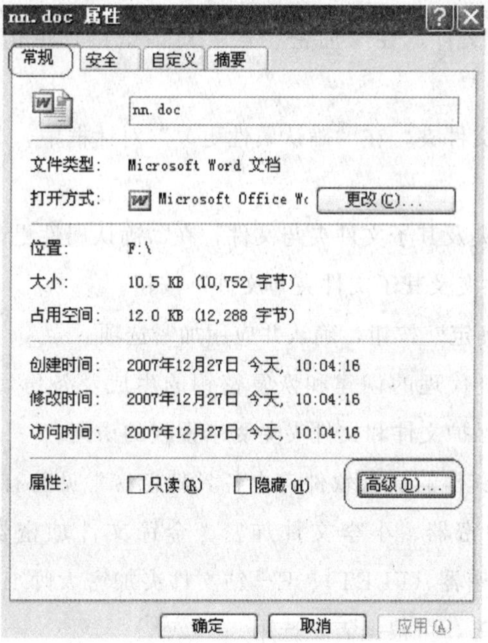

图 7—52　属性窗口

步骤 4：选中“加密内容以保护数据”复选框，单击“确定”按钮，如图 7—53 所示。

步骤 5：在“属性”对话框中，单击“确定”按钮，然后执行下列步骤中之一：

(1) 要加密文件及其父文件夹时，在“加密警告”对话框中，单击“加密文件与父文件夹”。

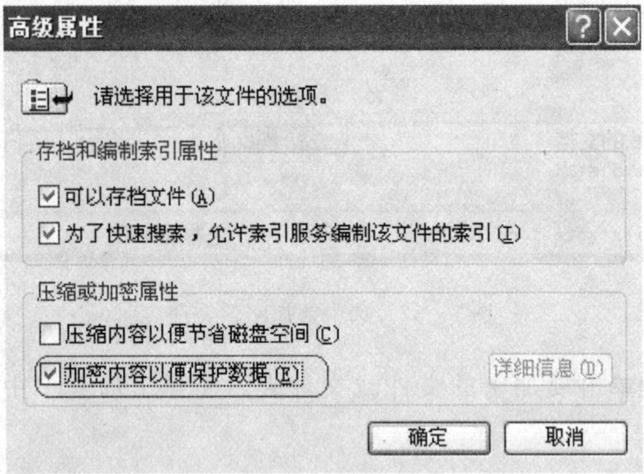

图 7—53　高级属性

(2) 要想只加密文件，在“加密警告”对话框中，单击“只加密文件”按钮。

(3) 要想只加密文件夹，在“确认属性更改”对话框中，单击“只将变化应用于此文件夹”按钮。

(4) 要加密文件夹及其子文件夹与文件，在“确认属性更改”对话框中，单击“将变化应用于该文件夹及其子文件夹与文件”按钮。

步骤 6：单击“确定”按钮，确认并应用加密选项。

步骤 7：完成恢复代理的创建和恢复密钥的生成及备份后，就可以开始使用 EFS，从而更有效的保护文件和文件夹免受未授权的访问。

市场中还有很多其他的加密软件，也各具特色。常见的有 E－神加密文件夹、加密金刚锁、万能加密器、小李文件加密、金锋文件加密器、加密精灵（EncryptGenie）、文件加密器（FDET）、E－钻文件夹加密大师 Build、狡兔三窟加密锁、枫叶文件加密器等，可根据需要选用。

二、传输加密文件的过程

在微软的 Window NT 的安全性体系结构中，公开密钥系统主要用于对私有密钥的加密过程。每个用户如果想要对数据进行加密，都需要生成一对自己的密钥对（keypair）。密钥对中的公开密钥和非对称加密解密算法是公开的，但私有密钥则应该由密钥的主人妥善保管。

使用公开密钥对文件进行加密传输的步骤包括以下四步：

步骤 1：发送方生成一个自己的私有密钥并用接收方的公开密钥对自己的私有

密钥进行加密，然后通过网络传输到接收方。

步骤 2：发送方对需要传输的文件用自己的私有密钥进行加密，然后通过网络把加密后的文件传输到接收方。

步骤 3：接收方用自己的公开密钥进行解密后得到发送方的私有密钥。

步骤 4：接收方用发送方的私有密钥对文件进行解密，得到文件的明文形式。

因为只有接收方才拥有自己的公开密钥，所以即使其他人得到了经过加密的发送方的私有密钥，也因为无法进行解密而保证了私有密钥的安全性，从而也保证了传输文件的安全性。上述在文件传输过程中实现了两个加密解密过程：即文件本身的加密和解密与私有密钥的加密解密，这两个过程分别通过私有密钥和公开密钥来实现。

7.7　操作系统安全设置与优化

7.7.1　操作系统的安全设置

学习目标

➢ 了解操作系统的安全保障策略

➢ 掌握操作系统的安全设置方法

一、操作系统的安全保障策略

操作系统的安全策略包括四条基本配置原则：

1. 关闭不必要的服务。

2. 关闭不必要的端口、开启审核策略。

3. 开启密码策略、开启账户策略、备份敏感文件。

4. 不显示上次登录名、禁止建立空链接和下载最新的补丁。

另外，Windows 2000 中自带的“本地安全策略”是一个很不错的系统安全管理工具。通过对它的设置，就可以对操作系统起到很好的安全保障作用。

二、操作系统的安全设置方法

利用 Windows 2000 操作系统的安全配置工具来配置安全策略，微软提供了一套基于管理控制台的安全配置和分析工具，可以配置服务器的安全策略。

单击“开始”→“控制面板”→“管理工具”→“本地安全策略”后，进入“本地安全设置”的主界面。在此可通过菜单栏上的命令设置各种安全策略，并可选择查看方式，导出列表及导入策略等操作，主界面如图 7—54 所示。

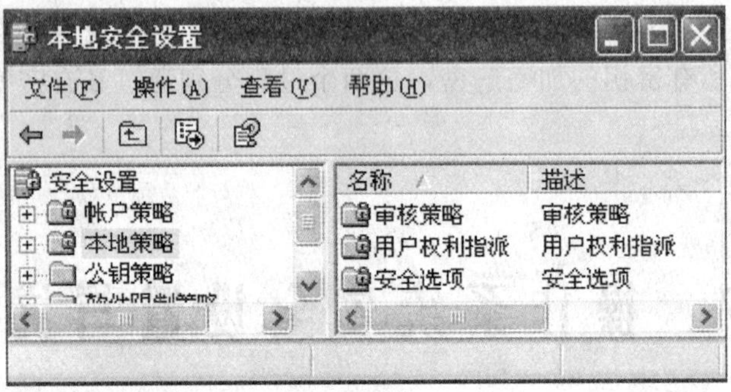

图 7—54　本地策略

提示：*在默认的情况下，账户策略、本地策略、公钥策略和 IP 安全策略都是没有开启的。*

1. 安全日志的设置

因为安全日志是记录一个系统的重要手段，因此通过日志可以查看系统一些运行状态，而 Windows 2000 的默认安装是不开任何安全审核的，因此需要在本地安全策略→审核策略中打开相应的审核。单击左边的“本地策略”，在右边窗口中右键单击“审核策略”，选择“打开”，看到右栏有“审核策略更改”等 9 个项目，可以双击每个项目，然后在“成功、失败”的选框上进行选择。如图 7—55 所示。

2. 账号安全设置

Windows 2000 的默认安装允许任何用户通过空用户得到系统所有账号和共享列表，造成一些密码泄漏而对计算机进行攻击，所以必须采用以下进行安全设置。单击“账户策略”，看到右栏有“密码策略”“账户锁定策略”两个项目，如图 7—56 所示。

在密码策略中设置：启用“密码必须符合复杂性要求”，“密码长度最小值”为

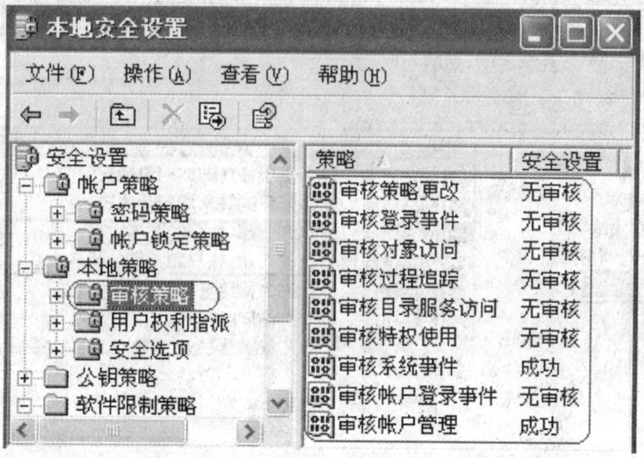

图 7—55　审核策略

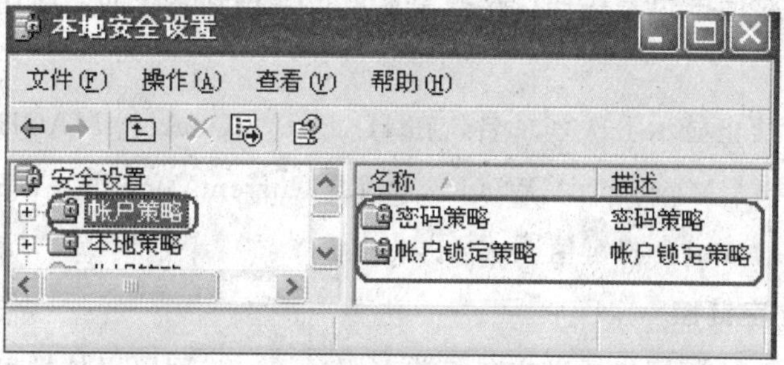

图 7—56　账户策略

6 个字符，“强制密码历史”为 5 次，“密码最长存留期”为 30 天。

在账户锁定策略中设置：“复位账户锁定计数器”为 30 分钟之后，“账户锁定时间”为 30 分钟，“账户锁定值”为 30 分钟。

3. 安全选项设置

单击“本地策略”中的“安全选项”，找到右栏的“不允许 SAM 账户的匿名枚举”和“不允许 SAM 账户和共享的匿名枚举”，设置为“已启用”，如图 7—57 所示。因为这个值是只允许非 NULL 用户存取 SAM 账号信息和共享信息，一般选择此项。

4. 备份敏感文件

把敏感文件存放在另外的文件服务器中，虽然服务器的硬盘容量都很大，但是还是应该考虑把一些重要的用户数据（文件、数据表和项目文件等）存放在另外一个安全的服务器中，并且经常备份它们。

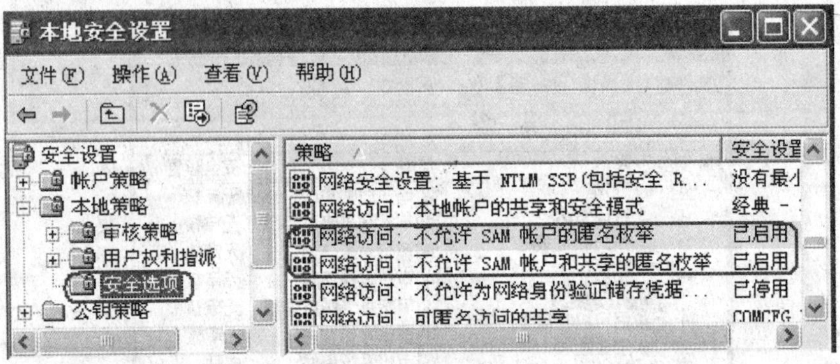

图 7—57　安全选项

5. 不显示上次登录名

默认情况下，终端服务接入服务器时，登录对话框中会显示上次登录的账户名，本地的登录对话框也是一样。这样黑客就可以得到系统的一些用户名，进而做密码猜测。

修改注册表禁止显示上次登录名，在 HKEY _ LOCAL _ MACHINE 主键下修改子键：Software \ Microsoft \ WindowsNT \ CurrentVersion \ Winlogon \ DontDisplayLast UserName，将键值改成 1。

6. 禁止建立空链接

默认情况下，任何用户通过空链接连上服务器，进而可以枚举出账号，猜测密码。

可以通过修改注册表来禁止建立空链接。在 HKEY _ LOCAL _ MACHINE 主键下修改子键：System \ CurrentControlSet \ Control \ LSA \ RestrictAnonymous，将键值改成“1”即可。

7. 下载最新的补丁

经常访问微软和一些安全站点，下载最新的 Service Pack 和漏洞补丁，是保障服务器长久安全的唯一方法。

7.7.2　操作系统的安全优化

学习目标

- 了解操作系统安全优化的步骤
- 能备份操作系统的配置文件

一、操作系统安全优化的步骤

操作系统本身存在很多漏洞，黑客可能利用这些漏洞控制用户的整个系统，要防止这些问题，就要对操作系统的安全性进行优化，步骤如下：

（1）升级系统中所有软件包的最新版本。

（2）设置功能较为强大的防火墙。

（3）定期检查关键记录文件，配置杀毒软件。

（4）多关心发布安全信息警告的网站，掌握一些最新的病毒和黑客程序的特点，这些都有利于系统的正常运作。

二、备份操作系统的配置文件

在不同的操作系统中，系统提供的备份功能不一样。当系统由于各种原因不能正常启动，需要进行恢复时，会让用户感到不方便。有的计算机硬件配备了“一键恢复”按键，可以有效地恢复系统，是当前较为广泛的备份操作系统的配置文件的方法。下面介绍一键恢复的 GHOST 软件使用方法。

该软件采用映像引导的方式，可以为 Windows2000/XP/2003 添加 DOS 引导，不向引导扇区写入任何信息；能对单机做多操作系统的一键恢复；在 Windows98 系统下对“Config. sys”和“Autoexec. bat”两个文件进行修改，来实现一键恢复。

提示：

◆活动和恢复分区最好使用 FAT32。

◆在所有操作系统都安装完毕后，在版本最高的操作系统下使用该软件。

1. 添加 DOS 引导

在此处可以设置菜单的内容（提供中、英、韩、日语言）和等待延迟，以及 GHOST 的存放位置（Windows 系统下所识别的驱动器序列）。

提示：GHOST 的位置有两种含义，一种是 GHOST 文件的存放位置，另一种是在 DOS 环境下，由 GHOST 释放出来的 GHOST 所在的逻辑驱动器名，这里的位置与第一种的位置不一定相同。

2. 设置 GHOST 要备份和要恢复内容的菜单

菜单内容：

（1）可以用操作系统的名称来定义，只能用英文。

（2）第几个硬盘：范围为 1～9。

（3）第几个分区：范围为1～9。

（4）备份文件名：恢复所使用的GHOST文件名称，一定要准确。

（5）DOS环境："1"：不带任何工具，只有DOS的引导文件、鼠标等。

"2"：除了包含引导文件外，还包含了BIOS修改工具（主要是为安装OEM XP配备），光驱、NTFS等。

提示：这里的设置一定要准确，特别是采用多硬盘的机器。

设置完成后，重新启动计算机并进入DOS。

3. 创建备份

DOS引导后，会直接进入GHOST，此时还没有备份的话，GHOST会提示：文件不存在，并退回到DOS状态下。现在需要在DOS下键入"B"即可进行自动备份所要求的内容。

本章思考题

1. 病毒是什么？有哪些种类？病毒的基本特性是什么？
2. 常见的杀毒软件有哪些？
3. 瑞星杀毒软件升级的方法有哪些？
4. 瑞星杀毒软件中如何设置定时升级？
5. 如何启动瑞星杀毒软件中的监控中心？
6. 在Windows2000系统中，主要有哪些入侵检测功能？
7. 如何禁用Windows2000系统中不必要的服务？
8. 服务器自动关机怎么办？
9. 服务器中的文件夹不能共享怎么办？
10. 网络中的服务器无法启动了，怎么办？
11. 防火墙是什么？有哪些种类？
12. 如何安装、设置及使用瑞星防火墙？
13. 常用的漏洞扫描方法有哪些？
14. 如何使用瑞星防火墙进行漏洞扫描？
15. VLAN是什么？如何规划、设置VLAN？

16. 什么是 VPN？隧道技术的内容是什么？如何规划、创建和部署 VPN？
17. 为什么要加密数据？常用的方法有哪些？常用数据加密软件有哪些？
18. 如何更好地进行操作系统的安全设置？
19. 备份操作系统的配置文件的步骤有哪些？

第8章 网络服务器系统运行维护

8.1 局域网服务器的规划、设置与维护

8.1.1 局域网服务器的规划

学习目标

- 掌握活动目录的概念
- 能规划局域网服务器

一、活动目录的基本概念

活动目录包括两个方面：目录和目录服务。

1. 目录

目录是存储各种对象的一个物理上的容器，从静态的角度来理解，活动目录与“目录”和“文件夹”没有本质区别，仅仅是一个对象，是一个实体。

2. 目录服务

目录服务是使目录中所有信息和资源发挥作用的服务，活动目录是一个分布式的目录服务。信息可以分散在多个不同的计算机上，以保证用户能够快速访问，因为多台机上有相同的信息，所以在信息冗余方面具有很强的控制能力，不管用户从

何处访问或信息处在何处，都对用户提供统一的视图。

活动目录主要涉及的术语如图 8—1 所示。服务器的配置如图 8—2 所示。

1 名字空间
2 对象
3 容器
4 目录树

5 域
6 组织单元
7 域树
8 域林
（5～8）组成活动目录的逻辑结构

9 站点
10 域控制器
（9～10）组成活动目录的物理结构

图 8—1　活动目录的相关术语

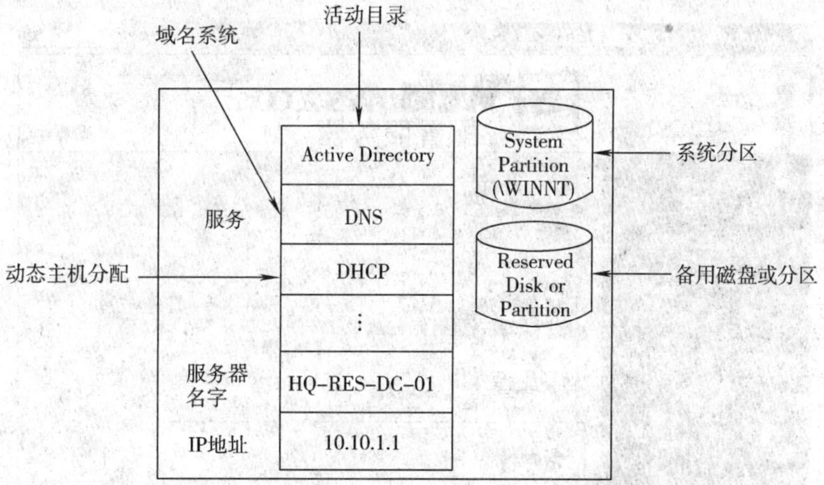

图 8—2　服务器配置

二、磁盘配置与活动目录实施

1. 服务器的磁盘配置

这里介绍的是用单一的服务器，建立基于 Windows 2000 的网络，在这种情况下服务器可以使用两种磁盘配置方案：

（1）使用两个独立的物理硬盘。

（2）只使用一个物理硬盘，但将该硬盘划分成两个区域。

两种方案在性能上并无区别，至于采用哪种方案，要依据局域网的实际情况来定。若局域网中有一个以上的服务器，磁盘的配置应采用不同的方法。

第一个硬盘或分区上，可以存放 Windows 2000 的安装文件，或建立网络必须使用的源文件或应用程序等。另一个硬盘或分区则用来安装操作系统。

每一个分区的容量都应当在几千兆以上，分区和格式化都必须采用 NTFS 系统。至于如何创建 NTFS 分区可以通过使用 Convert. exe，或在安装时对分区格式进行转换。

2. 活动目录的安装

步骤 1：启动活动目录安装向导。“开始”→“程序”→“管理工具”→“配置服务器”，打开“Windows 2000 配置服务器”，“选择 Active Directory”单击“启动”，启动 Active Directory 安装向导，或者“开始”→“运行”，执行 DCPROMO 命令，直接启动“Activate Directory 安装向导”，如图 8—3、图 8—4 所示。

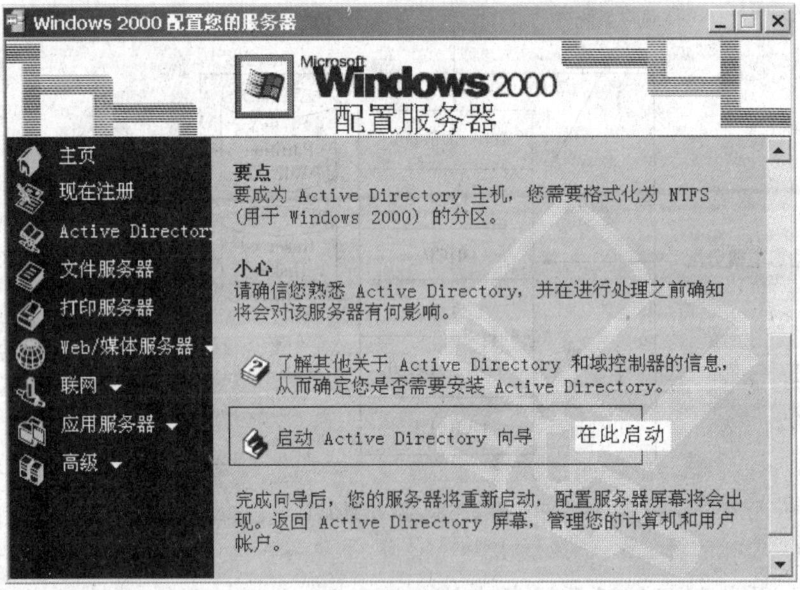

图 8—3　配置服务器

步骤 2：指定服务器角色。该服务器是网络中第一个域控制器，选择“新域的域控制器”，如图 8—5 所示。

步骤 3：创建目录树。目录树是建立在目录林下的，所以逻辑上 Active Directory 安装向导必须知道这个目录树是在一个新的目录林中还是已有的目录林中。因为这是首次创建，选择第一个选项，如图 8—6、图 8—7 所示。

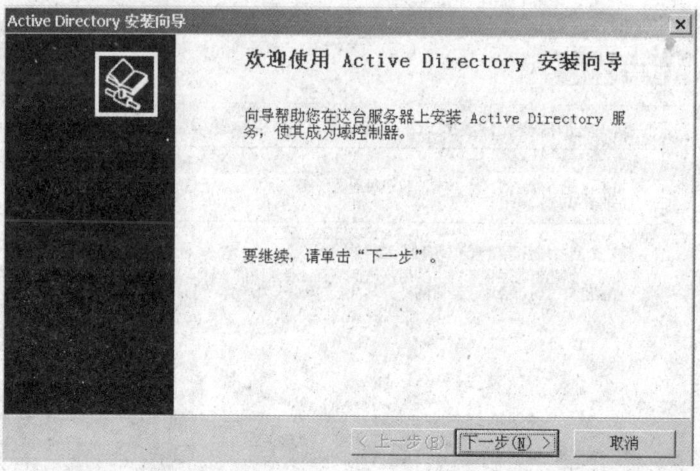

图 8—4　Active Directory 安装向导

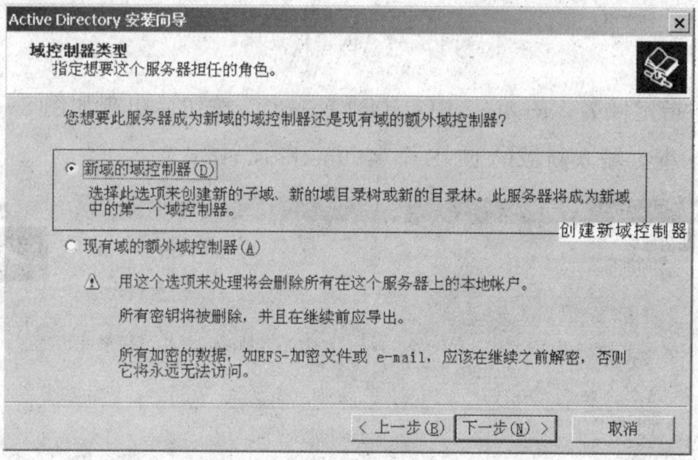

图 8—5　设定角色

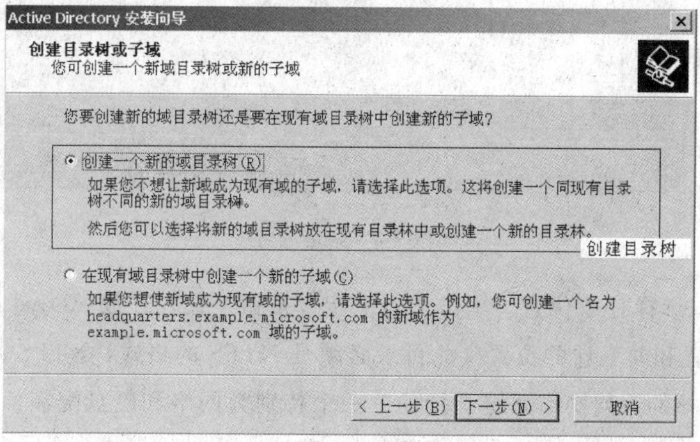

图 8—6　创建目录树

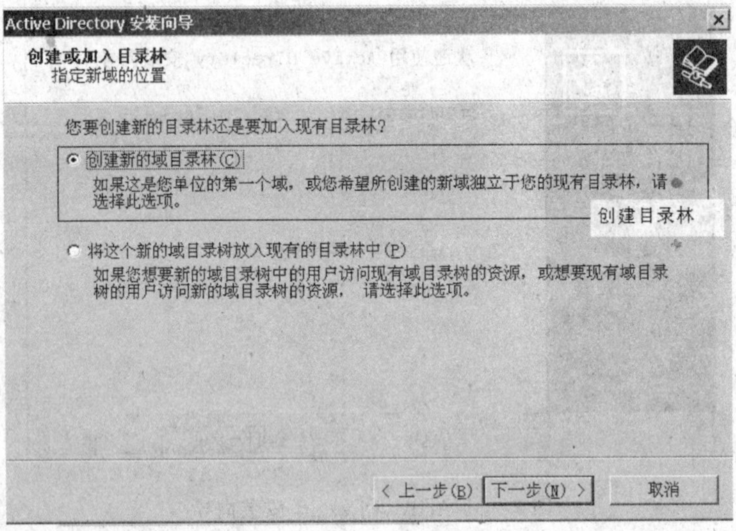

图 8—7　创建目录林

步骤 4：指定域名。图 8—7 中单击"下一步"按钮后出现如图 8—8 所示的输入域名的对话框。输入新域的 DNS 全名"netbios. com"。

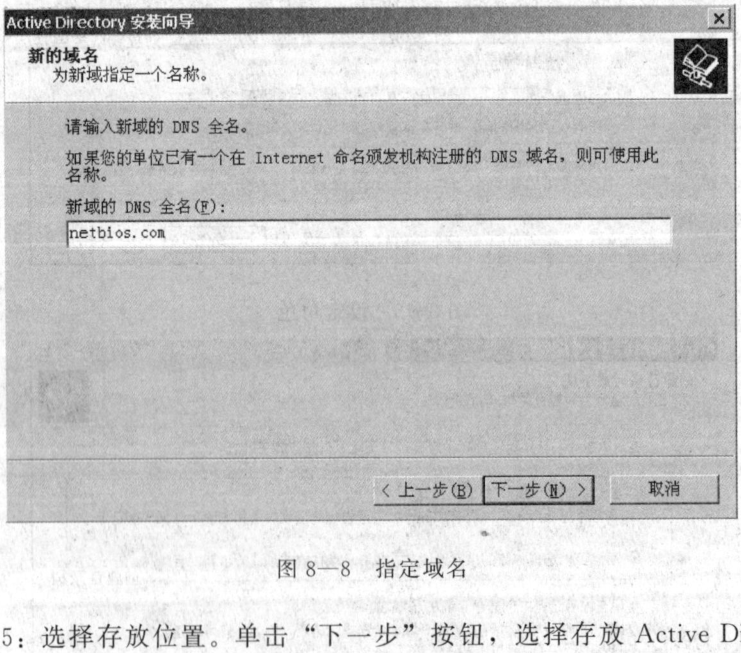

图 8—8　指定域名

步骤 5：选择存放位置。单击"下一步"按钮，选择存放 Active Directory 日志文件的位置和共享卷的位置（此目录必须是 NTFS 的格式，NTFS 是微软 Windows NT 内核的系列操作系统支持的、一个特别为网络和磁盘配额、文件加密等管理安全特性设计的磁盘格式），如图 8—9 所示。

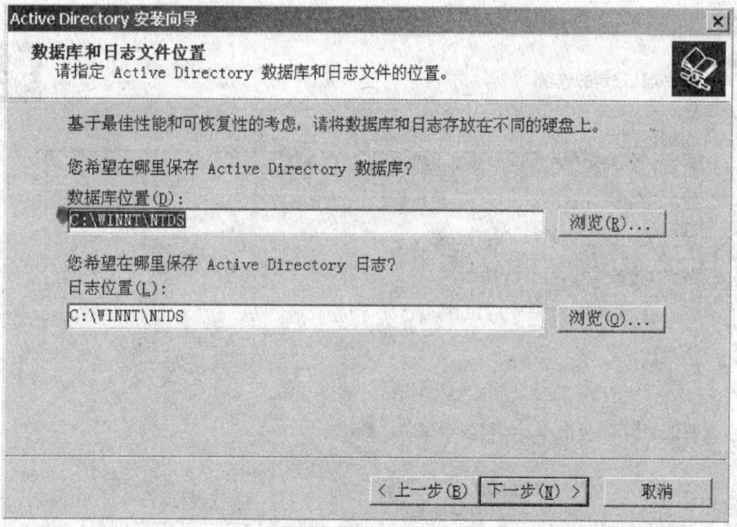

图 8—9　选择存放位置

步骤 6：设定管理员密码。指定共享系统卷位置，选择是否配置 DNS 服务器和为用户和组设定默认权限，设定管理员密码。如图 8—10 所示。

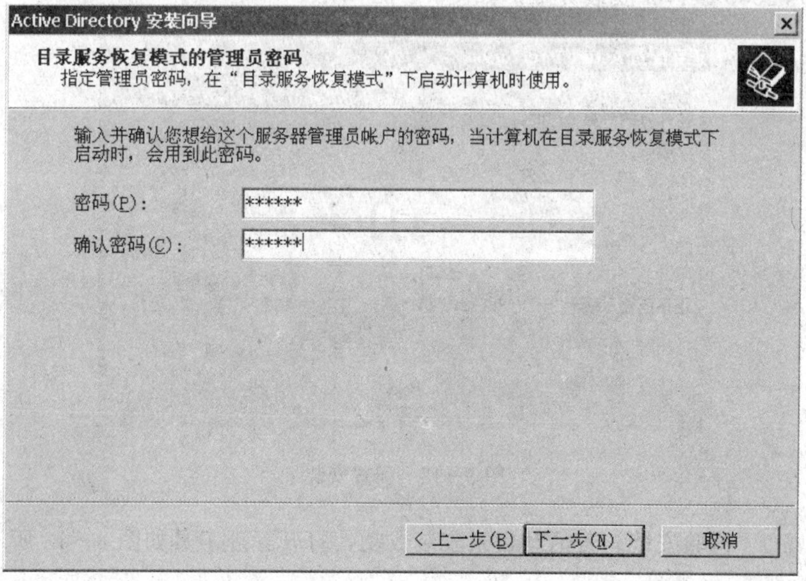

图 8—10　设定密码

步骤 7：检查摘要。在如图 8—11 所示的界面中检查活动目录的相关设置是否正确。

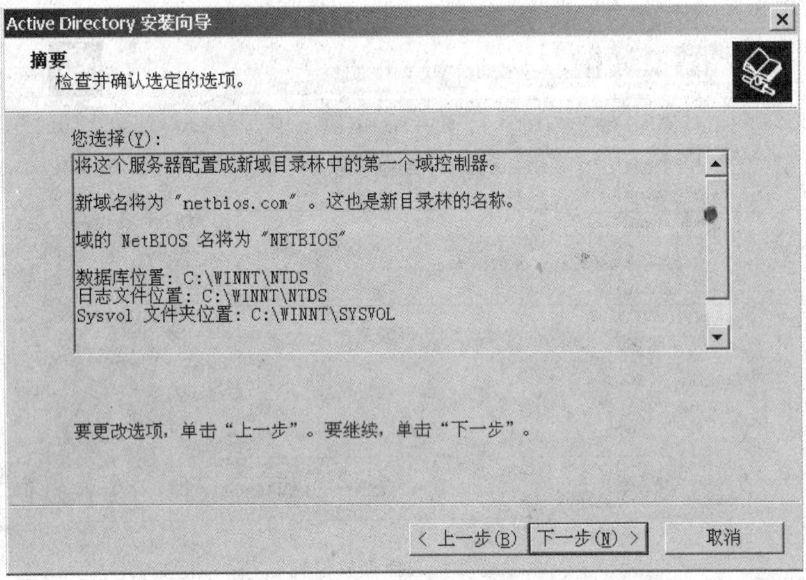

图 8—11　检查摘要

步骤 8：完成安装。单击“下一步”按钮等待安装，此过程中可能要求插入 Windows 2000 Server 安装光盘。如图 8—12 所示。

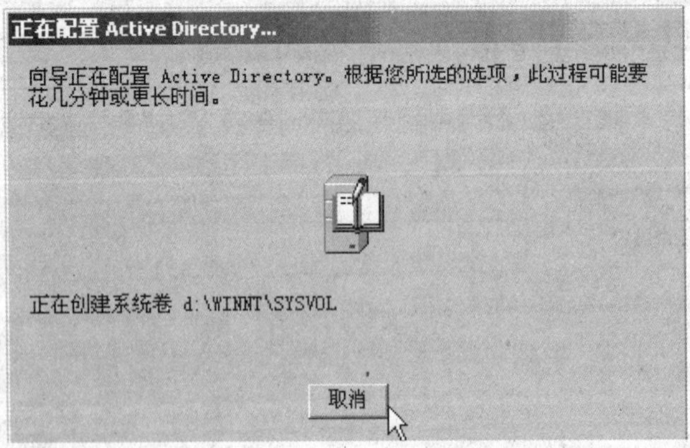

图 8—12　配置安装

步骤 9：检验安装。若活动目录安装成功，打开管理工具如图 8—13 所示。

3. 活动目录的规划

活动目录安装好后，就可以依据局域网的实际情况来建立组织单元、安全组、用户账号及把用户加入到安全组中。

提示： 创建之前首先要规划好活动目录的结构，即有什么样的组织单元、账

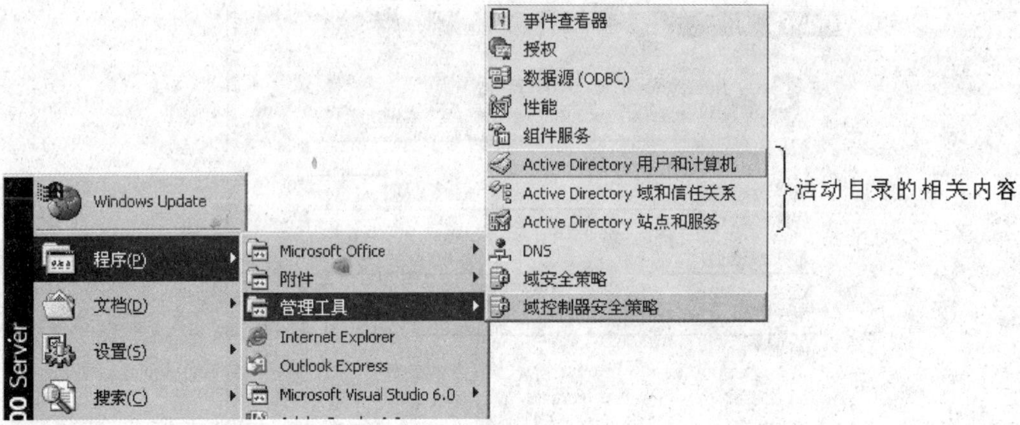

图 8—13　安装成功

户、用户及其层次结构等。

下面以创建用户和计算机账户为例进行说明。

步骤 1：打开活动目录用户和计算机控制台："开始"→"程序"→"管理工具"→"活动目录用户和计算机"，如图 8—14 所示界面。

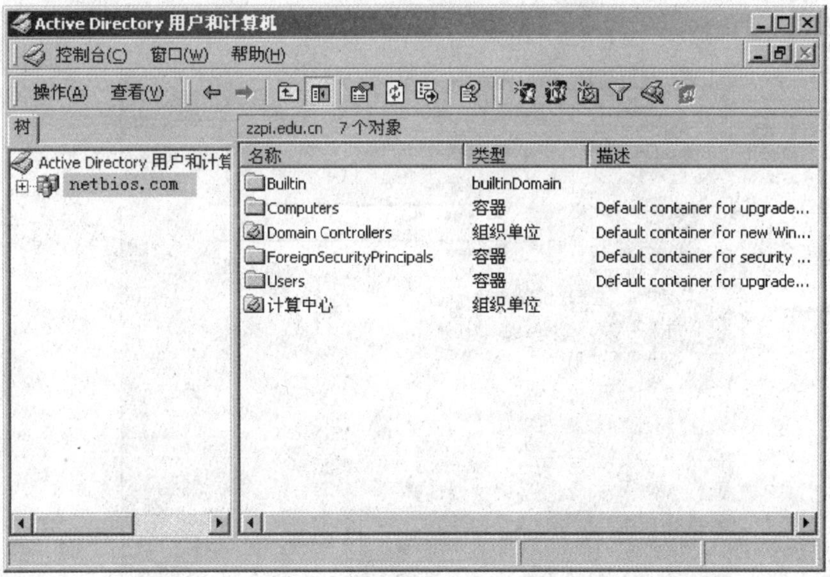

图 8—14　活动目录用户和计算机管理控制台

步骤 2：如果要创建用户账户，鼠标右击要添加用户的组织单位或容器，从弹出的快捷菜单中选择"新建"→"用户"，打开如图 8—15 所示的对话框。若要创建计算机账户，则从弹出的快捷菜单中选择"新建"→"计算机"。

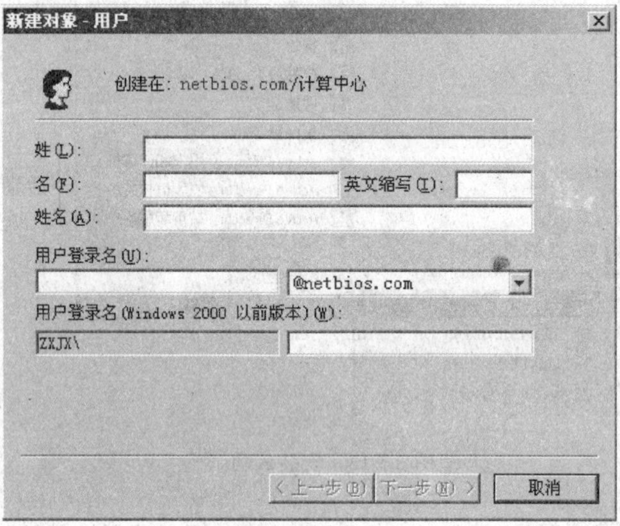

图 8—15　新建用户

步骤 3：在“姓”和“名”文本框中分别输入姓和名，并在“用户登录名”文本框中输入用户登录时使用的名字。单击“下一步”按钮，打开如图 8—16 所示的“输入密码”对话框。

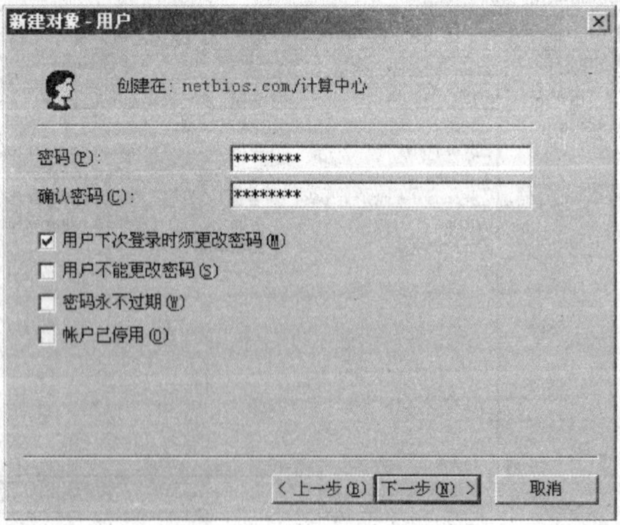

图 8—16　输入密码

步骤 4：输入密码后单击“下一步”按钮即可完成创建。用同样的方法可以创建组织单元、建立安全组等。

8.1.2　局域网服务器的维护

学习目标

- 掌握局域网服务器硬件维护的方法
- 掌握局域网服务器软件维护的方法

服务器不仅是企业网络设备的中枢，也是企业软件及数据库应用的主体。在实际运行中服务器经常会出现各种故障，软件的或者硬件的。很多故障是没有规律可言的，而且稍不注意即会使整个网络陷入瘫痪。

因此，服务器的维护也分为硬件维护和软件维护两种。具体方法如下。

一、硬件维护方法

1. 增加内存和硬盘容量

服务器增加内存是最常见的，当服务器安装的应用程序增多或网络资源提升、网络应用多元化时，都需要对服务器进行扩充以适应不断发展的需要。

提示： 加内存时应该选择与原内存同厂商、同型号的内存条，否则会导致系统出错甚至无法重启。

2. 清洁服务器

打开机箱时一定要注意，应事先仔细阅读说明书而后开机箱。其实，服务器上出现的很多故障都是由尘土造成的，一般来说每个月都应定期拆机清扫一次。

3. 服务器最好提供磁盘阵列功能

若服务器只有一块硬盘，这等于没有数据冗余的保障，也就在存储方面丧失了安全保障。

二、软件维护方法

软件系统方面的维护也是服务器维护量最大的一部分，一般包括操作系统、网络服务、数据库服务、用户数据等各方面的维护。

1. 操作系统的维护

操作系统是服务器运行的软件基础，应经常检查事件查看器，查看在系统日志、安全日志和应用程序日志中有无异常记录。另外，操作系统都是有漏洞的，因此需要到微软的网站上下载最新的 Service Pack（升级服务包），将安全漏洞及时补上。

2. 网络服务的维护

网络服务的内容有很多，如 WWW 服务、DNS 服务、DHCP 服务、SMTP 服务、FTP 服务等，随着服务器提供的服务越来越多，系统也容易混乱、安全性也会随之降低，此时就需要重新设定各个服务的参数，打开防火墙，使之安全而正常地运行。

3. 数据库服务的维护

数据库是重要的数据源，经过一段时期的使用后，需要调整数据库性能，使之进入最优化状态。还应定期做好数据库的备份，以防万一。

4. 用户数据的维护

随着使用时间的增加，服务器数据库中可能存放了大量的数据。这些数据相对来说都是非常宝贵的资源，所以需要加以整理，并刻成光盘永久保存起来，即使服务器有故障，也能很快恢复数据。

8.2 数据库服务器系统安装与维护

学习目标

- 掌握网络数据库的基本概念和特点
- 了解常见的网络数据库
- 掌握 SQL Server 2000 的安装条件
- 掌握网络数据库安装和维护方法

一、网络数据库的基本知识

1. 网络数据库的定义

数据库是按一定的结构和规则组织起来的相关数据的集合，是综合各用户数据形成的数据集合，是存放数据的仓库。计算机网络则是用通信设备和线路，将处在不同地方和空间位置、操作相对独立的多个计算机连接起来，再配置一定的系统和应用软件，在原本独立的计算机之间实现软硬件资源共享和信息传递。数据库技术目前是计算机处理与存储数据的最有效、最成功的技术，计算机网络的特点则是资源共享。数据与资源共享这两种技术结合在一起即成为广泛应用的网络数据库（也叫 Web 数据库）。

网络数据库是以后台数据库为基础，加上一定的前台程序，通过浏览器完成数据存储、查询等操作的系统。简单来说，一个网络数据库就是用户利用浏览器作为输入接口，输入所需要的数据，浏览器将这些数据传送给网站，而网站再对这些数据进行处理，例如，将数据存入数据库，或者对数据库进行查询操作等，最后网站将操作结果传回给浏览器，通过浏览器将结果告知用户。

2. 网络数据库的特点

网络数据库管理系统与桌面数据库管理系统相比，有如下特点：

（1）应用于网络环境，需要网络操作系统的支持，需要解决并发控制问题。

（2）提供完备的数据库解决方案，提供完善的数据库备份和恢复手段，以及角色权限控制。

（3）具有强大的网络功能和分布式功能。

（4）数据库、数据库管理工具、数据库开发工具一般都是相互分离的，开发工具（如 PowerBuilder）一般通过 ODBC 与其连接。

（5）管理复杂，工作量大。

二、网络数据库的安装

常见的网络数据库包括 Oracle、SQL Server、DB2 等，在安装任何一种网络数据之前都要了解该数据库的相关知识。下面以 SQL Server 2000 为例进行介绍。

1. 版本介绍

SQL Server 常见的版本包括：

（1）SQL Server 2000 企业版

该版本作为生产数据库服务器使用。支持 SQL Server 2000 中的所有可用功能，并可根据支持最大的 Web 站点和企业联机事务处理（OLTP）及数据仓库系统所需的性能水平进行伸缩。

（2）SQL Server 2000 标准版

该版本作为小工作组或部门的数据库服务器使用。

（3）SQL Server 2000 个人版

该版本供移动的用户使用，这些用户有时未连接网络上，但所运行的应用程序需要 SQL Server 数据存储。在客户端计算机上运行需要本地 SQL Server 数据存储的独立应用程序时也使用个人版。

（4）SQL Server 2000 开发版

该版本供程序员用来开发将 SQL Server 2000 用作数据存储的应用程序。虽然开发版支持企业版的所有功能，使开发人员能够编写和测试可使用这些功能的应用程序，但是只能将开发版作为开发和测试系统使用，不能作为生产服务器使用。

（5）SQL Server 2000 Windows CE 版

该版本用于在 Windows CE 设备上进行数据存储，并能通过任何版本的 SQL Server 2000 复制数据，以使 Windows CE 数据与主数据库保持同步。

提示：安装数据库服务器时，可安装 SQL Server 2000 企业版或 SQL Server 2000 标准版；在工作站上安装个人数据库时，可安装 SQL Server 2000 个人版。

2. 环境需求

硬件需求见表 8—1。软件需求见表 8—2。

表 8—1　　SQL Server 的硬件需求

硬件设备	最低要求
计算机	Intel 或兼容机，Pentium 166 MHz 或更高
内存（RAM）	企业版：至少 64 MB，建议 128 MB 或更多 标准版：至少 64 MB 个人版：Windows 2000 上至少 64 MB，其他所有操作系统上至少 32 MB 开发版：至少 64 MB Desktop Engine：Windows 2000 上至少 64 MB，其他所有操作系统上至少 32 MB
硬盘空间	SQL Server 数据库组件：95～270 MB，一般为 250 MB Analysis Services：至少 50 MB，一般为 130 MB English Query：80 MB 仅 Desktop Engine：44 MB
监视器	VGA 或更高分辨率 SQL Server 图形工具要求 800×600 或更高分辨率
定位设备	Microsoft 鼠标或兼容设备
CD－ROM 驱动器	需要

表 8—2　　SQL Server 的软件需求

SQL Server 版本或组件	操作系统要求
企业版	Microsoft Windows NT Server 4.0、Microsoft Windows NT Server 4.0 企业版、Windows 2000 Server、Windows 2000 Advanced Server 和 Windows 2000 Data Center Server 注意，SQL Server 2000 的某些功能要求 Microsoft Windows 2000 Server（任何版本）
标准版	Microsoft Windows NT Server 4.0、Windows 2000 Server、Microsoft Windows NT Server 企业版、Windows 2000 Advanced Server 和 Windows 2000 Data Center Server
个人版	Microsoft Windows Me、Windows 98、Windows NT Workstation 4.0、Windows 2000 Professional、Microsoft Windows NT Server 4.0、Windows 2000 Server 和所有更高级的 Widows 操作系统
开发版	Microsoft Windows NT Workstation 4.0、Windows 2000 Professional 和所有其他 Windows NT 和 Windows 2000 操作系统
仅客户端工具	Microsoft Windows NT 4.0、Windows 2000（所有版本）、Windows Me 和 Windows 98
仅连接	Microsoft Windows NT 4.0、Windows 2000（所有版本）、Windows Me、Windows 98 和 Windows 95

3. 安装步骤

下面以在 Windows 2000 Server 中安装 SQL Server 2000 企业版为例进行介绍。

步骤 1：企业版安装光盘插入光驱后，出现如图 8—17 所示画面。

图 8—17　数据库安装界面

步骤 2：选择 SQL Server 2000 组件，打开如图 8—18 所示的安装 SQL Server 2000 组件窗口。

图 8—18　安装数据库组件窗口

步骤 3：选择安装数据库服务器，在向导的提示下安装，然后单击“下一步”按钮，出现如图 8—19 所示的选择安装计算机类型窗口。

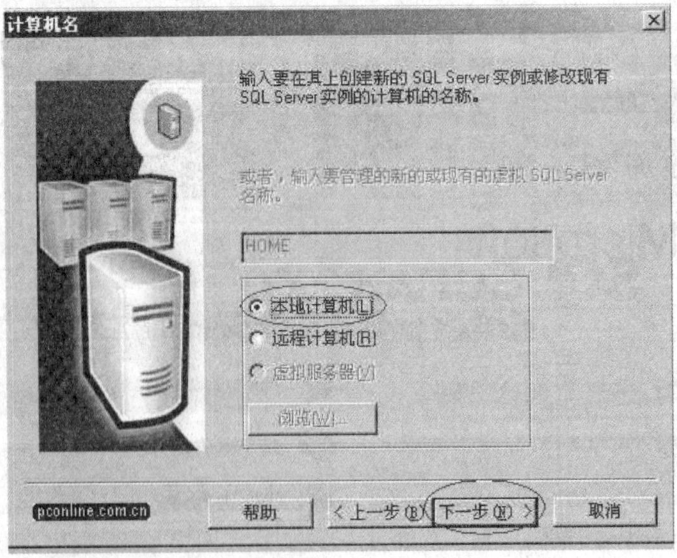

图 8—19　选择安装计算机类型窗口

步骤 4：选择本地计算机，单击“下一步”按钮，出现如图 8—20 所示选择安装窗口。

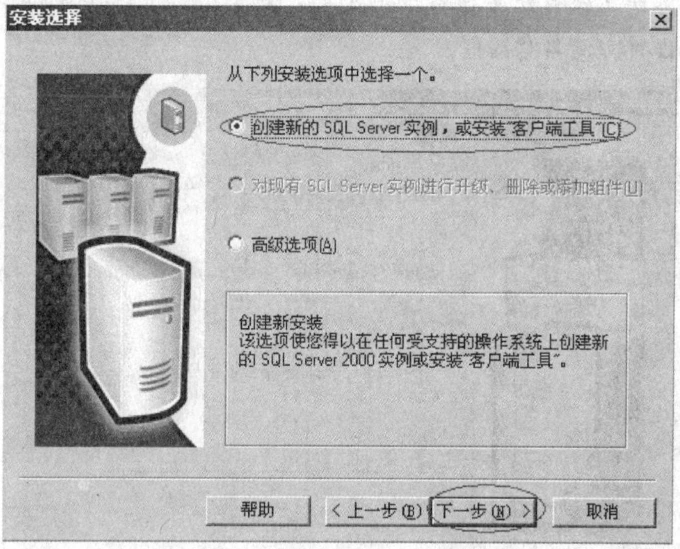

图 8—20　选择安装选项窗口

步骤 5：选择创建新的 SQL Server 实例，或安装客户端工具，并单击“下一步”按钮，输入用户信息及接受协议之后出现如图 8—21 所示的选择安装类型窗口。

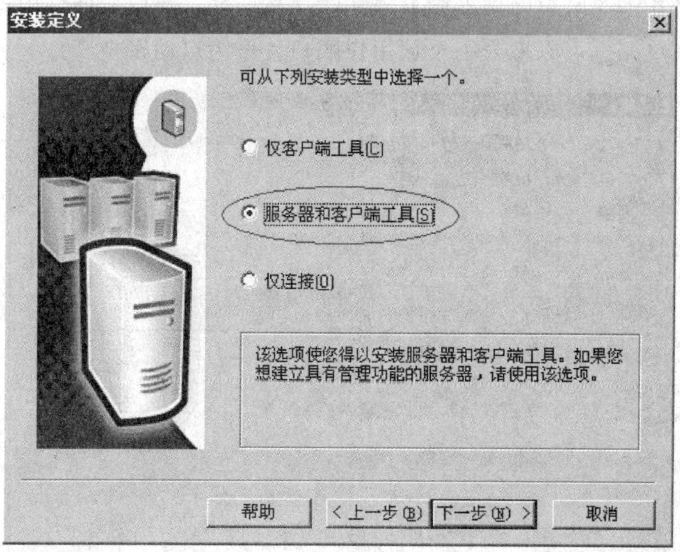

图 8—21　选择安装类型窗口

“仅客户端工具”表示只安装客户端软件。“服务器和客户端工具”表示安装服务器软件和客户端工具。“仅连接”表示只安装数据访问组件和网络库。

步骤 6：选择安装服务器和客户端工具，并单击“下一步”按钮，出现如图 8—22 所示的设置实例名对话框。

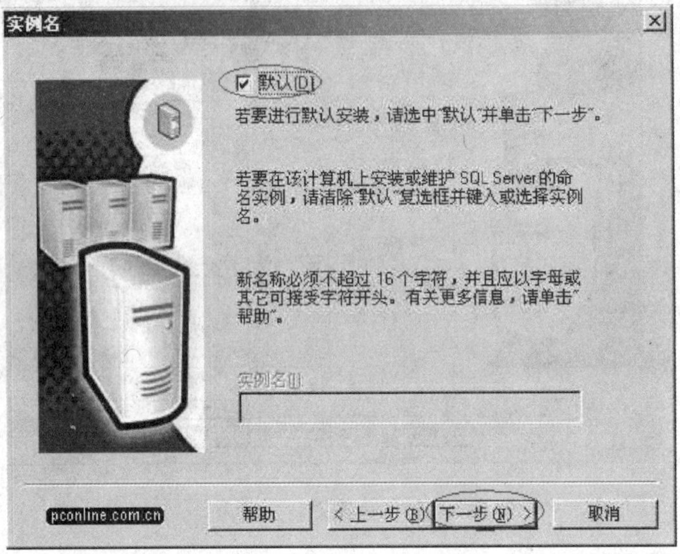

图 8—22　选择实例名

步骤 7：选择“默认”实例选项后单击“下一步”按钮，选择“典型安装”选项后出现如图 8—23 所示的设置服务启动账户对话框。在该对话框中，可以输入一个本地系统账户，也可以输入一个域用户账户，作为启动账户。

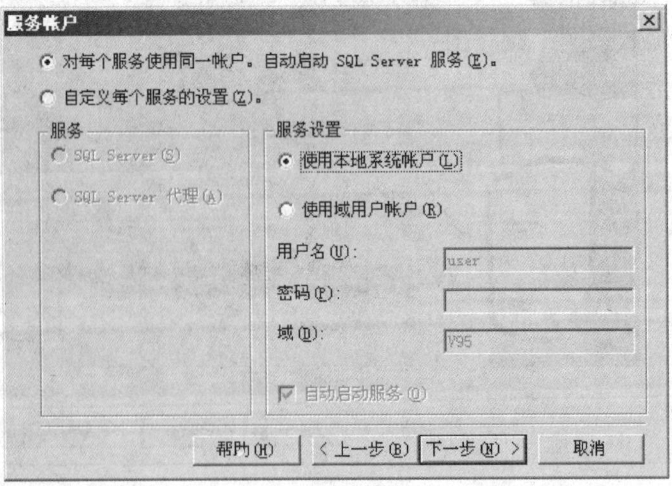

图 8—23　设置服务启动账户

注意：这个账户必须由计算机网络管理员建立，位于 administrators 区域组中，且设定为密码永远有效，另外也可以分别为 SQL Server 服务或者 SQL Server 代理服务制定启动账户。

步骤 8：单击“下一步”按钮，出现如图 8—24 所示的身份验证模式对话框。在“身份验证模式”窗口中，选择“混合模式...”选项，并设置管理员“sa”账号的密码。如果只是为了学习，可以将该密码设置为空，以方便登录。如果是真正的应用系统，则一定要设置和保管好该密码。如果需要更高的安全性，则可以选择“Windows 身份验证模式”，这时就只有 Windows Server 的本地用户和域用户才能使用 SQL Server。

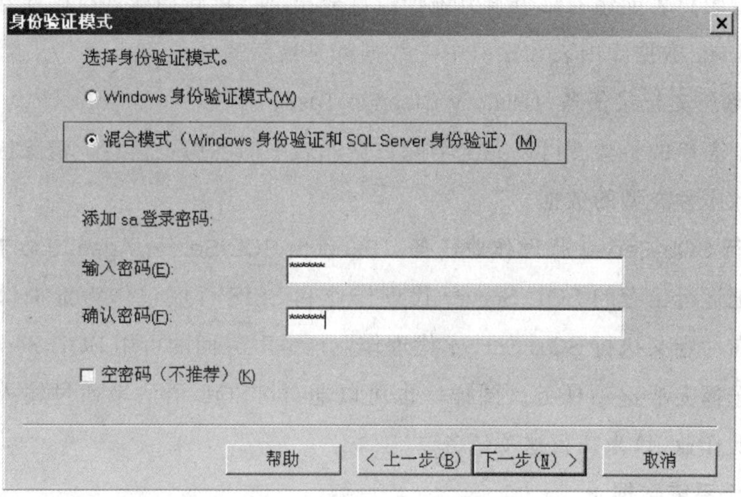

图 8—24　选择身份验证模式

步骤 9：在“选择许可模式”窗口中，根据购买的类型和数量输入（0 表示没有数量限制）。“每客户”表示同一时间最多允许的连接数，“处理器许可证”表示该服务器最多能安装多少个 CPU。这里选择了“每客户”并输入了 100 作为示例，然后就是等待安装。安装完成后就可以使用数据库了。

三、网络数据库的维护

为了使 SQL Server 数据库的性能保持在最佳的状态，数据库管理员应该对每一个数据库进行定期的常规维护。常规数据库维护包括：

1. 检查数据库的完整性（Check Database Integrity Task）

检验选定的关系数据库中用户和系统表的性能和结构完整性，同时也可以选择检查所有索引页的完整性，检查对象可以是所有的系统和用户数据库，也可以是单个指定数据库。通过维护计划向导（Maintenance Plan Wizard）或使用 TSQL 语句能够手动创建该任务。

2. 收缩数据库

可以把数据库的物理空间和日志文件所占的空间减小到特定值。

3. 重新生成索引任务（Rebuild Index Task）

旨在通过重新组织数据库中所有的表索引而清除碎片。此任务对于确保查询性能和应用程序响应不会退化非常有用。

4. 更新统计信息任务（Pdate Statistics Task）

通过对用户表创建的每个索引统计信息分布进行重新抽样，以确保在一个或多个 SQL Server 数据库内表和索引中的数据都是最新的。

5. 清除历史记录任务（History Cleanup Task）

用几个简单的步骤就可以完全清除数据库表中旧的历史信息，清除历史记录任务支持删除多种类型的数据。

6. 执行 SQL Server 代理作业任务（Execute SQL Server Agent Job Task）

可以把运行已有的 SQL Server 代理作业和 SSIS 程序包作为维护计划的一部分。通过在“定义执行 SQL Server 代理作业任务”界面的可用 SQL Server 代理作业选项卡选择完成这项任务。同样，也可以通过 TSQL 语法来通过输入与已有的作业相应的作业 ID 来执行这项任务。

7. 备份系统数据

SQL Server 提供了两种不同类型的恢复机制：一类是系统自动完成的恢复，这种措施在每次系统启动时都自动进行，另一类是人工完成的恢复，这是通过命令来执行人工备份和恢复工作。包括备份数据库、备份事务日志、备份数据库及其日志间的相互作用。

8. 恢复数据库

如果用户数据库存储的设备失效，从而数据库被破坏或不可存取，通过装入最新的数据库备份以及后来的事务日志备份可以恢复数据库。

9. 产生用户信息表，并为信息表授权

系统维护人员的另一个日常事务是为用户创建新的信息表，并为之授权。

10. 监视系统运行状况，及时处理系统错误

系统管理员的另一项日常工作是监视系统运行情况。包括监视当前用户以及进程的信息、监视目标占用空间情况、监视 SQL Server 统计数字。

11. **保证系统数据安全，周期更改用户口令**

为保证系统数据的安全，系统管理员必须依据系统的实际情况，执行一系列的安全保障措施。其中，周期性的更改用户口令是比较常用且十分有效的措施。

8.3　DNS 服务器的安装、配置与测试

学习目标

- 掌握 DNS 服务器的基本知识
- 能安装和配置 DNS 服务器
- 掌握测试 DNS 服务器的方法

一、DNS 系统

在基于 TCP/IP 协议的网络（如因特网）中，计算机均使用 IP 地址访问别的计算机。DNS 就是将域名解析成 IP 地址的系统服务。用户在键入别的计算机的域名后，由 DNS 将域名解析成 IP 地址，计算机再使用 IP 地址去访问别的计算机。例如，www.sjzpt.edu.cn 就与石家庄职业技术学院的服务器对应。www.hebtu.edu.cn 就与河北师范大学的服务器对应。

1. **DNS 的命名格式**

例如，http：//www.sina.com.cn 就是 DNS 的命名格式。其中，http 为超文本传输协议，用于传送网页；www.sina.com.cn 为完全有效域名（FQDN），FQDN 即计算机的全称域名或计算机的全名；www 为主机名，sina.com.cn 为区域名。

2. **DNS 的区域**

区域是域名空间中一个连续的部分，一个 DNS 服务器上可驻留多个区域，用于分布负荷或容错。其中，主要区域是可读/写的，存于文本文件中；辅助区域是复制标准主区域的内容，为只读，主要作用是分布负荷；在 Active Directory 中存储的区域只能在活动目录的域控制器上创建，存于活动目录中，随活动目录复制时自动更新，它可以简化配置，使用更方便。

3. **域名的搜索类型**

域名的搜索类型包括正向搜索和反向搜索。正向搜索是名字到 IP 地址的解析，

反向搜索则是 IP 地址到名字的解析，一般只配置正向搜索区域。

二、DNS 服务器的安装与配置

1. DNS 服务器的安装

步骤 1：配置 IP 地址。选择一台已经安装好 Windows 2000 的服务器，确认其已安装了 TCP/IP 协议，首先设置服务器 TCP/IP 协议的 DNS 配置，建议将 DNS 服务器的 IP 地址设为静态。具体填写信息为：在“Internet 协议（TCP/IP）属性”对话框中填入 IP 地址、子网掩码、默认网关和首选 DNS 服务器地址（此地址为该 DNS 服务器的 IP 地址），如图 8—25 所示。

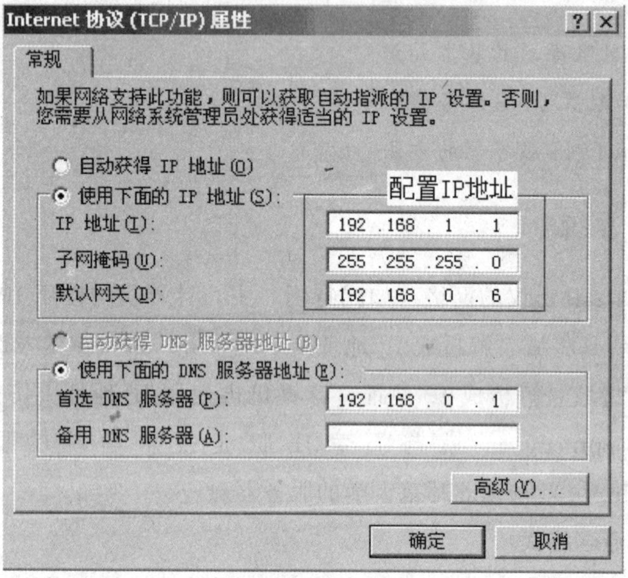

图 8—25 配置 IP 地址

步骤 2：打开组件：打开“网络和拨号连接”，或者打开控制面板（“开始”→“设置”→“控制面板”→“添加/删除程序”→“添加/删除 Windows 组件”→“网络服务”），出现如图 8—26 所示界面。

步骤 3：添加组件：单击“添加网络组件”，选中“网络服务”，打开“详细信息”，出现如图 8—27 所示界面。

步骤 4：添加子组件：选中“域名系统 DNS”，单击“确定”按钮，单击“下一步”按钮。提示插入“Windows 2000 Server”光盘，如图 8—28 所示。

步骤 5：插入“Windows 2000 Server”光盘，安装 DNS 系统文件。安装完后，在“管理工具”下增加了“DNS”菜单项。

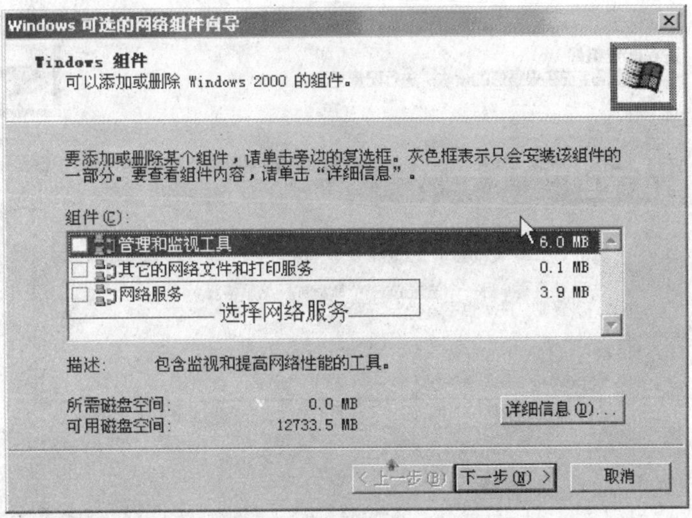

图 8—26　网络服务界面

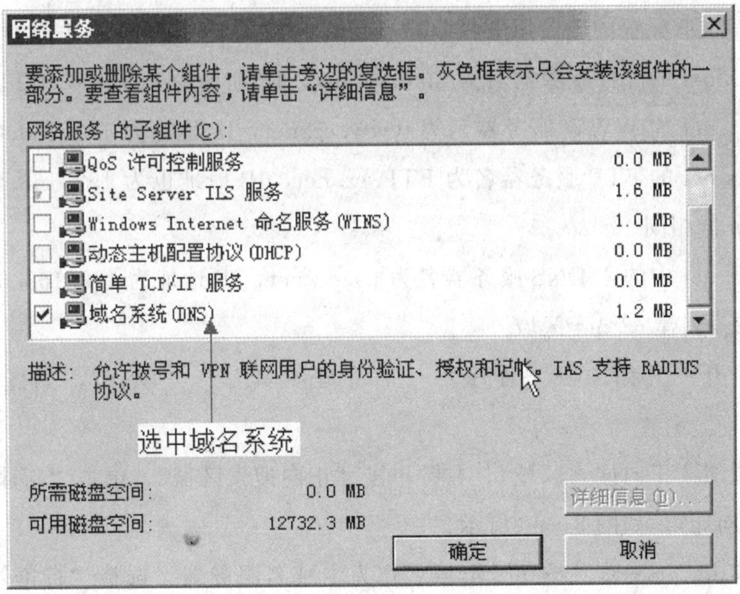

图 8—27　网络服务详细信息界面

2. DNS 服务器的配置

步骤 1：创建自己的域名服务（将自己的计算机作为域名服务器）

将自己计算机的名称改为 ns，域名修改为“cz. net”，本台服务器名称为 ns. cz. net。

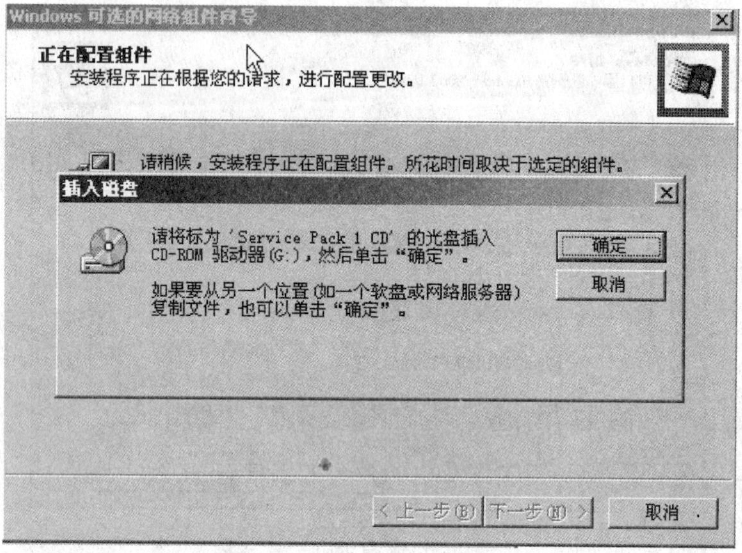

图 8—28　提示插入光盘界面

假设有以下配置的四台服务器，现在要将它们添加到 DNS 服务器中。

（1）cz. net 的邮件服务器名为 mail. cz. net，IP 地址为 192. 168. 0. 1。

（2）cz. net 的 WWW 服务器名为 www. cz. net，IP 地址为 192. 168. 0. 2。

（3）cz. net 的 FTP 服务器名为 FTP. cz. net，IP 地址也为 192. 168. 0. 2，即和 WWW 服务器相同。

（4）cz. net 中的主 DNS 服务器名为 ns. cz. net，IP 地址为 192. 168. 0. 10。

步骤 2：创建 cz. net 区域

（1）打开“开始”→“程序”→“管理工具”→“DNS”，如图 8—29 所示。

（2）添加“正向搜索区域”。右键单击“正向搜索区域”，单击“新建区域”→“新建区域向导”，如图 8—30 所示。

（3）单击“下一步”按钮。本域名作为主域名服务器，选择“标准主要区域”单选按钮，如果作为辅助域名服务，则选择“标准辅助区域”。如图 8—31 所示。

（4）单击“下一步”按钮，名称框中输入“cz. net”。如图 8—32 所示。

（5）单击“下一步”按钮，创建新文件，文件名采用默认名，为“cz. net. dns”。

（6）单击“下一步”按钮，完成“新建区域向导”。

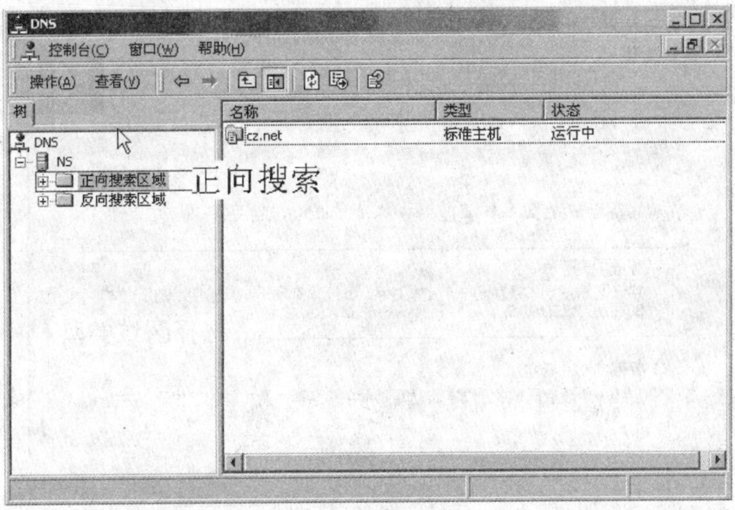

图 8—29　DNS 管理控制台

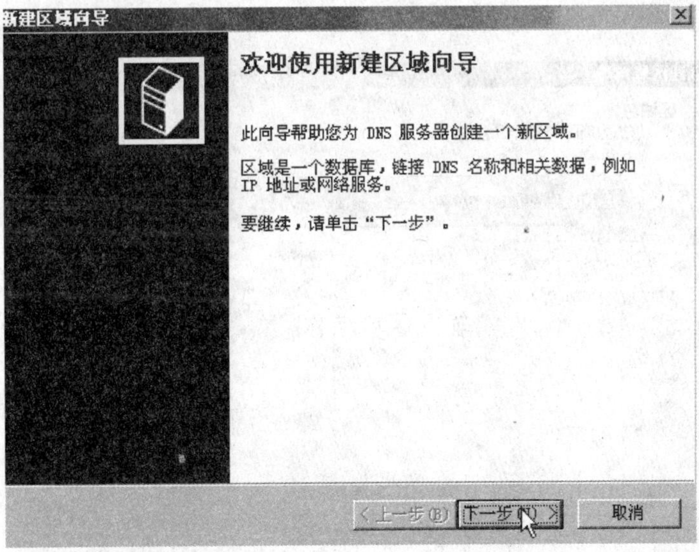

图 8—30　新建区域向导

步骤 3：创建反向搜索区域

反向搜索区域不一定非要创建，但是创建后，可以使用 NSLOOKUP 工具来诊断 DNS 服务器故障。

(1) 鼠标单击右键“反向搜索区域”，选择“新建区域”，选择“新建区域向导”单击“下一步”→“下一步”按钮。

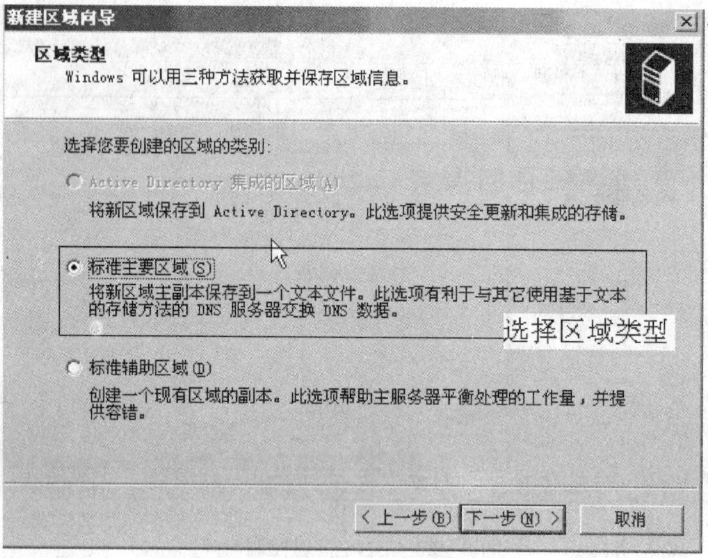

图 8—31　创建主区域

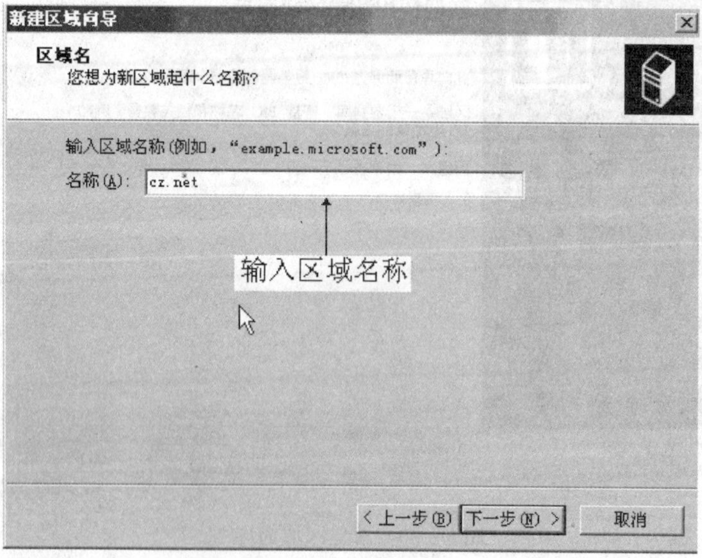

图 8—32　输入区域名称

（2）填入 IP 地址网络号 192.168.0，如图 8—33 所示。

（3）单击“下一步”按钮，创建区域文件各为“0.168.192.in－addr.arpa.dns”，如图 8—34 所示。

（4）单击“下一步”按钮，单击“完成”按钮，完成“反向搜索区域”的安

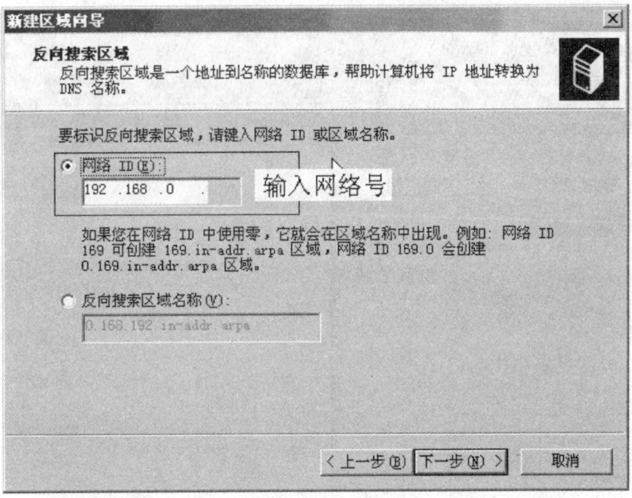

图 8—33　输入网络号

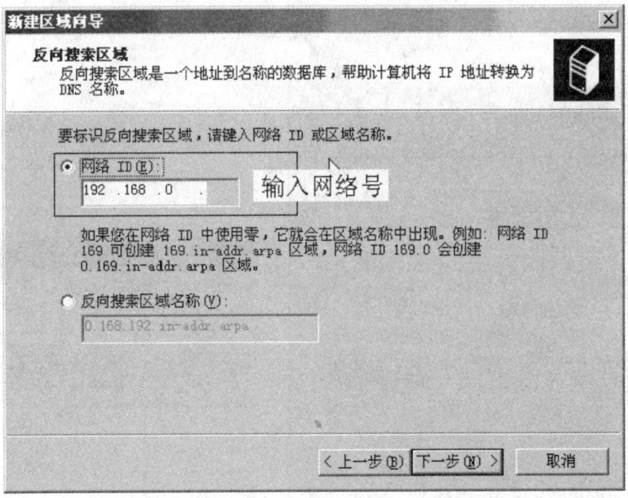

图 8—34　创建区域文件

装。这样就拥有了正向搜索区域和反向搜索区域两个区域，如图 8—35 所示。

步骤 4：创建记录

(1) 创建主机记录即 A 记录，将主机名与 IP 地址联系起来。右击“cz. net”，单击“新建主机”按钮，名称栏输入“WWW”，IP 地址栏输入“192. 168. 0. 2”，即成功地创建了主机 www. cz. net，如图 8—36 所示。用同样的方法添加主 DNS 服务器。创建主机 ns. cz. net。

(2) 创建 MX 记录（识别指定机器和域的邮件服务器）。右击“cz. net”，选择

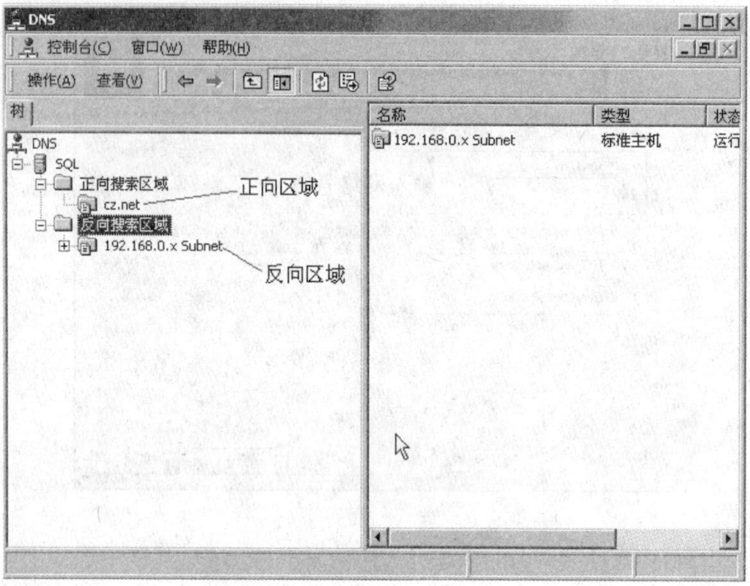

图 8—35 完成区域设置

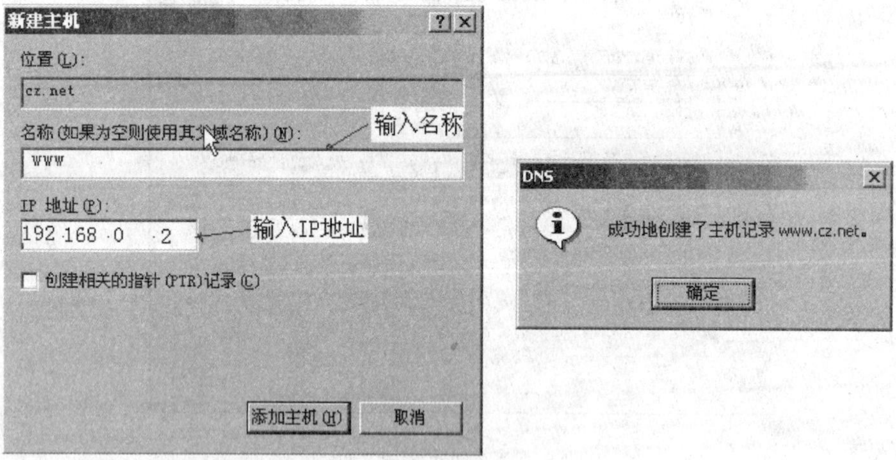

图 8—36 新建主机

“新建邮件交换器”，在邮件服务器下输入“mail. cz. net”，此处要输入全名，否则有可能和别的域同名。默认情况下，DNS 服务器提供的邮件服务器优先级为 10，如果这个域中只有一个邮件服务器，与值的大小没关系。如果有多个邮件服务器，优先级越小，级别越高。

（3）创建别名 CNAME 记录（允许为一个 IP 地址额外添加一个名字）。前面已经添加了一台 WWW 服务器，现在这台服务器又作为 FTP 服务器，要给它另起一个名称。

右击“cz. net”，选择“新建别名”，在别名栏中填入“FTP”，因为是同一个域，不能填全名，否则须填完整的名称。在下一栏中填入目标主机完全的合格名称“www. cz. net”，单击“确定”按钮。

（4）通过以上步骤，在正向搜索区域创建的记录，如图 8—37 所示。

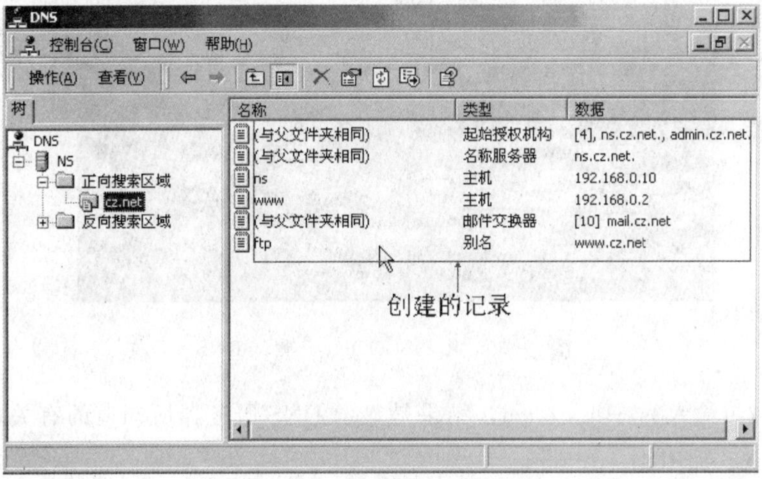

图 8—37　创建好的正向区域

（5）设置反向查询记录。右击“反向搜索区域”下的“192. 168. 0. x Subnet”，选择“新建指针”，主机 IP 号为 192. 168. 0. 2，主机名为 www. cz. net，单击“确定”按钮，建立一个 IP 地址到域名的 PTR 记录，如图 8—38 所示。

图 8—38　设置反向查询记录

三、DNS 服务器的测试

步骤 1：单击“开始”→“运行”，输入 CMD 命令，进入命令提示符下，输入 NSLOOKUP，显示它的 Address 是 192.168.0.10，服务名是 ns.cz.net，如图 8—39 所示。

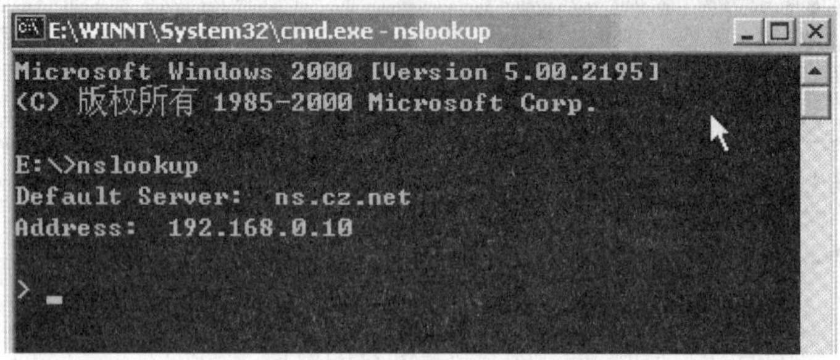

图 8—39　用 NSLOOKUP 测试 DNS

步骤 2：输入 ls - d cz.net，结果是显示 DNS 服务器所知道的有关 cz.net 的每一条信息，如图 8—40 所示。

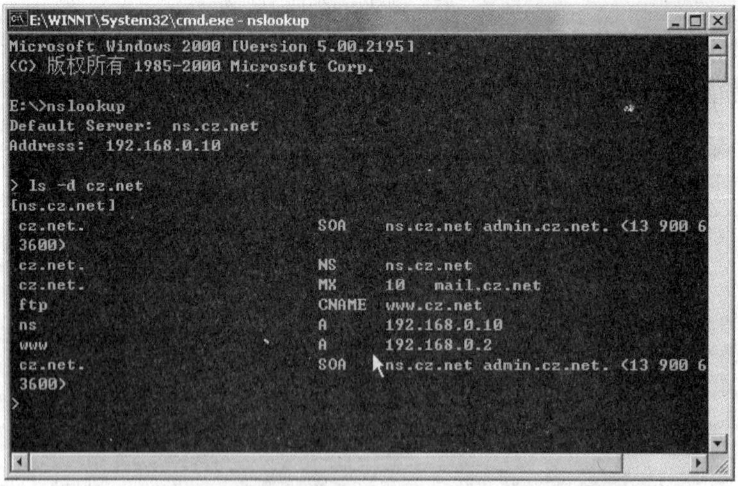

图 8—40　显示 DNS 配置记录

步骤 3：输入 ns.cz.net，解析结果为 IP 地址：192.168.0.10；输入 www.cz.net，解析结果为 192.168.0.2，这是正向解析结果，如图 8—41 所示。

步骤 4：输入 192.168.0.2，解析为 www.cz.net；输入 192.168.0.10，解析为 ns.cz.net，这是反向解析结果，如图 8—42 所示。

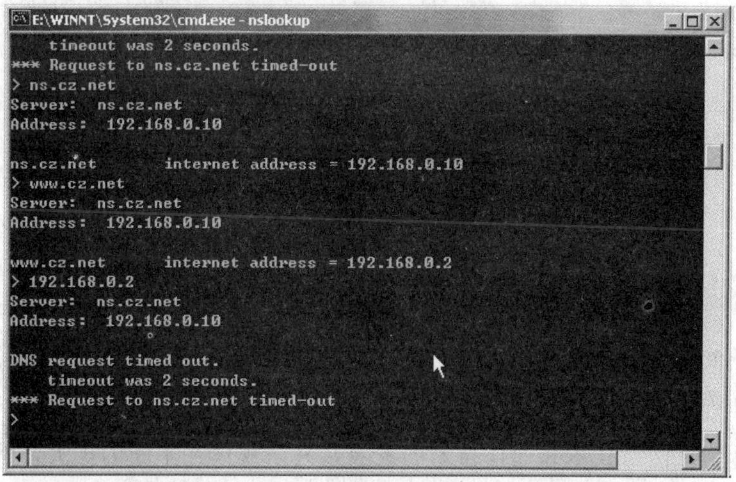

图 8—41　正向解析域名

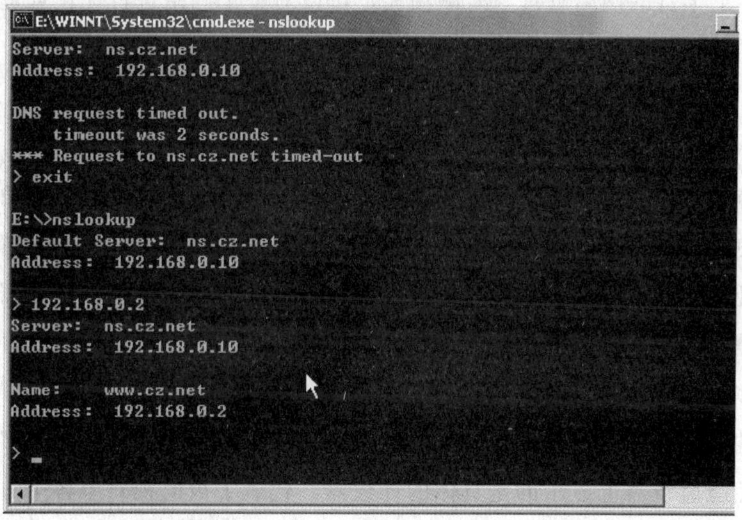

图 8—42　反向解析 IP 地址

步骤 5：输入 EXIT，退出 NSLOOKUP。

测试结束，以上测试说明配置正确。

8.4 服务器网络流量监测

学习目标

➢ 理解流量监测的意义

➢ 能进行流量监测

随着计算机网络技术和通信技术的发展，网络规模在不断的扩大，网络性能与规模是成反比的，如果管理不好，就会造成网络的瘫痪。Windows 2000 Server 操作系统提供了丰富的网络管理与监测功能，可以对整个网络进行优化管理，从而达到最佳的网络运行效果。

一、性能监视器的使用

性能监视器提供了计数器来衡量通过服务器的网络流量，可以从多角度监视系统资源的使用情况，可以将结果以多种方式显示出来，以满足在不同的情况下对系统资源监视的要求。下面先简单介绍性能监视器中的对象、实例和计数器的概念。

对象是系统中主要的子系统或组件，对象可以是硬件子系统或是软件子系统。实例代表多个相同类型的对象，例如在一个多处理机系统中，每一个 CPU 就是处理器对象的一个实例。通过计数器可以搜集对象或子系统的多个方面、多个角度的数据。在性能监视器上显示的是具体的计数器，代表了被监视对象各个方面的运行情况。不正常的网络计数器值表明它代表的对象的某一性能出了问题。性能对象、计数器及对应说明问题见表 8—3。

表 8—3　性能对象、计数器及对应说明问题

对象说明	计数器	概述
Server	Pool Nonpaged	监控在分配内存时被拒绝的次数，该数表明物理内存的大小
Server	Pool Nonpaged Peak	表明服务器所需要的内存量
Server	Total Bytes/sec	每秒发送和接收的字节数，该数指出了网络的忙碌程度
NetBEUI	Frame	发送的字节数和帧数
Bytes	Received/sec	每秒接收字节数

续表

对象说明	计数器	概述
NetBEUI	Times Exhausted	自系统启动后所有资源的使用次数
Frames Reiected	Frames Rejected	接收的不正确，需要重传的帧数

性能监视器的使用步骤如下：

步骤 1：打开性能窗口。选择“开始”→“程序”→“管理工具”→“性能”，打开如图 8—43 所示的性能窗口。

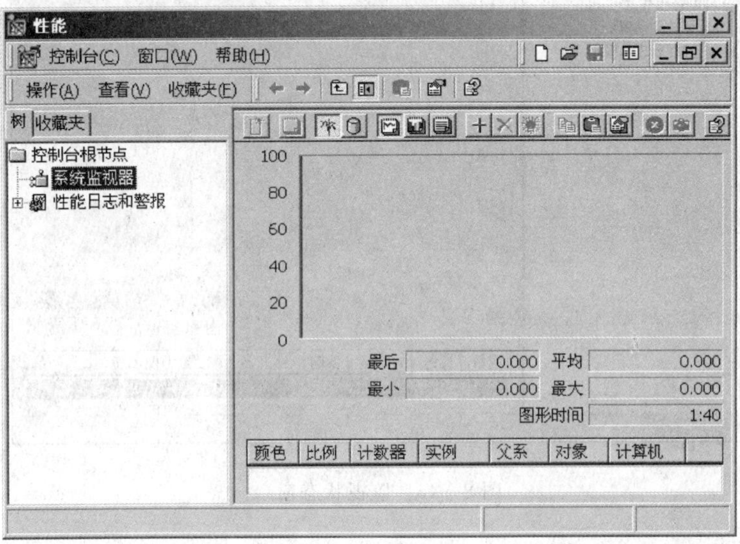

图 8—43　性能窗口

步骤 2：添加计数器。在性能窗口的工具栏中单击“+”，或在右侧窗口中鼠标右键单击，打开“添加计数器”对话框，如图 8—44 所示。

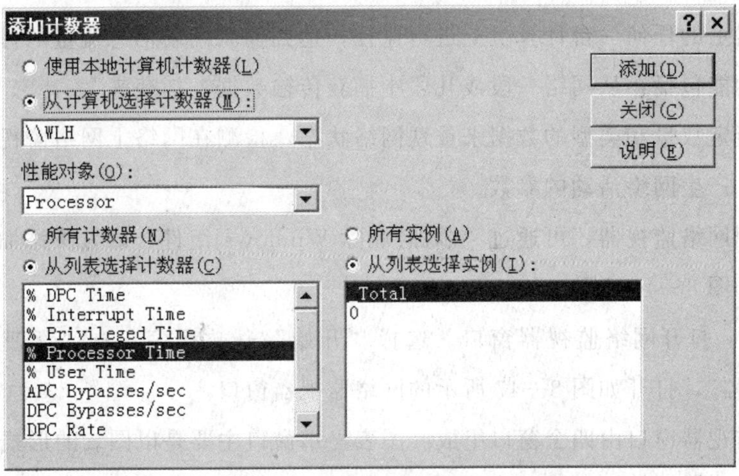

图 8—44　添加计数器窗口

步骤3：选择对象及属于该对象的计数器。在添加计数器窗口中选择相应参数，单击“添加”按钮，关闭后就可以看到系统用选定的计数器对相应的对象进行监控，并绘出计数器同计数值的图形，如图8—45所示。

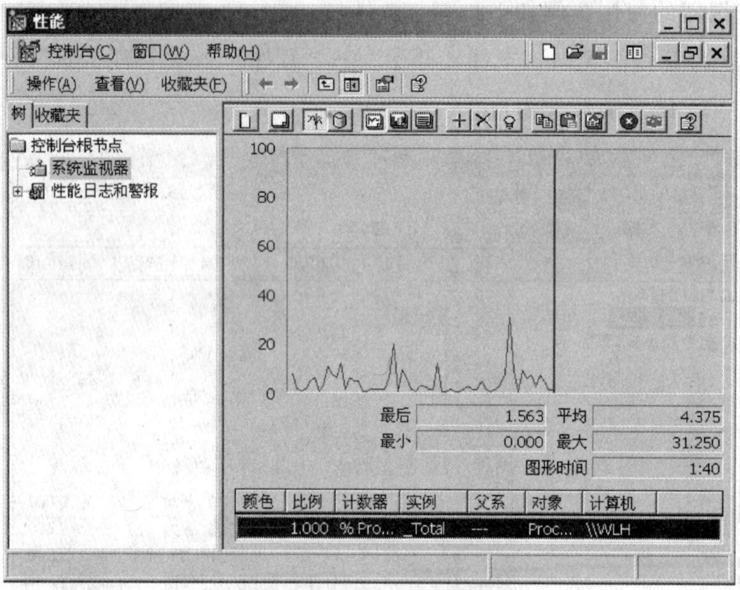

图8—45 监视状态窗口

二、网络监视器的使用

网络监视器是Windows 2000服务器所包括的一个诊断工具，实现了第三方网络分析器的许多功能。“Microsoft”网络监视器和网络代理交互作用，在本地计算机或者网络上的任何一台计算机上进行监控，达到捕获网络信息流量的目的。网络监视器的功能包括：从网络一段或几段中捕获传输数据，捕获来/去特殊节点的帧，通过发送指定数量和类型的数据来重现网络状态，检测在网络上网络监视器的其他运行副本，产生网络活动的参数。

要使用网络监视器，可通过“添加/删除Windows组件”的方法添加相应的网络组件，如图8—46所示。

步骤1：打开网络监视器窗口。选择“开始”→“程序”→“管理工具”→“网络监视器”，打开如图8—47所示的网络监视器窗口。

网络监视器窗口由四个窗口组成。图表显示窗口主要是以图表的形式显示某一瞬间网络的使用情况；会话统计窗口显示不同网络计算机间会话的概要列表；机器

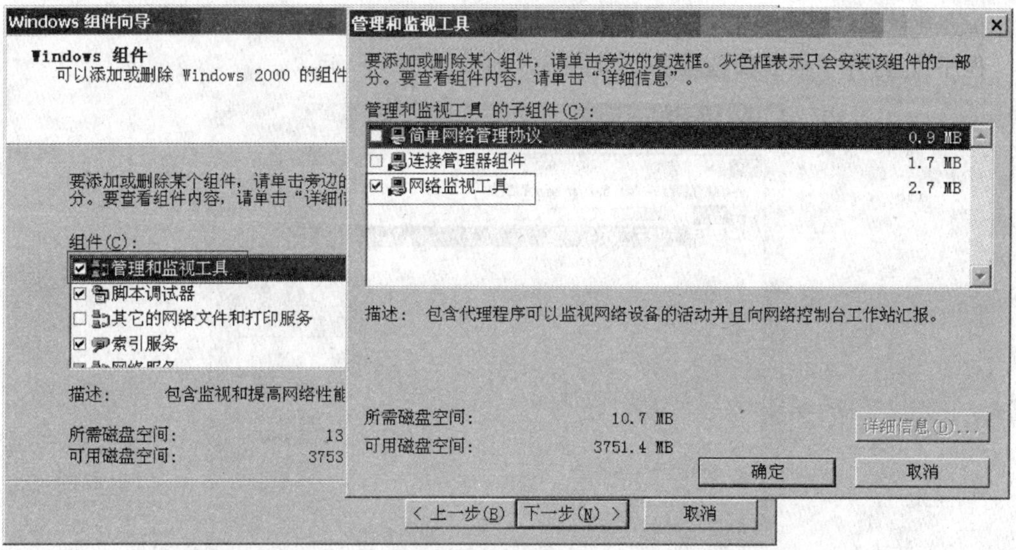

图 8—46　添加网络监视工具组件

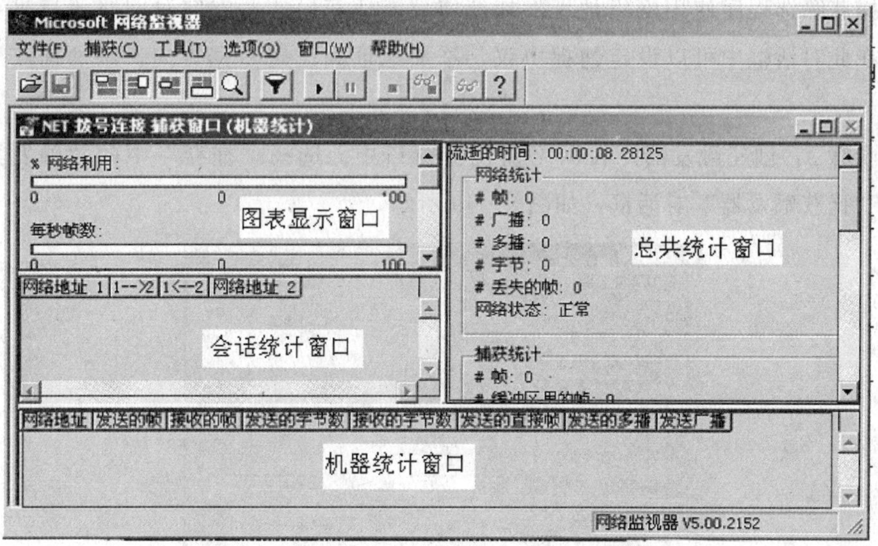

图 8—47　网络监视器窗口

统计窗口显示所捕获的每个宿主计算机发送的总帧数的概要信息；总共统计窗口对用户全面监控网络活动，其中显示的统计信息描述了检测到的网络流量，包括捕获到的帧和字节数、缓冲区里的帧和字节数、每秒网络使用统计、网络卡的使用状况以及网络状态统计，这些统计信息是作为时间的函数被捕获的。

步骤 2：创建捕获筛选程序。在网络监视器窗口中，选择“捕获”中的“筛选程序”，打开“捕获筛选程序”对话框，如图 8—48 所示。

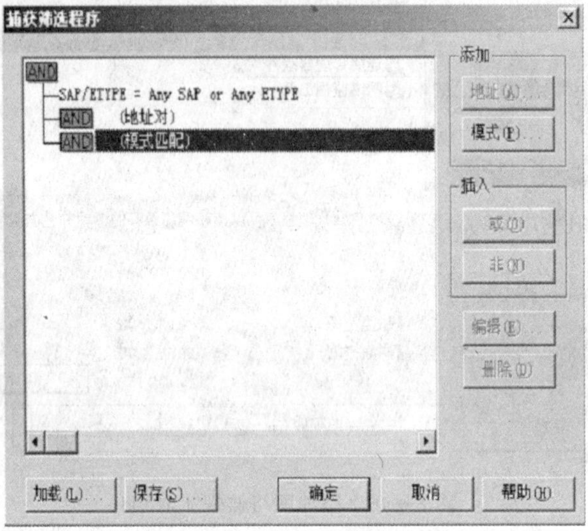

图 8—48 创建捕获筛选程序

捕获筛选程序使用网络地址、捕获协议、捕获模式、方向对网络流量进行筛选。在此对话框中可以设定捕捉协议、添加地址和设定数据方向、添加捕获模式等。

步骤 3：创建触发器。在网络监视器窗口中，选择“捕获”中的“触发器”，打开“捕获触发器”对话框，如图 8—49 所示。

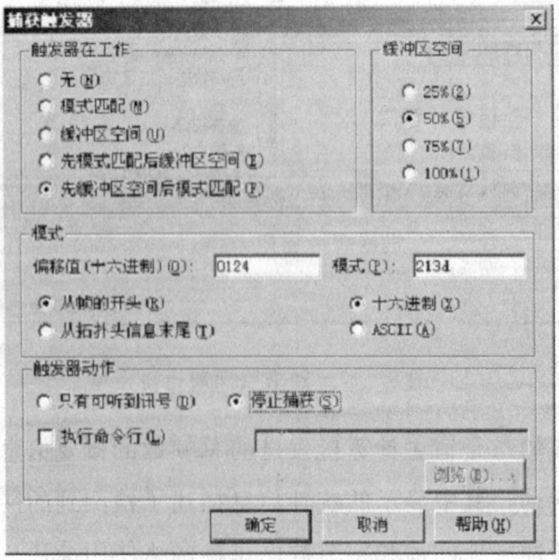

图 8—49 创建触发器

步骤 4：缓冲区设置。在网络监视器窗口中，选择“捕获”中的“缓冲区设置”，打开“捕获缓冲区设置”对话框，如图 8—50 所示。

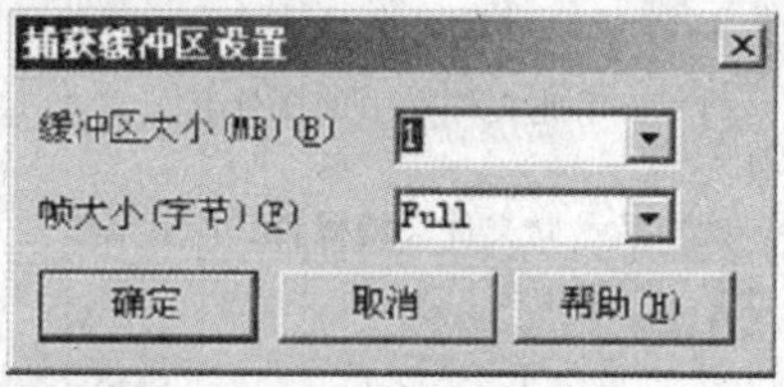

图 8—50　设置缓冲区

步骤 5：捕获数据。设置好相应的参数后就可以捕获数据了。

8.5　服务器文件系统资源监测

学习目标

- 能监测、管理文件系统资源
- 能维护文件系统资源

文件系统是操作系统用于明确磁盘或分区上文件的方法或数据结构，即在磁盘上组织文件的方法；也指用于存储文件的磁盘或分区，或文件系统种类。文件系统由管理文件的软件、被管理的文件、实施文件管理所需要的数据结构三部分组成。

Windows 2000 Server 支持四种文件系统类型，分别是文件分配表（FAT）系统、FAT32 文件系统、Windows NT 文件系统（NTFS）和激光磁盘归档系统（CDFS）。这四种文件系统都有各自的优点和局限性，其中激光磁盘归档系统应用于对光盘进行读写操作的光驱设备上。

一、文件系统管理

只让指定的用户有权阅读、修改和删除指定的文件，是 Windows 2000 Server 提供的文件安全性管理方法。为了保护计算机上的资源，系统管理员必须给文件和文件夹分配相应的 NTFS 文件权限，而且还必须为用户分配访问权限。如果没有给用户分配权限，将无法访问任何资源。NTFS 文件权限的类型见表 8—4。

表 8—4　　　　NTFS 文件权限

标准权限	NTFS 文件夹权限	NTFS 文件权限
读取（Read）	（1）显示此文件夹中的文件和子文件夹 （2）显示此文件夹的属性、所有者和权限分配情况	（1）阅读此文件 （2）显示此文件的属性、所有者和权限分配情况
写入（Write）	（1）在文件夹中建立新的文件和子文件夹 （2）改变文件夹的属性 （3）显示此文件夹的属性、所有者和权限分配情况	（1）改写此文件 （2）改变文件的属性 （3）显示此文件的所有者和权限分配情况
列出文件夹目录（List Folder Contents）	显示此文件夹中的文件和子文件夹的名字	不存在此项
读取和运行（Read& Excute）	此文件夹并具有“读取”权限和“列出文件夹目录”权限	运行应用程序并具有“读取”权限
修改（Modify）	删除此文件夹并具有“写入”权限和“读取和运行”权限	（1）修改和删除文件 （2）并具有“写入”权限和“读取和运行”权限
完全控制（Full Control）	（1）改变权限设置 （2）取得所有权 （3）删除此文件夹中的文件和子文件夹 （4）具有以上所述的所有权限	（1）改变权限设置 （2）取得所有权并具有以上所述的所有权限

可以在服务器上设置文件和文件夹的访问权限、对共享文件夹进行管理、设置脱机文件、创建分布式文件系统、进行打印机的共享设置等，以实现对服务器系统资源的管理。

二、文件系统资源的维护

1. 扫描与修复文件系统

可以使用 Chkdsk 命令来进行扫描和恢复，如图 8—51 所示，也可以使用 2000Server 的内置工具完成，如图 8—52 所示。

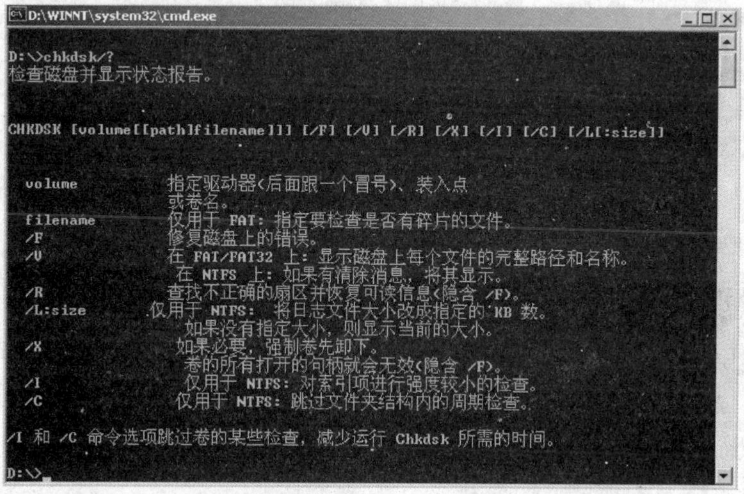

图 8—51　Chkdsk 命令对话框

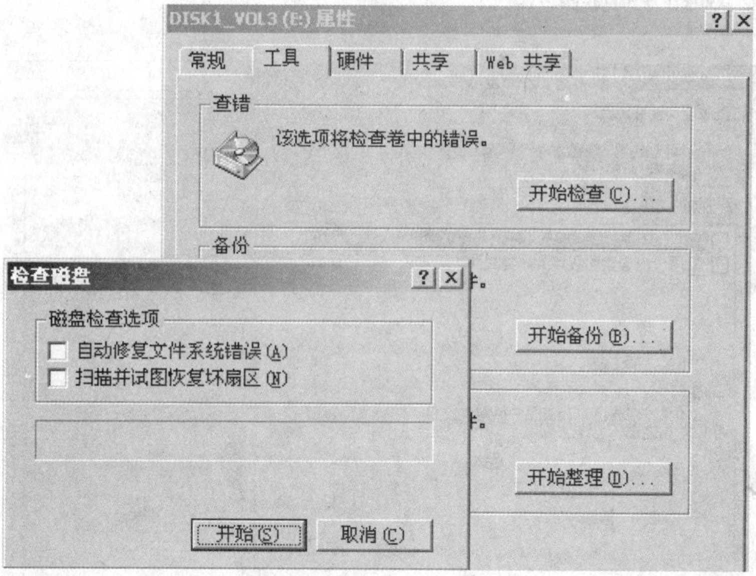

图 8—52　内置工具对话框

2. **磁盘碎片整理**

为了避免计算机系统的整体性能下降，要对磁盘碎片进行整理。可以用系统的内置工具来完成，如图 8—53 所示。

3. **清理磁盘**

用户使用计算机一段时间后，大量的读写及安装操作使磁盘上存有很多临时文件或没用的应用程序，因此要对计算机进行定期的磁盘清理，可以使用系统的内置

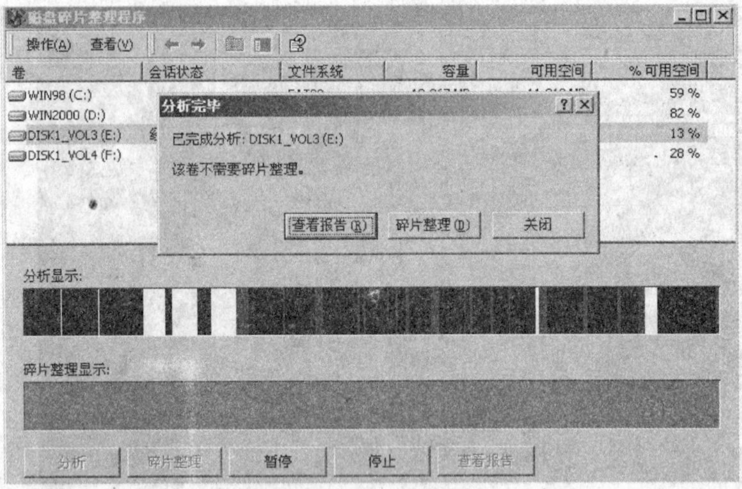

图 8—53 “碎片整理”对话框

工具来完成，如图 8—54 所示。

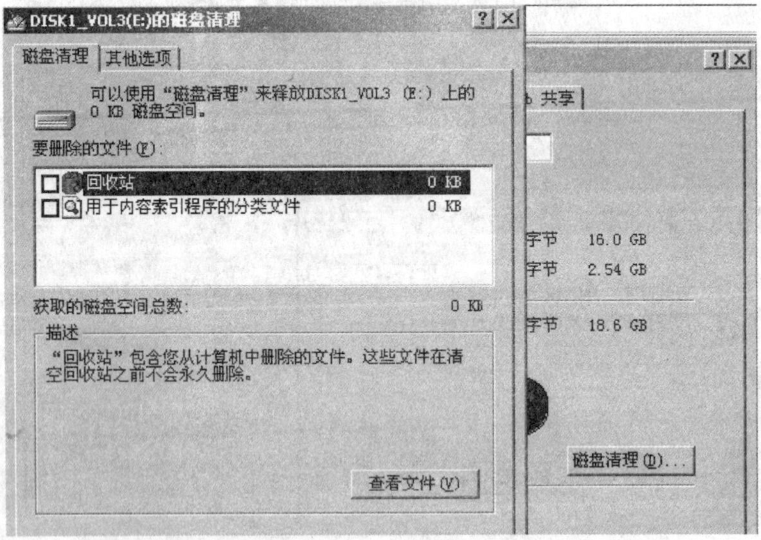

图 8—54 “磁盘清理”对话框

三、磁盘配额管理

如果任何人都可以随意占用服务器的硬盘空间，那么服务器硬盘空间将很快耗尽。所以，限制和管理用户使用的硬盘空间是非常重要的，无论是文件服务、FTP 服务还是 E-mail 服务，都要求对用户使用的磁盘容量进行有限地控制，以避免对资源的滥用。还可以通过设定磁盘配额实现对服务器磁盘资源的管理。

所谓磁盘配额就是管理员可以对本域中的每个用户所能使用的磁盘空间进行配额限制，即每个用户只能使用最大配额范围内的磁盘空间。磁盘配额监视个人用户卷的使用情况，因此，每个用户对磁盘空间的利用都不会影响同一卷上其他用户的磁盘配额。

磁盘配额可以对每个用户的磁盘使用情况进行跟踪和控制。这种跟踪是利用文件或文件夹的所有权来实现的。

操作系统可以对磁盘配额进行监测，它可以扫描磁盘分区，监测每个用户对磁盘空间的使用情况，并且可以用不同的颜色标志出磁盘使用空间超过报警值和配额限制的用户，这样就方便了对磁盘配额的管理。

磁盘配额的管理主要包括启用磁盘配额和为特定用户指定磁盘配额两个方面。

1. 启用磁盘配额

步骤 1：打开“磁盘属性”对话框。如果已经创建好 NTFS 的卷，可以在 Windows 资源管理器中，用鼠标右键单击欲启用磁盘配额的卷，在快捷菜单中选择“属性”菜单项。打开如图 8—55 所示对话框。

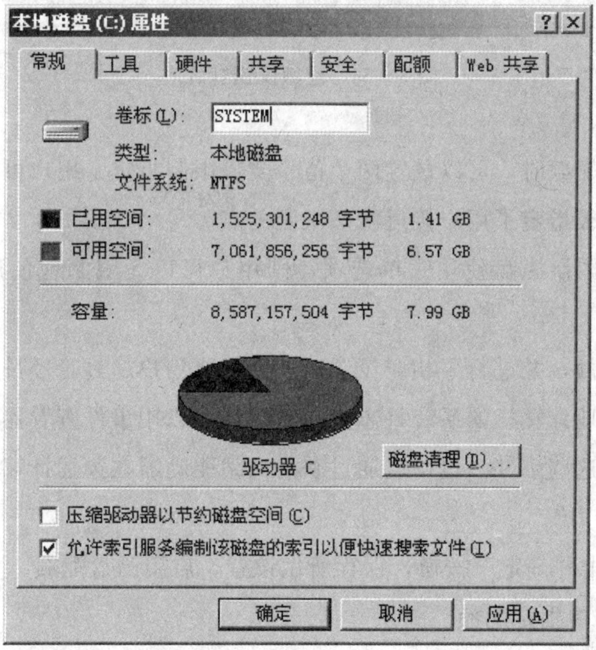

图 8—55　“磁盘属性”对话框

步骤 2：配额设置。如图 8—55 所示单击“配额”选项卡，打开如图 8—56 所示对话框，进行配额设置。

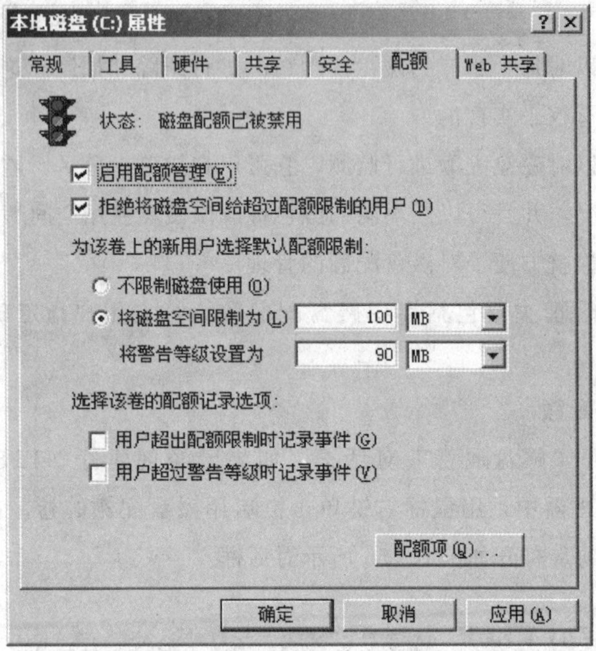

图 8—56　配额设置对话框

当启动磁盘配额时，可以设置两个值：配额限制指定了用户可以使用的磁盘空间数量；警戒等级指定了用户接近配额限制的点。

若选中“不限制磁盘使用”单选项，则用户可以无限制地使用服务器磁盘空间。

如果启用配额，并进行了相应设置后，则只要用户超过管理员设置的级别，事件就会写入到本地计算机的系统日志中。管理员可以用事件查看器，通过筛选磁盘事件类型来查看这些事件。也可以通过映射网络驱动器在远程计算机上管理磁盘配额。

步骤 3：单击“确定”按钮，保存所做设置，启用磁盘配额。

2. 为特定用户指定配额

步骤 1：在“配额”选项卡中，单击“配额项”按钮，显示“本地磁盘的配额项”窗口，如图 8—57 所示。

步骤 2：打开选择用户窗口。单击菜单栏的“配额”选项，打开“配额”下拉

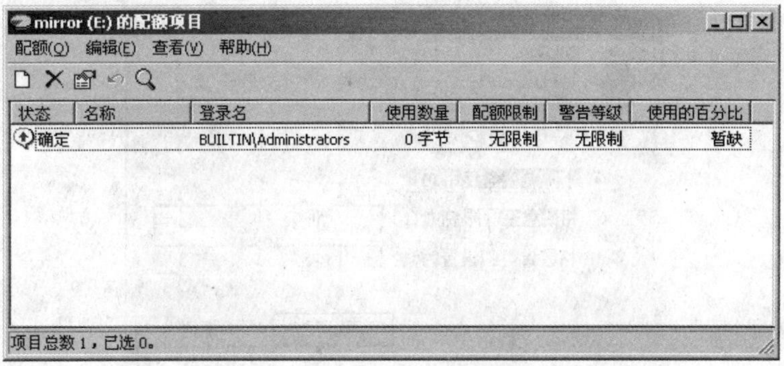

图 8—57　本地磁盘配额项窗口

菜单，单击其中的“新建配额项”菜单项，即可打开“选择用户”对话框。如图 8—58 所示。

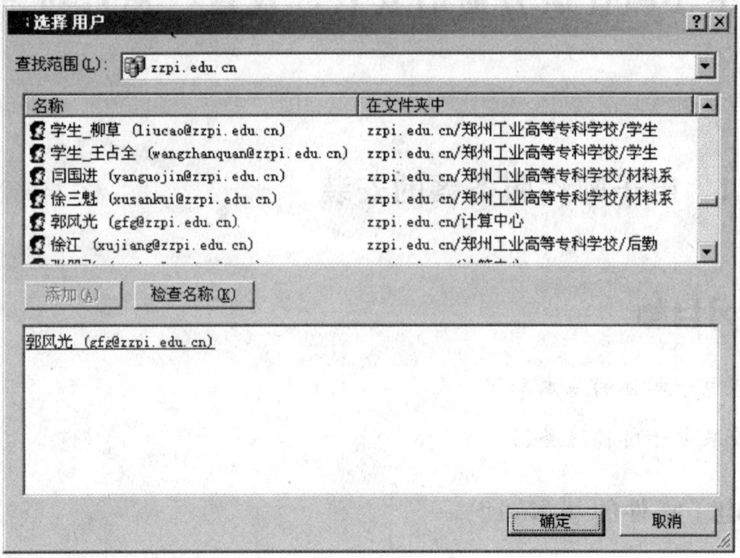

图 8—58　“选择用户”对话框

步骤 3：创建配额。选定想要创建配额项的用户。单击“添加”按钮后，系统将自动把选定的用户添加到下方列表框。然后单击“确定”按钮，打开“添加新配额项”对话框，如图 8—59 所示。可以设置所选用户的配额限制。

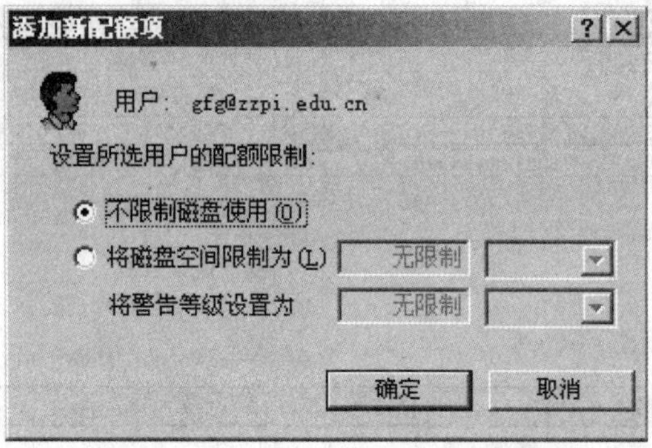

图 8—59 “添加新配额”对话框

8.6 电子邮件服务器的安装、设置、测试和维护

8.6.1 电子邮件服务器的安装

学习目标

➢ 掌握电子邮件的基本知识

➢ 能安装电子邮件服务器

一、电子邮件的基本知识

电子邮件也称 E-mail。它是用户或用户组之间通过计算机网络收发信息的服务。目前网络上的很多活动都与电子邮件有关。

1. 电子邮件的工作过程

电子邮件的传递过程可以概括为以下几个步骤：

（1）客户端从服务器打开信箱并编辑信件。

（2）发送邮件至服务器。

（3）服务器查询信件并传送到下一个服务器，直到目标服务器。

（4）服务器检查信件并送至收件人信箱。

（5）收件人阅读信件。

2. 电子邮件的协议

与电子邮件有关的协议主要有 SMTP 协议和 POP 协议。

(1) SMTP 协议

SMTP (Simple Mail Transfer Protocol) 即简单邮件传输协议，它在 TCP 协议 25 号端口监听连接请求，SMTP 服务器专门负责发送电子邮件：从客户机传输到服务器，从某一服务器传输到另一服务器。它允许发送方，指定接收方，以及传送电子邮件信息。

(2) POP 协议

POP3 (Post Office Protocol 3) 即第 3 号邮局协议，它专门留一定的存储空间来存放电子邮件，当 POP3 服务器收到电子邮件后，就会通知用户取出邮件。

二、电子邮件服务器的安装步骤

电子邮件服务器是处理邮件交换的软硬件设施的总称，包括电子邮件程序、电子邮件箱等。它是为用户提供全由 E—mail 服务的电子邮件系统，人们通过访问服务器实现邮件的交换。服务器程序通常不能由用户启动，而是一直在系统中运行，它一方面负责把本机器上发出的电子邮件发送出去，另一方面负责接收其他主机发过来的电子邮件，并把各种电子邮件分发给每个用户。

常用的电子邮件服务器软件有很多，如 Winmail、webeasymail、mdeamon、cmailserver 等，下面以 Winmail 为例介绍安装步骤。

Winmail 的安装过程和一般的软件类似，下面只给一些要注意的步骤，如安装组件、安装目录、运行方式以及设置管理员的登录密码等。

步骤 1：开始安装，选择安装语言后，会出现如图 8—60 所示的安装向导界面。

步骤 2：选择安装目录。注意不要用中文目录。单击“下一步”按钮。

步骤 3：选择安装组件。Winmail Server 主要的组件有服务器核心和管理工具两部分。服务器核心主要是完成 SMTP、POP3、ADMIN、HTTP 等服务功能；管理工具主要是负责设置邮件系统，如设置系统参数、管理用户、管理域等。界面如图 8—61 所示。

步骤 4：选择附加任务。服务器核心运行方式主要有两种：作为系统服务运行和单独程序运行。以系统服务运行仅当用户操作系统平台是 Windows NT4、Windows 2000、Windows XP 以及 Windows 2003 时，才有效；以单独程序运行适用于

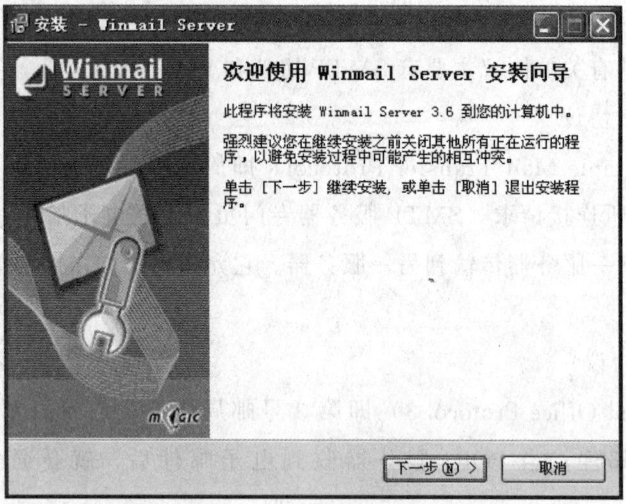

图 8—60　安装程序欢迎画面

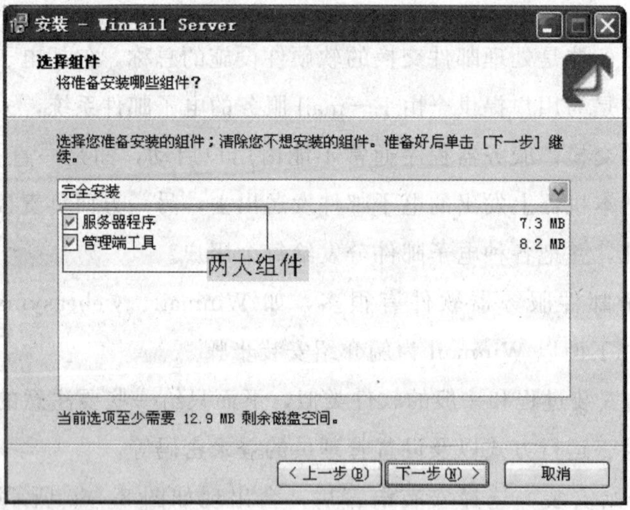

图 8—61　选择安装组件

所有的 Windows32 操作系统。同时在安装过程中，如果是检测到配置文件已经存在，安装程序会提示选择是否覆盖已有的配置文件，注意升级时要选择“保留原有设置”，如图 8—62 所示。

步骤 5：在上一步中，如果选择覆盖已有的配置文件或第一次安装，则安装程序还会要求输入系统管理员密码和系统管理员邮箱的密码，为保证安全请设置一个安全的密码（以后可以修改），如图 8—63 所示。至此 Winmail 安装成功。

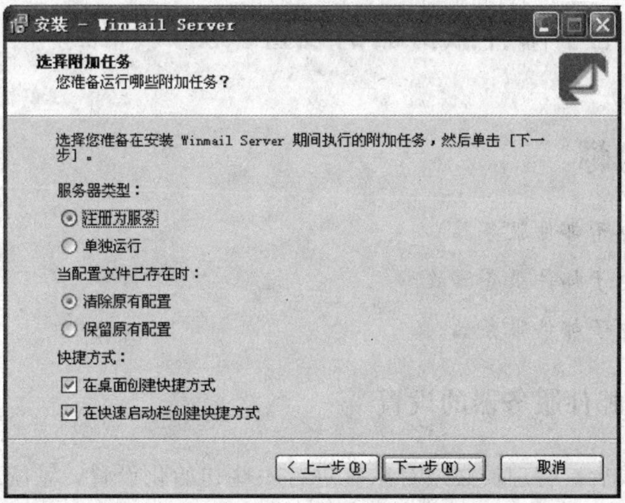

图 8—62　选择运行方式、是否覆盖配置文件

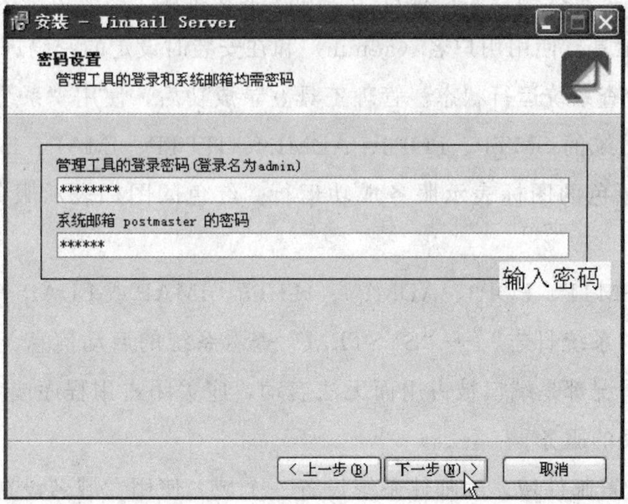

图 8—63　设置管理员和系统邮箱密码

8.6.2 电子邮件服务器的设置、测试、维护

学习目标

- 能设置电子邮件服务器
- 能解决电子邮件服务器故障
- 能维护电子邮件服务器

一、电子邮件服务器的设置

在安装完成后，管理员必须对系统进行一些初始化设置，系统才能正常运行。服务器在启动时如果发现还没有设置域名会自动运行快速设置向导，用户可以用它来简单快速的设置邮件服务器。当然用户也可以不用快速设置向导，而用功能强大的管理工具来设置服务器。以下仅介绍用管理工具来配置服务器。

步骤 1：登录管理端程序，运行 Winmail 服务器程序或双击系统托盘区的图标，启动管理工具。使用用户名（admin）和在安装时设定的密码进行登录。

步骤 2：检查系统运行状态。管理工具登录成功后，使用“系统设置”→“系统服务”查看系统的 SMTP、POP3、ADMIN、HTTP、IMAP、LDAP 等服务是否正常运行（绿色的图标表示服务成功运行。红色的图标表示服务停止），如图 8—64 所示。

如果发现 SMTP、POP3、ADMIN、HTTP、IMAP 或 LDAP 等服务没有启动成功，则使用“系统日志”→“SYSTEM”查看系统的启动信息。如果出现启动不成功，一般情况都是端口被占用而无法启动，应关闭占用程序或者更换端口后，再重新启动相关的服务。

步骤 3：设置邮件域。为邮件系统设置一个域。使用“域名设置”→“域名管理”，如图 8—65 所示。

步骤 4：增加邮箱。用户成功增加域后，可以使用“用户和组”→“用户管理”加入几个邮箱，如图 8—66 所示。为了安全不要使用简单的口令。

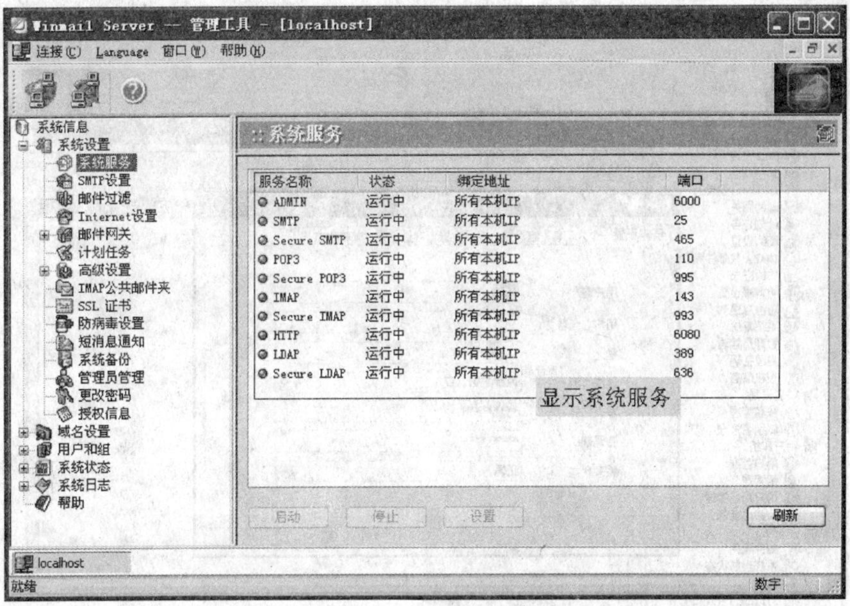

图 8—64 查看系统服务

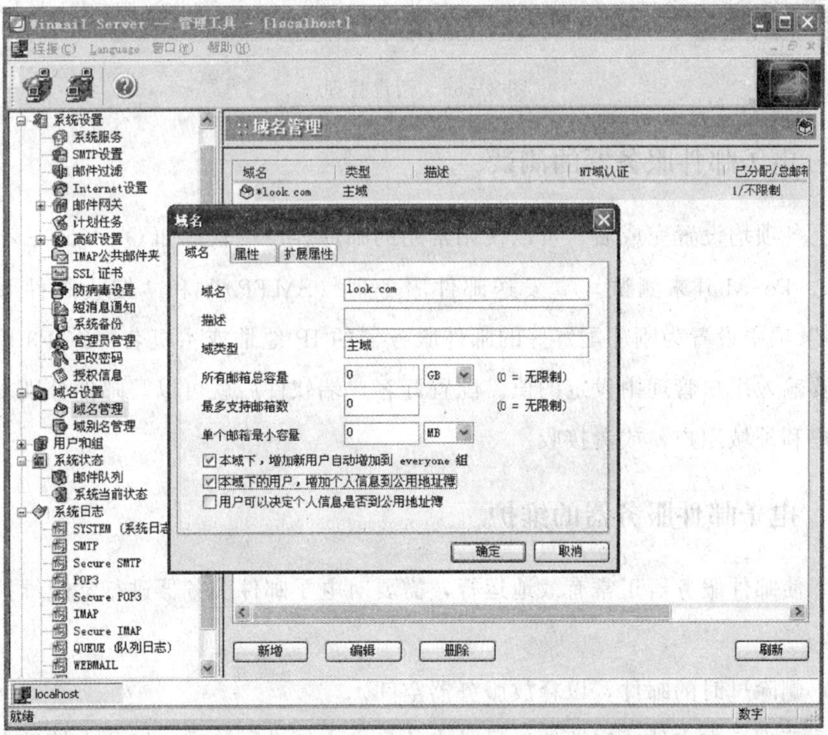

图 8—65 域名管理

图 8—66　用户管理

二、电子邮件服务器的测试

以上各项均设置完成后，可以使用常用的邮件客户端软件如 Outlook Express、Outlook、FoxMail 来测试。“发送邮件服务器（SMTP）”和“接收邮件服务器（POP3）”项中设置为刚才配置好的邮件服务器的 IP 地址或主机名，POP3 用户名和口令要输入用户管理中设定的值。配置好客户端软件后就可以写邮件分别发送到本域用户和外域用户，或者接收。

三、电子邮件服务器的维护

为了使邮件服务器正常有效地运行，需要对电子邮件服务器进行常规维护，主要包括：

（1）删除过时的邮件，以释放服务器空间。

（2）清理日志文件。定期地对目录中的日志文件进行检查，以防文件过大，造成磁盘空间浪费。

（3）检查服务器的配置是否有冲突、端口是否有冲突。

（4）开放服务器上防火墙的适当的端口。

本章思考题

1. 什么是“域”的网络组织方式？建立“域”有什么好处？适用于什么场合？

2. 简述 SQL Server 的两种验证的区别和适用范围。

3. DNS 服务器的功能和作用、DNS 服务器的搜索类型有哪些？

4. SMPT、POP 协议的作用是什么？